中等职业学校教学用书（计算机应用专业）

数据库应用技术——Visual FoxPro 6.0

（第 6 版）

魏茂林　魏慧慧　主编

電子工業出版社
Publishing House of Electronics Industry
北京・BEIJING

内 容 简 介

本书共 9 章，主要内容包括数据库应用基础、Visual FoxPro 基本操作、创建查询和视图、SQL 语言的应用、表单设计、报表设计、菜单和工具栏设计、应用程序设计实例及结构化程序设计基础。每章提供了大量的基础练习和操作练习，有利于中等职业学校学生全面学习 Visual FoxPro 6.0 知识，掌握数据库表的基本操作和程序的编写方法。

为方便读者学习，特为本书编写了配套教材《数据库应用技术——Visual FoxPro 6.0 上机指导与练习（第 6 版）》。

本书可作为中等职业学校计算机类专业数据库应用基础教材，以及计算机应用培训教材和初学者自学数据库用书。

图书在版编目（CIP）数据

数据库应用技术. Visual FoxPro 6.0 / 魏茂林，魏慧慧主编. —6 版. —北京：电子工业出版社，2024.2

ISBN 978-7-121-47176-6

Ⅰ. ①数… Ⅱ. ①魏… ②魏… Ⅲ. ①关系数据库系统—中等专业学校—教材 Ⅳ. ①TP311.138

中国国家版本馆 CIP 数据核字（2024）第 031900 号

责任编辑：郑小燕　　文字编辑：徐　萍
印　　刷：三河市龙林印务有限公司
装　　订：三河市龙林印务有限公司
出版发行：电子工业出版社
　　　　　北京市海淀区万寿路 173 信箱　邮编　100036
开　　本：880×1 230　1/16　印张：16.75　字数：402 千字
版　　次：2017 年 6 月第 1 版
　　　　　2024 年 2 月第 6 版
印　　次：2024 年 2 月第 1 次印刷
定　　价：42.00 元

凡所购买电子工业出版社图书有缺损问题，请向购买书店调换。若书店售缺，请与本社发行部联系，联系及邮购电话：（010）88254888，88258888。

质量投诉请发邮件至zlts@phei.com.cn，盗版侵权举报请发邮件至dbqq@phei.com.cn。

本书咨询联系方式：（010）88254550，zhengxy@phei.com.cn。

前言

本书根据教育部颁布的《全国中等职业学校计算机应用专业教学标准》中的数据库应用基础教学基本要求编写而成，可作为中等职业学校计算机应用专业和计算机类其他专业的数据库应用教材。

党的二十大报告强调，“加快发展数字经济，促进数字经济和实体经济深度融合，打造具有国际竞争力的数字产业集群”。报告为我国数字经济的发展指明了方向，明确了未来数字经济的重要发展方向是实现数字经济助力实体经济发展。当前，数字化正引领着教育变革和创新的新浪潮，催生了数字教育新业态，必将持续深刻影响教育发展，既给教育事业发展带来新挑战，也为教育变革和创新提供难得的机遇。学习数据库应用技术，树立数字化思维，能够积极推动数字教育的技术、模式、业态和制度创新，促进自主学习和因材施教有机结合，以教育数字化支撑和引领教育现代化，助力职业教育向高水平发展。

本书主要内容包括数据库应用基础、Visual FoxPro 基本操作、创建查询和视图、SQL 语言的应用、表单设计、报表设计、菜单和工具栏设计、应用程序设计实例及结构化程序设计基础。每章任务明确、分析清晰、操作翔实、小结到位，并提供了大量的基础练习和上机操作。本书的主要特点如下：

① 书中的任务按“任务”→“分析”→“操作”→“小结”结构呈现，这样更有利于师生全面了解任务驱动教学模式的应用，规范操作流程，提高教学效果。

② 遵循学生认知规律，体现理实一体化的教学设计理念，突出 Visual FoxPro 6.0 的基础知识和操作技能并重，体现面向对象的设计思路，将表单设计、报表设计等内容前置，结构化程序设计作为最后章节内容，以便于师生选择学习。

③ 再次更新了“学生管理”数据库表中的数据，使数据记录更加贴近当前学校的教学实际。

④ 对书中的数据及图表重新进行了校对和抓图，对任务和应用程序重新进行了运行、调试。

教学参考课时见下表。

课时分配表

章节 \ 课时	讲　授	上机操作	合　计
第 1 章　数据库应用基础	2	2	4
第 2 章　Visual FoxPro 基本操作	4	6	10
第 3 章　创建查询和视图	2	4	6
第 4 章　SQL 语言的应用	2	6	8
第 5 章　表单设计	4	8	12
第 6 章　报表设计	2	4	6
第 7 章　菜单和工具栏设计	2	6	8
第 8 章　应用程序设计实例	2	4	6
第 9 章　结构化程序设计基础	4	8	12
合计	24	48	72

本书由魏茂林、魏慧慧主编，参加本书编写的还有王汉明、杨世娥、张欣、赵娜娜、王晓慧、吕培梅等老师，中国海洋大学高丙云教授担任主审，在此一并表示感谢。

限于编者水平，书中肯定有许多不足之处，望广大师生在使用过程中提出宝贵意见。

为方便教学，本书还配有电子教学参考资料包，请有此需要的教师登录华信教育资源网，免费注册后进行下载。

编　者 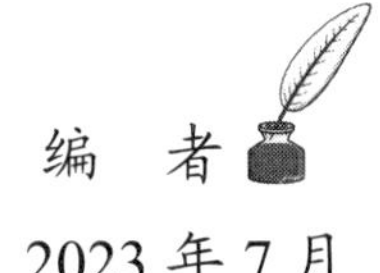

2023 年 7 月

目　录

第 1 章 数据库应用基础

本章任务

- 理解数据库的有关概念
- 掌握数据模型的类型
- 理解关系型数据库的特点及关系操作
- 掌握 Visual FoxPro 6.0 启动与退出的方法

1.1 数据库简介

随着大数据技术的应用和发展，每天需要对海量数据进行挖掘和有效的管理，是进行科学研究和决策管理的前提条件。数据库技术是管理信息系统、办公自动化系统、决策支持系统等各类信息系统的核心部分，是进行科学研究和决策管理的重要技术手段。数据库技术的发展，先后经历了人工管理、文件管理和数据库系统等阶段。

大数据对数据库技术有着深刻的影响，大数据环境下的数据处理技术面临着数据量宏大、数据形式多样、单机或小型局域网的数据库处理无法满足、传统的并行数据库的灵活性具有局限性、结构化/半结构化与非结构化形式并存、对结果要求的模糊化、新数据库技术的出现与挑战等新特点，数据挖掘、商业智能、可视化技术的基础是大数据，其工具便是大数据工具。

1.1.1 数据库

数据是记载客观事物的状态、特征、特性的符号。数据无处不在，如商品产地、生产日期、销售额等，除了数字以外，还有字符、日期、图形、图像、音频、视频等计算机能处理和存储的数据，如某人的姓名是“王大海”，他的出生日期是“2007 年 12 月 26 日”等，都是数据。数据经过加工后就成为信息。

数据库（DataBase，DB）是存储在计算机中有组织、可共享的大量数据的集合。数据库中的数据按一定的数据模型组织、描述和存储，具有较小的冗余度、较高的数据独立性和易扩展性，并可为各种用户共享。数据库中的信息可以按字符、字段、记录和文件来进行组织。

- 字符：数据的最小存取单位。它由字母、数字、汉字和其他符号组成。
- 字段：数据的最小访问单位，具有独立的含义。如“成绩”表中的“学号”“姓名”“成绩”等列是表中所有行共有的属性，把这些列称为字段。
- 记录：在数据库的表中由一个或多个字段组成的数据单位。用来描述一个完整的客观事物，如对某个学生的成绩进行描述，可以通过“学号”“姓名”及各课程的“成绩”等字段进行描述。
- 文件：计算机中的文件是指存放在存储介质上的信息集合。

数据库中的数据是为众多用户所共享其信息而建立的，摆脱了具体程序的限制和制约。不同的用户可以按各自的用法使用数据库中的数据；多个用户可以同时共享数据库中的数据资源，即不同的用户可以同时存取数据库中的同一个数据。数据共享性不仅满足了各用户对信息内容的要求，同时也满足了各用户之间信息通信的要求。

1.1.2 数据库管理系统

数据库管理系统（DataBase Management System，DBMS）是用来建立、存取、管理和维护数据库的软件系统，它是数据库系统的核心。数据库系统的不同用户对数据库的建立，数据的编辑、修改、检索、统计汇总、打印报表及数据库的并发控制等操作，都是由数据库管理系统来完成的，是用户与数据库之间的接口。例如，学校学生成绩管理系统，包括记录的添加、修改、删除、统计及报表打印等功能。

1.1.3 数据库系统

1. 数据库系统的定义

数据库系统（DataBase System，DBS）就是指计算机系统中引用了数据库技术后的完整系统，主要由计算机硬件（主机存储介质等）、软件（操作系统、数据库管理系统、开发工具等）、数据库和用户（数据库管理员、终端用户等）4 个部分组成，如图 1-1 所示。

2. 数据库系统的特性

数据库系统主要有以下特性。

1）特定的数据模型

数据库以数据模型组织数据，也就是说，数据库中的数据是有结构的，如关系数据库以关系模型来组织数据。有关数据模型将在 1.2 节介绍。

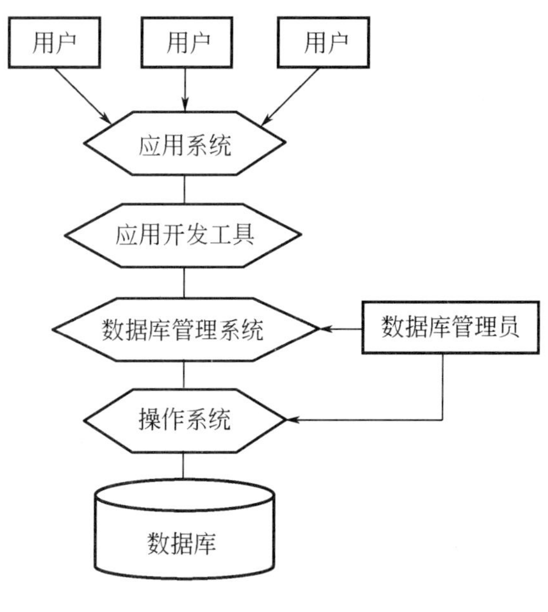

图 1-1　数据库系统

2）实现数据共享，减少数据冗余

数据共享是数据库的一个重要特性。一个数据库不仅可以被一个用户使用，同时也可以被多个用户使用。同样，多个用户可以使用多个数据库，从而实现数据共享，提高资源利用率。

由于在数据库系统中实现了数据共享，因此可以避免数据库中数据的重复出现，大大降低数据冗余性。

3）数据独立性

数据库系统中的数据是以记录为存取单位的，记录与记录之间相对独立，部分数据的改变不会影响其他数据的内容和结构。

4）数据的保护控制

由于数据库可以被多个用户或应用程序共享，也就存在多个用户或应用程序同时访问一个数据库的可能。因此，数据库系统必须提供必要的保护措施，这些措施包括数据的安全性控制、数据的并发访问控制及数据的完整性控制等。

在数据库系统、数据库管理系统和数据库三者之中，数据库系统包括数据库和数据库管理系统，数据库又是数据库管理系统的管理对象，也就是说数据库管理系统包括数据库。

1.2 数据模型

数据库系统中各个数据对象及它们之间存在的相互关系的描述，称为数据模型。数据模型是数据库系统的基础和核心，常见的数据模型有层次模型、网状模型和关系模型，各种数据库管理系统都是基于某种数据模型的，其中应用最广泛的是关系模型。根据数据模型的发展，可以划分为三个阶段：第一代的网状、层次数据库系统；第二代的关系数据库系统；第三代的以面向对象模型为主要特征的数据库系统。

1．层次模型

层次模型是指用树状结构表示实体及其之间的联系，树中的一个节点代表一个记录类型，树状结构表示实体之间的联系。现实世界中很多事物都是按层次组织起来的，例如，学校各部门、军队中各级别的编制等都是层次模型，如图 1-2 所示。

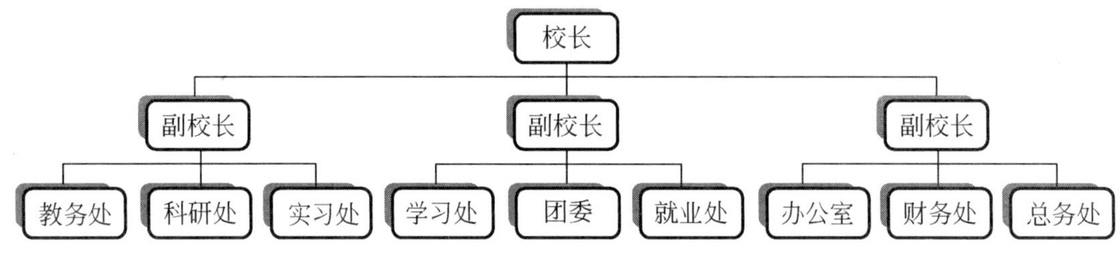

图 1-2　层次模型示意图

2．网状模型

网状模型是指用网状结构表示实体类型及其之间联系的模型。例如，学校的教师、学生、课程、教室之间的联系是网状模型，如图 1-3 所示。通常，一个学生可以选修若干门课程，某一课程可以被多个学生选修；一个教师可以教几门课程，每个学生选修的多门课程分别由不同的教师任教。因此，学生与课程、教师与学生都是相互联系的，它们之间形成网状关系。层次模型是网状模型的一个特例。

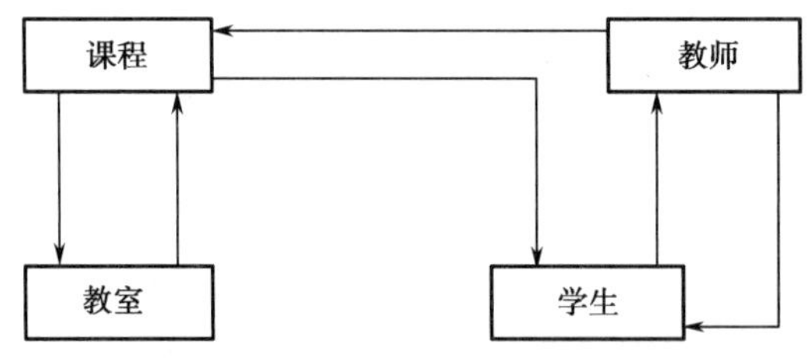

图 1-3　网状模型示意图

3．关系模型

用二维表的形式表示实体和实体间联系的数据模型为关系模型。在关系模型中，一个关系对应着一个二维表，二维表就是关系名。例如，“学籍”表、“成绩”表等，如图 1-4 所示。

现实世界中的各种实体及实体之间的各种联系均用关系模型来表示。

构成关系模型的二维表应满足以下条件：

- 表中不允许有重复的字段名，也就是说，一个表中不能有两个相同的属性。
- 表中每列数据都必须具有相同的数据类型。
- 表中不允许有两条完全相同的记录。

● 表中行的排列次序及列的排列次序可以任意，并且其次序不影响表中的关系。

图 1-4　关系模型示意图

除了上述三种基本的数据模型外，还有一种称为面向对象的数据模型，它是为了满足新的数据库应用需要而产生的新一代数据库系统，采用面向对象的方法来设计数据库。面向对象的数据库存储对象是以对象为单位的，每个对象包含对象的属性和方法，具有类和继承等特点。

面向对象数据模型适合处理各种各样的数据类型，与传统的数据库（如层次、网状或关系）不同，面向对象数据库适合存储不同类型的数据，如文本、数字、图片、声音、视频等。面向对象数据模型还可提高开发效率，提供强大的特性，如继承、多态和动态绑定，这样允许用户不用编写特定对象的代码就可以构成对象并提供解决方案。这些特性能有效地提高数据库应用程序开发人员的开发效率。

1.3　关系型数据库

1.3.1　关系型数据库概述

虽然网状数据库和层次数据库已经很好地解决了数据的集中和共享问题，但是在数据独立性和抽象级别上仍有很大欠缺。用户在对这两种数据库进行存取时，仍然需要明确数据的存储结构，指出存取路径，而后来出现的关系型数据库较好地解决了这些问题。关系型数据库是建立在关系模型基础上的数据库，借助于集合代数等概念和方法来处理数据库中的数据。关系型数据库是把每个实体都看成一个二维表，用二维表来组织和存储数据，每个二维表又称为关系。它是目前应用广泛的一种数据模型。

在关系型数据库管理系统中，关系型数据库是通过一个二维表来表示数据之间的联系的。表中的每列都称为一个字段，表的第一行是字段名，从第二行开始每行是一条记录。例如，可以按表 1-1 所示的“学籍”表来建立一个关系型数据库，表中的“学号”“姓名”“性别”等称为字段，每个字段都有唯一的名字，并且每个字段中所有的数据都必须是同一种数据类型。从第二行开始每行是一条记录，一个数据库中可以存储多条记录。

表 1-1 “学籍”表

学号	姓名	性别	民族	出生日期	入学成绩	专业	团员
230101	王晓飞	男	汉	02/18/2008	540.0	国际商务	T
230102	李国华	男	汉	11/23/2007	423.0	国际商务	F
230202	王　虹	女	汉	10/20/2007	352.0	电子技术	T
230207	连小胜	男	蒙古	12/09/2007	436.0	电子技术	T
…	…	…	…	…	…	…	…

当前主流的关系型数据库有 Oracle、DB2、PostgreSQL、MS SQL Server、MS Access、MySQL、Sybase 等，Visual FoxPro 6.0 是一种关系型数据库管理系统。

1.3.2 关系操作

关系型数据库中的核心内容是关系，即二维表。而对二维表的使用主要包括按照某些条件获取相应行、列的内容，或者通过表之间的联系获取两张表或多张表相应的行、列内容。概括起来，关系操作包括选择操作、投影操作和连接操作。关系操作的操作对象是关系，操作结果也为关系。

1. 选择操作

选择操作是指在关系中选择满足某些条件的行（记录）。例如，从“学籍”表中筛选所有男生的记录，就需要通过选择操作来完成，如图 1-5 所示。

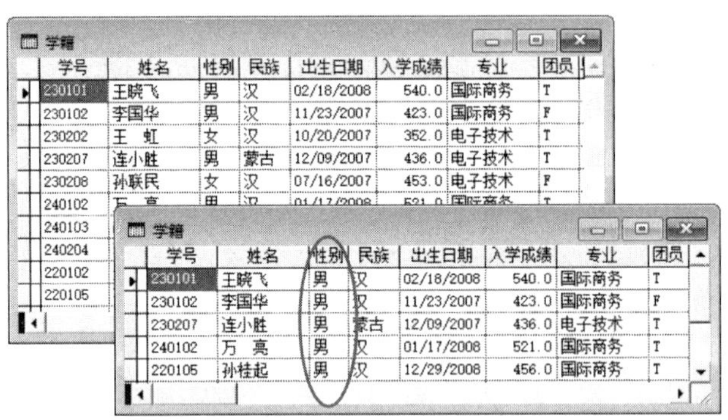

图 1-5 选择操作

2. 投影操作

投影操作是在关系中选择若干属性列（字段）组成新的关系。例如，从“学籍”表中查找所有学生的“姓名”“性别”和“出生日期”等字段内容，这需要通过投影操作来完成，如图 1-6 所示。

投影后不仅取消了原关系中的某些列，而且还可能取消某些记录，这是因为取消了某些属性列后，可能出现重复的行，应该取消这些完全相同的行。

学籍

学号	姓名	性别	民族	出生日期	入学成绩	专业	团员
230101	王晓飞	男	汉	02/18/2008	540.0	国际商务	T
230102	李国华	男	汉	11/23/2007	423.0	国际商务	F
230202	王 虹	女	汉	10/20/2007			
230207	连小胜	男	蒙古	12/09/2007			
230208	孙联民	女	汉	07/16/2007			
240102	万 亮	男	汉	01/17/2008			
240103	胡连丽	女	满	11/12/2007			

学籍

姓名	性别	出生日期
王晓飞	男	02/18/2008
李国华	男	11/23/2007
王 虹	女	10/20/2007
连小胜	男	12/09/2007
孙联民	女	07/16/2007
万 亮	男	01/17/2008
胡连丽	女	11/12/2007

图 1-6 投影操作

3. 连接操作

连接操作是将不同的两个关系连接成为一个关系。对两个关系的连接结果是一个包含原关系所有列的新关系。例如，从“学籍”表和“成绩”表中，根据“学号”字段相同这一条件，连接生成一个新的表，新生成的表包括两个表中记录的部分（或全部）字段（同名字段只出现一次），如图 1-7 所示。

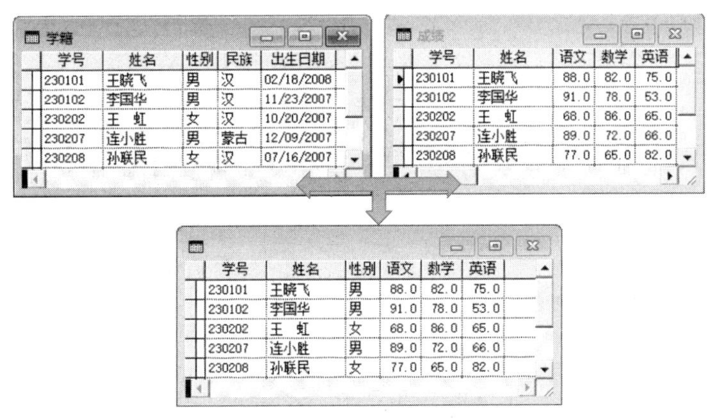

学籍

学号	姓名	性别	民族	出生日期
230101	王晓飞	男	汉	02/18/2008
230102	李国华	男	汉	11/23/2007
230202	王 虹	女	汉	10/20/2007
230207	连小胜	男	蒙古	12/09/2007
230208	孙联民	女	汉	07/16/2007

成绩

学号	姓名	语文	数学	英语
230101	王晓飞	88.0	82.0	75.0
230102	李国华	91.0	78.0	53.0
230202	王 虹	68.0	86.0	65.0
230207	连小胜	89.0	72.0	66.0
230208	孙联民	77.0	65.0	82.0

学号	姓名	性别	语文	数学	英语
230101	王晓飞	男	88.0	82.0	75.0
230102	李国华	男	91.0	78.0	53.0
230202	王 虹	女	68.0	86.0	65.0
230207	连小胜	男	89.0	72.0	66.0
230208	孙联民	女	77.0	65.0	82.0

图 1-7 连接操作

知识链接

有关数据库的基本概念

1. 实体

现实世界客观存在。可以相互区别的事物，称为实体。实体可以是实际存在的对象（如汽车），也可以是抽象的对象（如产品质量），或是事物与事物之间的联系（如一场排球赛）。

2. 属性

关系表中的字段称为属性，字段值称为属性值，例如，“学生”表中可以用“学号”“姓名”“性别”“民族”等属性来描述。

3. 域

域是属性的取值范围。域可以是字符、数值、日期、整型、逻辑等类型，如性别的值域可以是“男”或“女”。同一实体集合中，各实体值相应的属性有着相同的域。

4. 元组

元组是关系型数据库中的基本概念，表中的每一行（数据库中的每条记录）就是一个元组，每一列就是一个属性。在二维表里，元组也称为记录。

5. 关键字

能唯一标识出实体集中各个实体的某个属性或属性组合，称为关键字。例如，在“学生”实体集中，能作为关键字的属性可以是“学号”，它唯一标识了实体集中的某一个实体，而“姓名”一般不能作为关键字，因为存在重名的可能性。

当关系中有多个属性可作为关键字而选定其中一个时，称其为该实体的主关键字。在实体的多个属性中，某属性不是该实体的主关键字，却是另一实体的主关键字，称此属性为外部关键字。

6. 元数

元数即关系模型中属性的个数，也可以说是表中列的个数。例如，在关系模型“学生”表中，包含“学号”“姓名”“性别”“民族”“出生日期”“入学成绩”“专业”和“团员”8 个属性，则该表的元数为 8。

1.4 Visual FoxPro 6.0 的启动和退出

1.4.1 启动 Visual FoxPro 6.0

启动 Visual FoxPro 6.0 的方法与启动其他 Windows 应用程序的方法相同，即依次单击“开始”“所有程序”“Microsoft Visual FoxPro 6.0”菜单项。首次启动中文版 Visual FoxPro 6.0 后，屏幕出现欢迎窗口，如图 1-8 所示。根据窗口中给出的菜单提示，单击相应的按钮，可以管理 Visual FoxPro 6.0 组件，查找示例程序，创建新的应用程序，打开项目文件等。

单击“关闭此屏”按钮，直接进入系统的主窗口，如图 1-9 所示。选中“以后不再显示此屏”复选框后，再单击“关闭此屏”按钮，以后启动 Visual FoxPro 6.0 时就可直接进入主窗口。

Visual FoxPro 6.0 的主窗口与其他 Windows 应用程序一样，包括标题栏、菜单栏、工具栏和状态栏。在默认状态下，主窗口中含有命令窗口。

命令窗口是人机交互窗口，Visual FoxPro 6.0 执行菜单命令时，相应的命令语句会自动显示在命令窗口中。同时，也可以直接在命令窗口中输入要执行的命令。如果在操作过程中，这个窗口被覆盖或者隐藏，可执行“窗口”菜单中的“命令窗口”命令，或单击常用工具栏上的按钮来显示，再单击该按钮则隐藏命令窗口。

图 1-8 Visual FoxPro 6.0 欢迎窗口

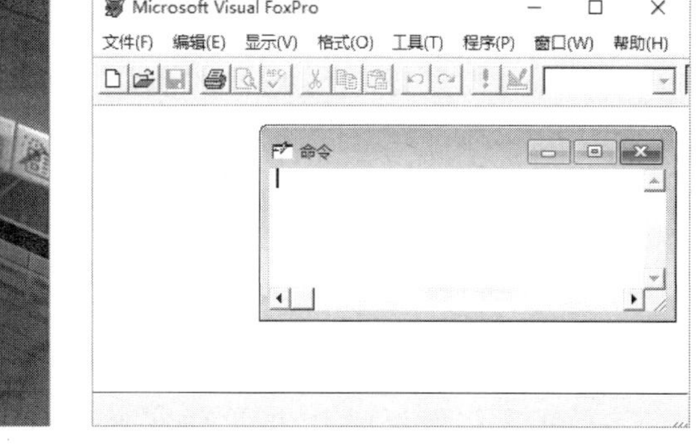

图 1-9 Visual FoxPro 6.0 主窗口

1.4.2 退出 Visual FoxPro 6.0

退出 Visual FoxPro 6.0 的各种方法如下：

- 单击主窗口左上方的控制图标，从下拉列表中选择“关闭”命令，或直接按 Alt+F4 组合键。
- 用鼠标单击标题栏最右侧的“关闭窗口”按钮。
- 单击“文件”菜单中的“退出”命令。
- 在命令窗口中输入 QUIT 命令，再按 Enter 键。

 **知识链接**

大数据简介

大数据（Big Data），或称巨量资料，指的是所涉及的资料量规模巨大到无法通过主流软件工具，在合理时间内达到撷取、管理、处理并整理成为帮助企业经营决策更积极目的的资讯。大数据技术，是指从各种各样类型的数据中，快速获得有价值信息的能力。适用于大数据的技术，包括大规模并行处理数据库、数据挖掘电网、分布式文件系统、分布式数据库、云计算平台、互联网，以及可扩展的存储系统等。一般来说，大数据具有 4 个基本特征：一是数据体量巨大；二是数据类型多样；三是处理速度快；四是价值密度低。以视频为例，一小时的视频，在不间断的监控过程中，可能有用的数据只有一两秒。

大数据的作用主要体现在以下几个方面：

第一，对大数据的处理分析正成为新一代信息技术融合应用的节点。移动互联网、物联网、社交网络、数字家庭、电子商务等是新一代信息技术的应用形态，这些应用不断产生大数据。云计算为这些海量、多样化的大数据提供存储和运算平台。通过对不同来源数据的管理、处理、分析与优化，将结果反馈到上述应用中，将创造出巨大的经济和社会价值。

第二，大数据是信息产业持续高速增长的新引擎。面向大数据市场的新技术、新产品、新服务、新业态会不断涌现。在硬件与集成设备领域，大数据将对芯片、存储产业产生重要影响，还将催生一体化数据存储处理服务器、内存计算等市场；在软件与服务领域，大数据将引发数据快速处理分析、数据挖掘技术和软件产品的发展。

第三，大数据利用将成为提高核心竞争力的关键因素。各行各业的决策正在从“业务驱动”转变为“数据驱动”。对大数据的分析可以使零售商实时掌握市场动态并迅速做出应对；可以为商家制定更加精准有效的营销策略提供决策支持；可以帮助企业为消费者提供更加及时和人性化的服务。在医疗领域，可以提高诊断准确性和药物有效性；在公共事业领域，大数据也开始发挥促进经济发展、维护社会稳定等方面的重要作用。

第四，大数据时代科学研究的方法手段将发生重大改变。例如，抽样调查是社会科学的基本研究方法。在大数据时代，可通过实时监测、跟踪研究对象在互联网上产生的海量行为数据，进行挖掘分析，揭示出规律性的东西，提出研究结论和对策。

当今社会科技发达，信息流通，人们之间的交流越来越密切，生活也越来越方便，大数据就是这个高科技时代的产物。中共中央、国务院印发的《数字中国建设整体布局规划》指出，建设数字中国是数字时代推进中国式现代化的重要引擎，是构筑国家竞争新优势的有力支撑。加快数字中国建设，对全面建设社会主义现代化国家、全面推进中华民族伟大复兴具有重要意义和深远影响。

 **试一试**

1. 查看你使用的计算机上是否安装了 Visual FoxPro 6.0 中文版数据库管理系统。
2. 启动 Visual FoxPro 6.0 数据库管理系统。
3. 查看系统菜单项的组成。

基础练习 1

一、填空题

1．常见的数据模型有________模型、________模型和________模型三种类型。

2．关系数据库管理系统提供了__________、__________和__________三种基本关系操作。

3．按照数据模型划分，Visual FoxPro 6.0 是______型数据库管理系统。

4．关系模型中用来表示实体及实体间关系的结构形式是______。

二、选择题

1．数据库系统的核心是（　　）。

A．数据库　　B．操作系统

C．数据库管理系统　　D．数据库管理员

2．Visual FoxPro 6.0 是一种关系型数据库管理系统，所谓关系是指（　　）。

A．各条记录的数据彼此有一定的关系

B．一个数据库文件与另一个数据库文件之间有一定的关系

C．数据模型符合一定条件的二维表格形式

D．数据库中各字段之间彼此有一定的关系

3．用二维表来表示实体与实体之间联系的数据模型称为（　　）。

A．树状模型　B．关系模型　C．层次模型　D．网状模型

4．下列选项中不属于基本关系操作的是（　　）。

A．连接　B．投影　C．选择　D．排序

5．用于建立、使用和维护数据库的系统软件，它对数据库进行统一的管理和控制，以保证数据库的安全性和完整性。用户通过它来访问数据库中的数据，数据库管理员也通过它进行数据库的维护工作，它称为（　　）。

A．数据库　　B．数据库管理系统

C．操作系统　　D．数据处理应用程序

三、问答题

1．什么是数据库？什么是数据库管理系统？

2．数据库系统由哪几部分组成？

3．数据库系统有哪些主要特性？

操作练习 1

1．检查你所操作的计算机是否已经安装了 Visual FoxPro 6.0 数据库管理系统。

2．启动 Visual FoxPro 6.0，在命令窗口中输入以下命令，在系统窗口查看运行结果。

```
? 3+2
? 3*2
? 3**2
? "abc"+"ef"
? "abcde"-"de"
? SQRT(4)
? INT(3.14)
```

第 2 章

Visual FoxPro 基本操作

本章任务

- 掌握创建项目文件的方法
- 掌握创建数据库、表的方法
- 掌握表的基本操作方法
- 掌握索引的类型及其创建方法
- 掌握常见字段属性的设置方法
- 掌握工作区的使用方法
- 掌握创建表间关系的方法

2.1 创建项目文件

项目是指文件、数据、文档和 Visual FoxPro 对象的集合。项目管理器是 Visual FoxPro 6.0 用来管理、组织数据和对象的主要工具。它将一些相关的文件、数据、文档等集合起来，用图形和分类的方式来管理。

2.1.1 建立项目文件

项目管理器主要用来组织和管理 Visual FoxPro 6.0 中不同类型的文件，要开发 Visual FoxPro 6.0 数据库或应用程序，需要先利用项目管理器建立一个项目文件，然后才能进行数据库的建立、查询、程序设计等一系列相关的操作。

【任务 1】 建立一个名为“学生管理”的项目文件，以便对学生的学籍、考试成绩等进行管理。

分析：

在 Visual FoxPro 6.0 中，建立项目文件可以使用下列两种方法。

- 使用“创建”对话框建立项目文件。
- 使用向导建立项目文件。

操作：

下面介绍使用“创建”对话框建立项目文件的方法。

（1）启动 Visual FoxPro 6.0，单击菜单“文件”中的“新建”命令，打开“新建”对话框，如图 2-1 所示。

（2）在“新建”对话框中，选择“文件类型”中的“项目”，然后单击“新建文件”按钮，出现“创建”对话框，如图 2-2 所示。选择文件保存的类型为“项目（*.pjx）”，项目文件名为“学生管理”，保存位置为 D:\XSGL2023 文件夹。

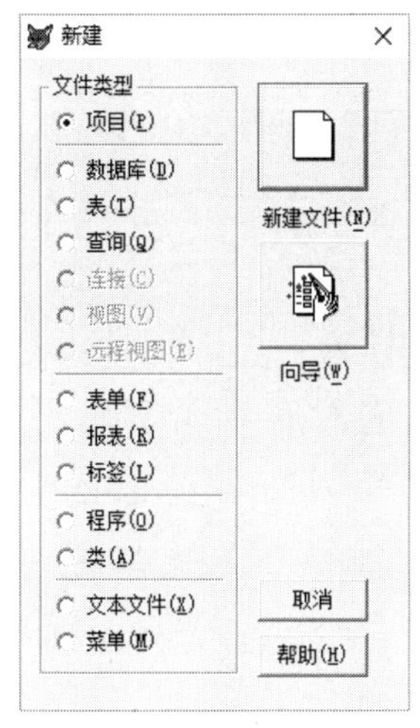

图 2-1　“新建”对话框

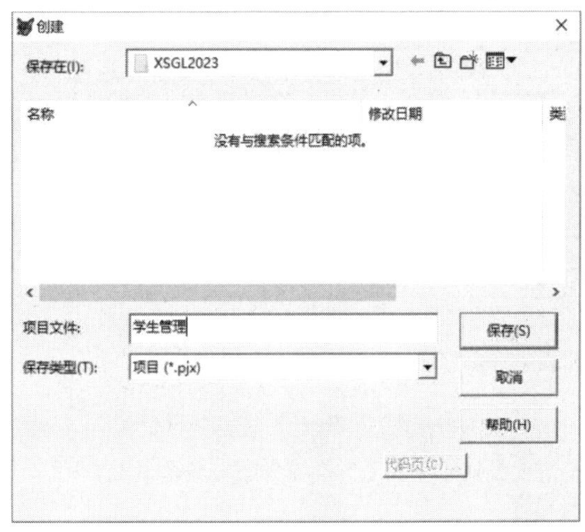

图 2-2　“创建”对话框

（3）单击“保存”按钮，这时 Visual FoxPro 6.0 就建立了“学生管理”项目文件，并打开项目管理器，如图 2-3 所示。

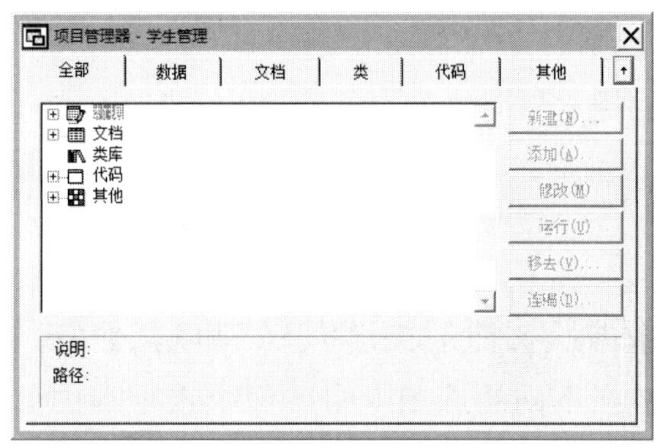

图 2-3　“项目管理器”窗口

这时，在 D:\XSGL2023 文件夹中创建了项目文件“学生管理.pjx”。

小结：

在建立项目文件前，首先要规划好项目文件名，项目文件名含义要清晰简明，同时要便于记忆；其次，确定项目文件保存的路径。

使用命令方式建立项目文件，命令格式如下：

```
MODIFY PROJECT [项目文件名]
```

例如，在命令窗口输入命令内容，如图 2-4 所示。

```
MODIFY PROJECT 图书管理
```

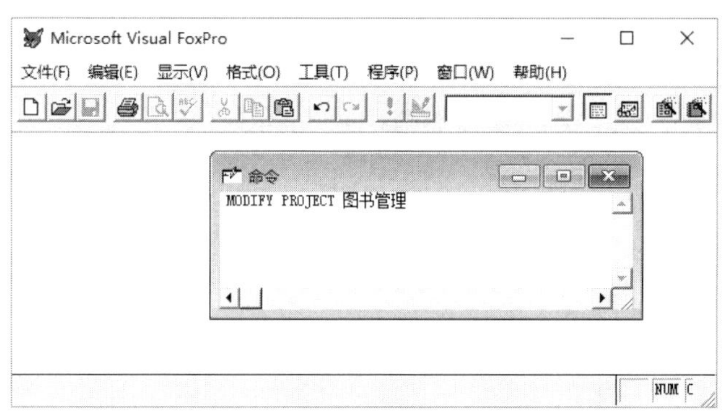

图 2-4　使用命令方式建立项目文件

系统自动建立“图书管理”项目文件，并打开该项目管理器。

为方便用户快速录入，命令或命令中的短语选项可以只输入前 4 个字母，如上述命令可以输入：

```
MODI PROJ 图书管理
```

试一试

使用图 2-1 所示的 Visual FoxPro 6.0 向导建立项目文件。

2.1.2　项目管理器窗口组成

项目管理器窗口由选项卡、命令按钮和列表框组成，如图 2-3 所示。该窗口与其他 Windows 窗口一样，可以由用户移动位置，调整尺寸。但是，项目管理器窗口又具有某些不同于普通窗口的特殊性质，如工具条特性、选项卡游离特性等。以下简要介绍各组成部分。

1. 选项卡

窗口上方有“全部”“数据”“文档”“类”“代码”和“其他”6 个选项卡，将 Visual FoxPro 6.0 不同类型的文件分别放在不同的选项卡中。每个选项卡中又包含许多类型的文件。用鼠标单击不同的选项卡，即可切换到该选项卡，并在列表框中显示该选项卡里相关类型的文件。

- 全部：该选项卡位于项目管理器的最左侧，包含了其他选项卡的全部文件。
- 数据：该选项卡存储了一个项目中包含的所有数据，并对数据文件进行管理。它包含的数据主要有数据库、自由表和查询。

📖提示

在 Visual FoxPro 6.0 中，一个数据库可以由多个表、视图、远程数据的连接和存储过程组成，其扩展名为.dbc。自由表是指独立的表文件。它是为兼容旧版本的 FoxPro 而设计的。在旧版本的 FoxPro 中，所有的表文件（扩展名为.dbf）都不包含 Visual FoxPro 6.0 新增的字段显示、有效性规则及字段注释等属性。

- 文档：该选项卡用于显示和管理文档，且包含处理数据所需要的全部文档，这些文档包括表单、报表和标签三种类型。
- 类：该选项卡主要用于显示和管理类库文件。
- 代码：该选项卡主要用于显示和管理 Visual FoxPro 6.0 的各类程序代码，包括程序、API 库和应用程序三类程序代码。
- 其他：该选项卡包括菜单、文本文件和其他文件三种类型内容。

2. 命令按钮

在项目管理器中，选择要操作的文件，再单击相应的命令按钮即可进行相关的操作。部分按钮的含义如下。

- 新建：该按钮用于创建一个新文件或新对象。生成的新文件或对象的类型依据当前在项目管理器中所选择的类型而定。
- 添加：在项目文件中加入一个已存在的文件。
- 修改：在设计器中打开选中并允许修改的文件。与新建操作一样，某些类型的文件会启动相应的设计器。
- 浏览：打开数据表浏览窗口。该按钮只有在选择表的时候才可使用。
- 移去：从项目文件中移去或删除选择的文件或对象。移去是指将选中的文件从项目中移出，该文件还保存在磁盘中；删除是指将文件从项目中移出并从磁盘上删除。
- 运行：用于运行选定的查询、表单或程序文件。
- 连编：重新构造一个项目，也可连编生成一个可执行的.exe 文件。
- ↑或↓（折叠或展开）按钮：当单击↑按钮时，项目管理器窗口折叠，只显示标题栏或选项卡名，如图 2-5 所示。此时显示为↓按钮，如果单击该按钮，则项目管理器窗口重新展开。

图 2-5　折叠项目管理器窗口

设置文件保存路径

在安装 Visual FoxPro 6.0 后，系统自动用默认值来设置环境。用户可以根据自己的需要来配置系统环境。例如，保存用户文件的默认位置、日期和时间的显示格式等，都可以通过“选项”对话框进行设置。设置保存用户文件默认位置的操作方法如下。

（1）单击“工具”菜单中的“选项”命令，在“选项”对话框中选择“文件位置”选项卡，如图 2-6 所示。

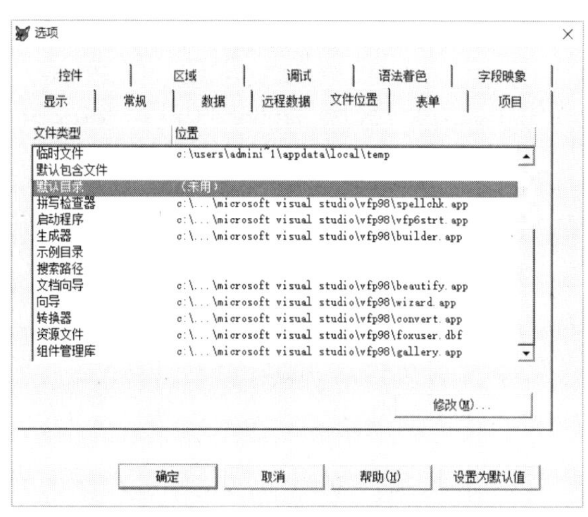

图 2-6　“文件位置”选项卡

（2）在“文件类型”列表框中选择“默认目录”，单击“修改”按钮，出现如图 2-7 所示的“更改文件位置”对话框。选择“使用（U）默认目录”复选框，在“定位（L）默认目录”文本框中直接输入路径，如 d:\xsgl2023。

图 2-7　“更改文件位置”对话框

（3）单击“确定”按钮。设置默认目录后，系统自动将新建文件保存到该文件夹中。

对 Visual FoxPro 6.0 系统环境所进行的配置，可以是临时性的，也可以是永久性的。所谓临时性，是指在本次运行 Visual FoxPro 6.0 期间有效，当退出系统后，不保存所做的配置。修改配置后，单击“选项”对话框中的“确定”按钮，对系统所做的配置是临时性的。所谓永久性，是指对系统配置后，当下次启动 Visual FoxPro 6.0 后，所做的配置设置为系统默认值。修改配置后，单击“选项”对话框中的“设置为默认值”按钮，再单击“确定”按钮，则对系统所做的配置是永久性的。

采用同样的方法，可以在“区域”选项卡中设置日期和时间的显示格式等，如图 2-8 所示。

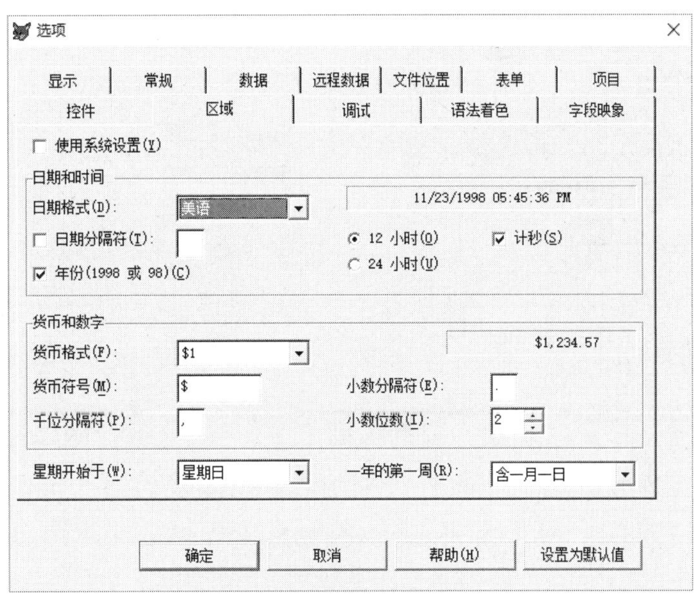

图 2-8 “区域”选项卡

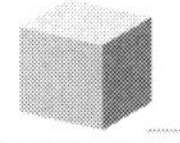 2.2 创建数据库

使用 Visual FoxPro 6.0 创建学生管理系统对学生进行管理，一般要经过创建项目文件、数据库及数据表等步骤。例如，在“学生管理”项目文件中创建“学生”数据库，在该数据库中包含“学籍”表、“成绩”表、“图书借阅”表等。

2.2.1 建立数据库

【任务 2】 在项目文件“学生管理”中建立“学生”数据库，以便对学生信息进行管理。

分析：

建立数据库可以使用项目管理器、命令和数据库向导等方法，要树立使用项目管理器创建数据库的思维方式。

操作：

(1) 启动 Visual FoxPro 6.0，打开项目文件“学生管理”。在项目管理器窗口中，选择“数据”选项卡中的“数据库”选项，单击“新建”按钮，打开如图 2-9 所示的“新建数据库”对话框。

（2）单击“新建数据库”按钮，出现如图 2-10 所示的“创建”对话框。

图 2-9　“新建数据库”对话框

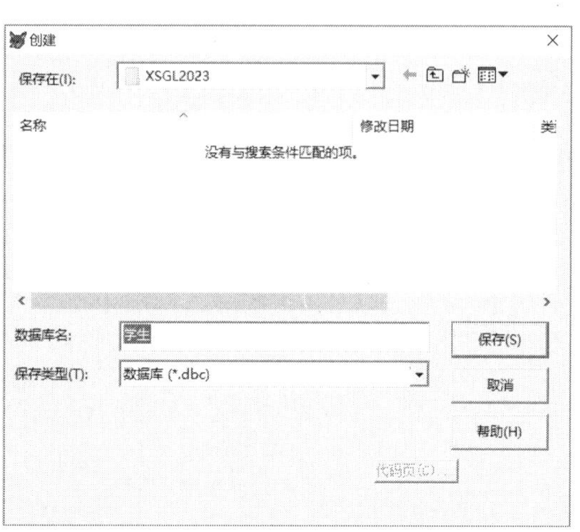

图 2-10　“创建”对话框

（3）选择文件的保存位置，并输入数据库名“学生”，单击“保存”按钮，出现“数据库设计器”窗口及“数据库设计器”工具栏，关闭“数据库设计器”窗口。至此，创建了“学生”数据库，数据库文件的扩展名为.dbc。该数据库文件显示在“项目管理器”窗口中，如图 2-11 所示。

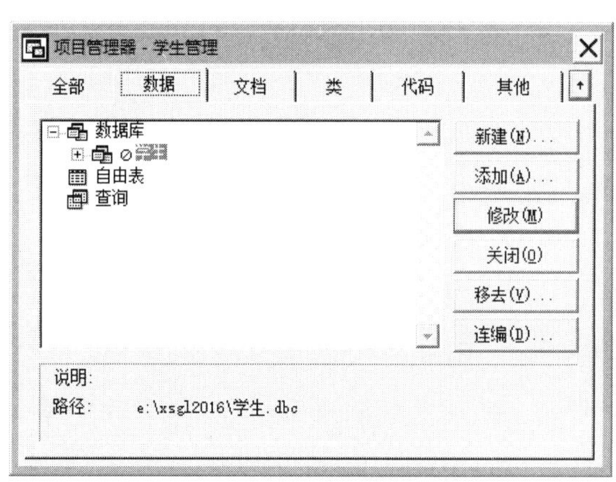

图 2-11　“项目管理器”窗口

小结：

在创建的“学生”数据库中还没有添加任何表和其他对象，此时，它是一个空数据库。

另外，可以使用 CREATE DATABASE 命令来创建数据库，然后通过“项目管理器”窗口中的“添加”按钮将创建的数据库添加到项目文件中。

例如，创建“学生”数据库，在命令窗口中输入命令：

```
CREATE DATABASE 学生
```

🕮提示

Visual FoxPro 6.0 在建立数据库时，实际上建立了扩展名分别为.dbc、.dct 和.dcx 的 3 个文件，用户不能直接修改这些文件中的数据。

2.2.2　使用数据库

在数据库中创建表或使用数据库中的表时，都必须先打开数据库。打开数据库的方法很多，可以在项目管理器中打开数据库，也可以在命令窗口中使用操作命令 OPEN DATABASE 打开数据库。

1. 打开数据库

打开“学生管理”项目文件，在“项目管理器”窗口中选择要打开的数据库。

使用命令方式打开数据库，命令格式如下：

```
OPEN DATABASE [数据库名] [EXCLUSIVE | SHARED]
```

各选项的含义如下。

（1）数据库名：要打开的数据库名，其扩展名.dbc 可以省略。

（2）EXCLUSIVE：数据库以独占方式打开，不允许其他用户同时使用该数据库。

（3）SHARED：数据库以共享方式打开，允许其他用户同时使用该数据库。

例如，使用命令以共享方式打开“学生”数据库，在命令窗口中输入：

```
OPEN DATABASE 学生 SHARED
```

在 Visual FoxPro 6.0 中，可以同时打开多个数据库，通过“常用”工具栏中的数据库下拉列表可以选择当前数据库，如图 2-12 所示。

图 2-12　选择当前数据库

2. 关闭数据库

通常在数据库使用完毕后要关闭该数据库，以防数据库中的数据丢失。关闭数据库时，可在“项目管理器”窗口中选择要关闭的数据库，然后单击“关闭”按钮，或使用 CLOSE DATABASE 命令。例如，关闭“学生”数据库，在命令窗口中输入：

```
SET DATABASE TO 学生            &&选择“学生”数据库
CLOSE DATABASE                  &&关闭数据库
```

其中，命令行后的“&&”是该命令行的注释符号，便于用户阅读，可以省略。

提示

在“项目管理器”窗口中打开数据库，或在数据工作期内运行表单打开时，即使执行 CLOSE DATABASE 命令也不能关闭该数据库，直到在项目管理器中关闭该数据库，或使用该数据库的表单关闭。

试一试

在“图书管理”项目中建立一个名为“图书”的数据库。

2.3 创 建 表

在 Visual FoxPro 6.0 中，用户可以创建数据库中的表，也可以创建与数据库无关联的自由表。若创建数据库表，则该表可以是长表名和长字段名。

创建表可以分两步进行：第一步确定表结构，即确定表的字段个数、字段名、字段类型、字段宽度及小数位数等属性；第二步根据字段属性输入相应的记录。

下面以在“学生”数据库中创建“学籍”表为例，介绍如何创建表。“学籍”表的记录如表 2-1 所示。

表 2-1 “学籍”表记录

学号	姓名	性别	民族	出生日期	入学成绩	专业	团员	照片	简历
230101	王晓飞	男	汉	02/18/2008	540.0	国际商务	T		
230102	李国华	男	汉	11/23/2007	423.0	国际商务	F		
230202	王　虹	女	汉	10/20/2007	352.0	电子技术	T		
230207	连小胜	男	蒙古	12/09/2007	436.0	电子技术	T		
230208	孙联民	女	汉	07/16/2007	453.0	电子技术	F		
240102	万　亮	男	汉	01/17/2008	521.0	国际商务	T		
240103	胡连丽	女	满	11/12/2007	365.0	国际商务	T		
240204	李红黎	女	汉	09/11/2008	514.0	电子技术	T		
220102	赵明明	女	汉	03/13/2008	428.0	国际商务	T		
220105	孙桂起	男	汉	12/29/2008	456.0	国际商务	T		

分析该表可以发现，该表共有 10 个字段，它们分别是学号、姓名、性别、民族、出生日期、入学成绩、专业、团员、照片和简历；有 10 条记录，每条记录都包含以上这些字段（其中照片和简历数据未列出）。

要建立该表，首先需要确定每个字段的属性，即字段名、数据类型、宽度、小数位数，如表 2-2 所示。

表 2-2　“学籍”表字段及其属性

字 段 名	数 据 类 型	宽 度	小 数 位 数
学号	字符型	6	
姓名	字符型	8	
性别	字符型	2	
民族	字符型	4	
出生日期	日期型	8	
入学成绩	数值型	5	1
专业	字符型	8	
团员	逻辑型	1	
照片	通用型	4	
简历	备注型	4	

2.3.1　建立表结构

建立表结构可以使用表设计器、表向导或命令方式来实现。

1. 使用表设计器建立表结构

表都隶属于某一数据库（自由表除外），建立数据库表时，可以先打开隶属的数据库，然后在该数据库中建立新表。

【任务 3】 使用表设计器在“学生”数据库中创建“学籍”表。

分析：

使用表设计器创建表，需要先确定表名，再确定表中的字段及其属性。“学籍”表的字段及其属性如表 2-2 所示。

操作：

（1）打开“学生管理”项目文件，在“项目管理器”窗口中选择“数据”选项卡，再选择“学生”数据库中的“表”。

（2）单击“新建”按钮，出现“新建表”对话框，如图 2-13 所示。

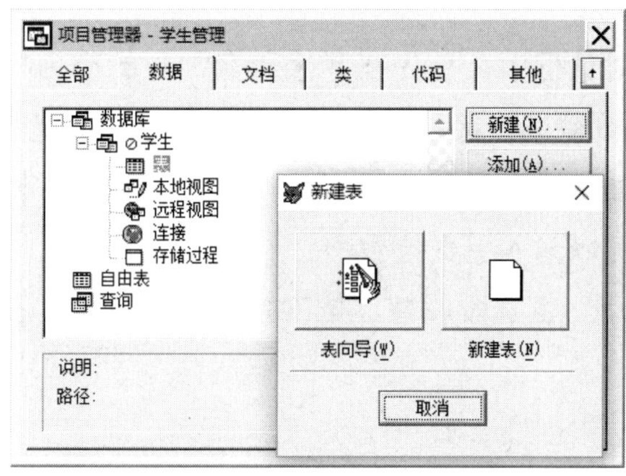

图 2-13　“新建表”对话框

（3）单击“新建表”按钮，出现“创建”对话框，如图2-14所示。输入表名“学籍”，选择“保存类型”为“表”。

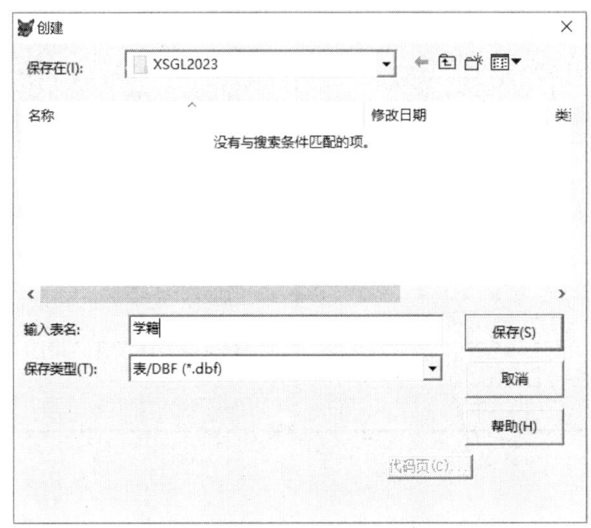

图2-14　“创建”对话框

（4）单击“保存”按钮，打开“表设计器”对话框，如图2-15所示。

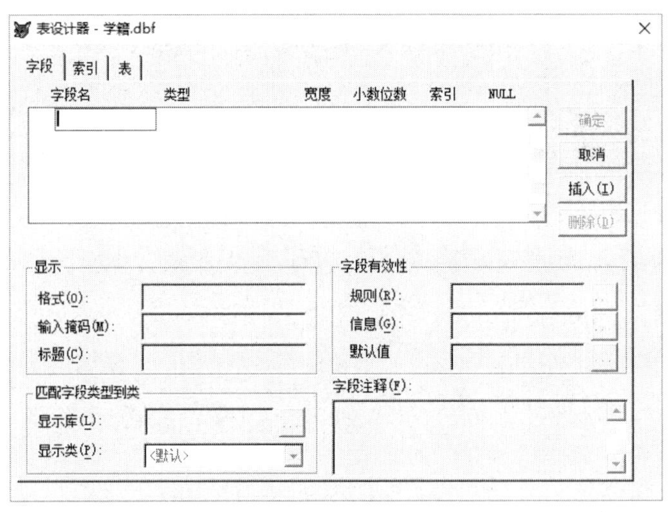

图2-15　“表设计器”对话框

（5）在“表设计器”对话框中，首先在“字段名”下的空白栏内单击鼠标，输入第一个字段名“学号”，然后按Tab键或直接移动光标到“类型”栏，定义数据类型，可以从下拉列表中选择字段数据类型；如果需要设置字段宽度，可在“宽度”栏中设置字段宽度，如果是数值型和浮动型字段，还可以输入小数位数。

按表2-2所示的“学籍”表字段属性，依次定义其他字段。在定义字段的过程中，可以随时修改其他字段属性。

（6）定义所有字段，结果如图2-16所示。

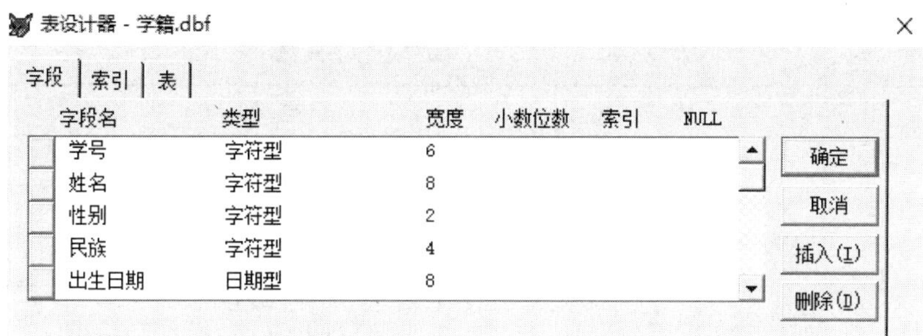

图 2-16 “学籍”表结构

（7）单击“确定”按钮，出现输入数据记录对话框，如图 2-17 所示。单击“否”按钮，暂不输入数据记录。

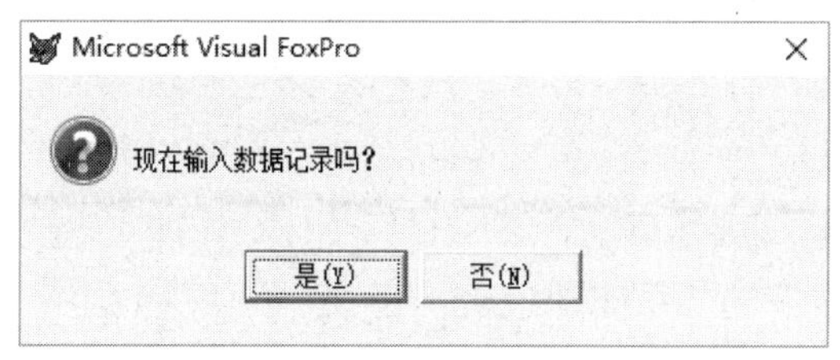

图 2-17 输入数据记录对话框

至此，建立了“学籍”表，该表是一个只有结构没有记录的空表。

小结：

表中的字段名可以由汉字或字母组成，使用汉字、字母及其组合，含义应该清晰明了，无二义性或随意性。对于字符型、数值型、浮动型和字符型（二进制值）字段的宽度需要用户定义，其他类型字段的宽度是系统默认的，无须用户自行设置。

在定义字段的过程中，如果要给某个字段加上索引，可在“索引”栏中选择“升序”或“降序”，默认状态为不加索引。如果某字段可以接受 NULL 值，则单击“NULL”栏的按钮，显示选中标记☑。选择 NULL 选项，表示允许该字段值为空值，这时的空值与空格字符串、数值 0 的含义不同。在输入记录数据时，空值表示缺值或还没有确定值，不能把它理解为任何意义的数据。例如，某门课程的成绩为空值，表示还没有值，而数值 0 表示可能是零分。但有些字段不能设置为 NULL 值，如表中的关键字段。

2. 使用命令建立表结构

【任务 4】 使用命令方式在“学生”库中建立“成绩”表，其字段及属性如表 2-3 所示。

分析：

无论是建立数据库表还是自由表，都可以使用 CREATE 命令。要建立数据库表，需要先打开所属的“学生”数据库，其命令如下：

```
OPEN DATABASE 学生
```

表 2-3 “成绩”表字段及其属性

字段名	数据类型	宽度	小数位
学号	字符型	6	
姓名	字符型	8	
语文	数值型	5	1
数学	数值型	5	1
英语	数值型	5	1
网络技术	数值型	5	1

操作：

（1）在 Visual FoxPro 6.0 命令窗口（如图 2-18 所示）中输入命令：

```
OPEN DATABASE 学生
CREATE 成绩
```

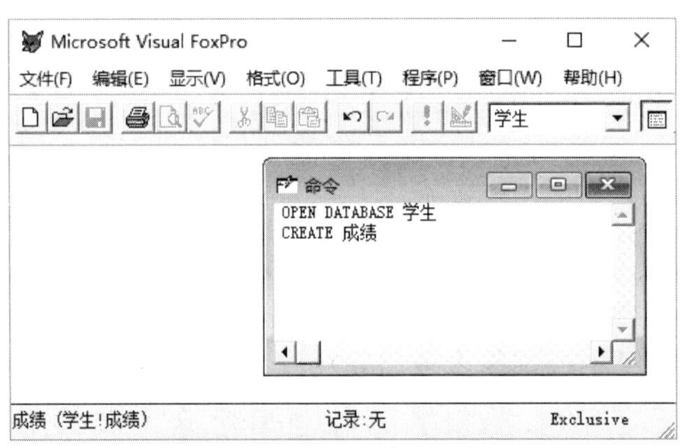

图 2-18 命令窗口

（2）输入最后一条命令后按回车键，即可执行创建“成绩”表操作，打开如图 2-15 所示的“表设计器”对话框，直接建立表结构。

如果没有在项目管理器中打开数据库或没有使用 OPEN DATABASE 命令打开数据库，而直接使用 CREATE 命令建立表，则会打开如图 2-16 所示的“表设计器”对话框。此时建立的表不是数据库表，而是自由表。

小结：

在建立表时，对于数值型和浮动型字段，有必要时可以输入小数位数，这时应合理设置该类型字段的宽度，字段宽度太大造成存储空间浪费，宽度太小，较大数据容纳不下。本例中“语文”字段的宽度为 5，包括 1 位小数，则该字段存放数据的范围是-99.9～999.9，负号位和小数点各占 1 位。

要使自由表成为数据库表，可以在“项目管理器”窗口中将自由表添加到数据库中。

2.3.2　修改表结构

在建立表结构后，如果要修改表结构，可以利用表设计器来增加、删除、修改字段，设置字段属性等。

【任务 5】 任务 4 创建的“成绩”表中没有“总分”和“平均分”字段，要求修改该表结构，在表结构末尾增加“总分”（N, 6, 1）和“平均分”（N, 6, 2）字段。

分析：

在表中增加字段时，需要先确定要增加的字段名、数据类型等，再确定要添加字段的位置。要增加的两个字段都是数值型（N）、宽度为 6、分别是 1 位和 2 位小数。

操作：

（1）在项目管理器中选择要修改的“成绩”表，如图 2-19 所示。单击“修改”按钮，打开“成绩”表的“表设计器”对话框。

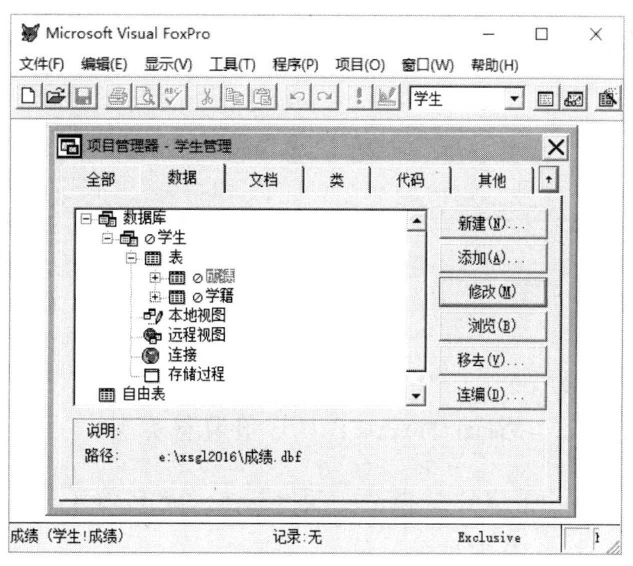

图 2-19　选择要修改的表

（2）将光标移到最后一个字段后，单击“插入”按钮，插入新的字段。分别插入“总分”“平均分”字段，如图 2-20 所示。

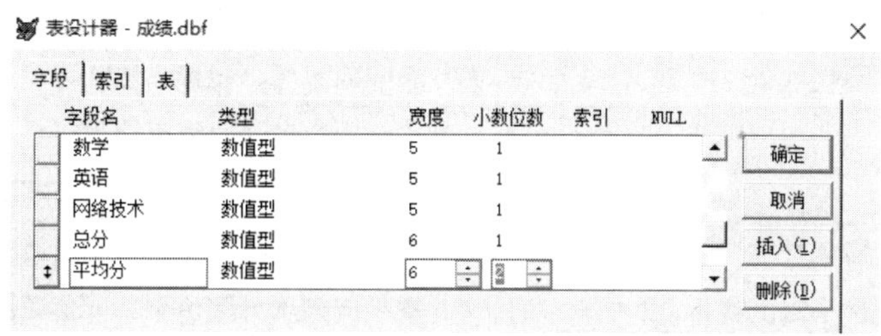

图 2-20　增加的字段

（3）单击“确定”按钮，返回“项目管理器”窗口。

小结：

利用表设计器除了在表末尾增加字段外，还可以修改、删除字段等。

（1）修改字段。在“表设计器”对话框中单击要修改的字段处，输入要修改的内容。

（2）插入字段。单击“插入”按钮，移动光标，在当前字段前插入一个新字段。

（3）删除字段。选取要删除的字段，单击“删除”按钮。

（4）调整字段顺序。利用鼠标选取要移动字段左侧的灰色方块，拖动鼠标上、下移动到新位置后释放鼠标按键。

在使用命令方式修改表结构时，要先打开表后再进行修改。打开表用USE命令，打开表设计器使用MODIFY STRUCTURE命令，如图2-21所示，再对表结构进行修改。

```
USE 成绩                          &&打开“成绩”表
MODIFY STRUCTURE                  &&打开表设计器
```

图2-21　命令窗口

知识链接

Visual FoxPro 6.0中的数据类型

在Visual FoxPro 6.0中，字段的数据类型有13种，分别为字符型、货币型、数值型、浮点型、日期型、日期时间型、双精度型、整型、逻辑型、备注型、通用型、字符型（二进制值）和备注型（二进制值）数据。各数据类型及其说明如表2-5所示。

表2-5　Visual FoxPro 6.0数据类型及其说明

类　型	缩　写	字 节 数	说　明
字符型	C	每个字符占1字节，最大长度不超过254字节	由英文字母、汉字、数字、空格和各种符号组成的字符串。例如，表中的姓名、职称、地址等
货币型	Y	8字节	货币金额数字，取值范围为：-922337203685477.5808～922337203685477.5807
数值型	N	最大长度为20字节（其中包括小数点和正、负号所占的位数）	数值中包括正/负号、数字及小数点。例如，“成绩”表中的语文、数学成绩均为数值型。取值范围为：-0.9999999999E+19～0.9999999999E+20
浮点型	F	最大长度为20字节	与数值型相同，包括正/负号、数字及小数点

续表

类　型	缩　写	字 节 数	说　明
日期型	D	8 字节，其中年份占 4 字节，月份和日子分别占 2 字节	保存年、月、日格式的日期，存储格式为 yyyymmdd，其中，yyyy 表示年份，mm 表示月份，dd 表示日期。表示日期的格式很多，例如，2004 年 5 月 1 日，表示为 05/01/2004 或 05/01/04 等 日期取值范围为：01/01/0001～12/31/9999
日期时间型	T	日期占 8 字节，时间占 6 字节	包含年、月、日、小时、分、秒格式的数据。通常用于表示出生日期、会议的日期与时间等。存储格式为 yyyymmddhhmmss，其中，yyyy 表示年份，mm 表示月份，dd 表示日期，hh 表示小时，mm 表示分钟，ss 表示秒。如果将日期型数值转化为日期时间型数值，时间将默认为 12:00:00 AM。例如，dt={^2004/05/01 10:58:24 AM}。时间的取值范围为：00:00:00 AM～11:59:59 PM。日期的取值范围同日期型
逻辑型	L	1 字节	它的值只有真（.T.）和假（.F.）两种。如男或女、已婚或未婚等
整型	I	4 字节	不带小数点的数值，即整数，由 0～9 这 10 个数字和小数点及“+”“-”符号组成，可用于存放编号、年龄等信息。其取值范围为：-2147483647～2147483646
双精度型	B	8 字节	用于存放数据处理中的高精度数据。其取值范围为： -4.9406548541247E-324～1.79769313486232E+308
备注型	M	4 字节	它是为了突破字符型数据最多只能容纳 254 个字符的限制而设立的。备注型数据有 4 字节的固定长度，但这 4 字节不是它真正的内容，其实际内容存放在一个以.FPT 为扩展名的文件中。这 4 字节用于存放指向.FPT 文件位置的指针。在.FPT 文件中，可存放任意长度的字符数
通用型	G	4 字节	将外部的数据文件如声音、图像、视频等 OLE 对象作为数据来处理，用于存储指向一个 OLE 对象的指针，OLE 对象分为链接和嵌入两种。与备注型一样，实际数据存放在.FPT 文件中
字符型（二进制值）	C	每个字符占 1 字节，最大长度不超过 254 字节	将数据存储为二进制值格式，所存储的数据不因代码页改变而改变。所谓代码页，是指各国家因语系不同，必须使用不同的代码。当代码改变时，Visual FoxPro 6.0 会自动转换成相应的语系。但二进制值字符型字段的数据并不随着代码页的转换而改变
备注型（二进制值）	M	4 字节	与字符型（二进制值）一样，当代码页改变时，其值不会随之改变

试一试

1. 在“学生”数据库中建立“图书借阅”表，该表字段及其属性如表 2-4 所示。

表 2-4　“图书借阅”表字段及其属性

字 段 名	数 据 类 型	宽　度	小 数 位
学号	字符型	6	

续表

字段名	数据类型	宽度	小数位
姓名	字符型	8	
书号	字符型	6	
书名	字符型	20	
作者	字符型	8	
定价	数值型	6	2
借书日期	日期型	8	
还书日期	日期型	8	
备注	备注型	4	

2. 在“学生”数据库中建立“部门”表，该表包含两个字段：部门编号（C,3）和部门名称（C,30）。

3. 自行使用表向导，选择系统提供的一种表结构创建表。

2.4 表的基本操作

表的基本操作包括浏览、增加、删除、编辑和修改记录等。

2.4.1 输入记录

表结构建立后，可以向表中输入记录。向表中输入记录有多种方法，常用的方法有：

- 在“浏览”或“编辑”窗口，通过菜单方式输入记录。
- 使用 APPEND 命令或 INSERT 命令追加记录，APPEND 命令是在表的末尾追加记录，INSERT 命令是在表的任意位置追加记录。

当建立表结构后，系统给出是否输入记录对话框，也可以直接输入记录。

1. 直接输入记录

【任务6】 向“学籍”表中输入表2-1所示记录的前6条（“照片”和“简历”除外）。

分析：

在向表中输入记录前，应该先准备好要输入的记录数据，如果个别记录信息不完整，输入后再通过修改的方式补充完整。

操作：

（1）在项目管理器中选择要输入记录的“学籍”表，单击“浏览”按钮，再单击“显示”菜单中的“追加方式”命令，在出现的浏览窗口中输入记录，如图2-22所示。

（2）将光标定位在第一条记录的“学号”字段处，输入“230101”。如果输入数据的宽度与该字段的宽度相等，则输入后光标自动跳到下一个字段，否则需按 Enter 键，光标移到下一个字段。对于暂时不需要输入数据的字段，可以直接按 Enter 键跳过该字段。

学籍

学号	姓名	性别	民族	出生日期	入学成绩	专业	团员	照片	简历
				/ /				gen	memo

图 2-22　添加记录

（3）“出生日期”字段是日期型的，输入数据时分清年月日的位置和格式。“团员”字段是逻辑型的，如果数值为“真”，则输入“Y”“y”“T”或“t”；如果数值为“假”，则输入“N”“n”“F”或“f”。

（4）依次输入各个字段的数据。当一条记录的最后一个字段输入结束后，光标移到下一条记录的第一个字段处，可以继续输入数据，结果如图 2-23 所示。

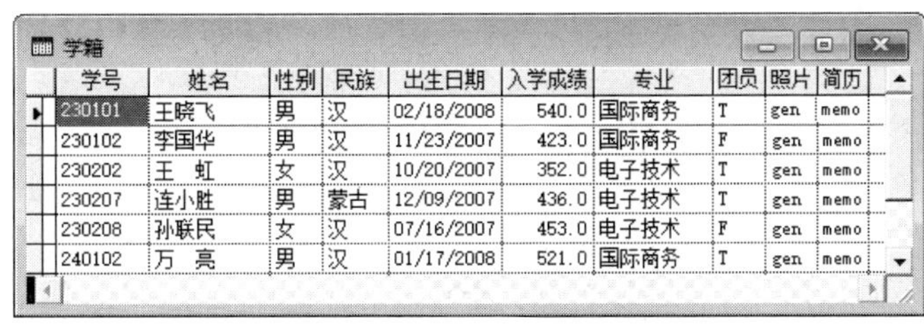

学籍

学号	姓名	性别	民族	出生日期	入学成绩	专业	团员	照片	简历
230101	王晓飞	男	汉	02/18/2008	540.0	国际商务	T	gen	memo
230102	李国华	男	汉	11/23/2007	423.0	国际商务	F	gen	memo
230202	王　虹	女	汉	10/20/2007	352.0	电子技术	T	gen	memo
230207	连小胜	男	蒙古	12/09/2007	436.0	电子技术	T	gen	memo
230208	孙联民	女	汉	07/16/2007	453.0	电子技术	F	gen	memo
240102	万　亮	男	汉	01/17/2008	521.0	国际商务	T	gen	memo

图 2-23　输入的记录

小结：

在输入记录时，如果数据太多一时不能完全输入，可以在输入部分记录后，再陆续输入其他记录。

当建立“学籍”表结构后，在出现如图 2-17 所示的对话框中，单击“是”按钮，在打开的数据输入窗口中可以直接输入记录。

2. 输入通用型或备注型字段值

通用型字段主要用于存储 Windows 中的 OLE 对象，例如，“学籍”表中的“照片”字段为通用型。OLE 对象的输入方法与一般数据的输入方法不太一样，它主要通过插入对象的方法或通过剪贴板操作来插入所需的对象。通用型字段中没有任何信息时，显示“gen”字样；输入数据后，则显示“Gen”字样。

【任务 7】 向“学籍”表中输入“照片”和“简历”字段内容。

分析：

“学籍”表中的“照片”和“简历”字段分别是通用型和备注型的，输入方法不同于一般数据的输入方法。

操作：

（1）在项目管理器中选择要输入记录的“学籍”表，单击“浏览”按钮，出现“浏览记录”窗口。

（2）双击第一条记录的“gen”或将光标停在“照片”字段处，按 Ctrl+PgDn 组合键，出现通用型字段的编辑窗口，如图 2-24 所示。

图 2-24　通用型字段编辑窗口

（3）单击“编辑”菜单中的“插入对象”命令，出现如图 2-25 所示的“插入对象”对话框。

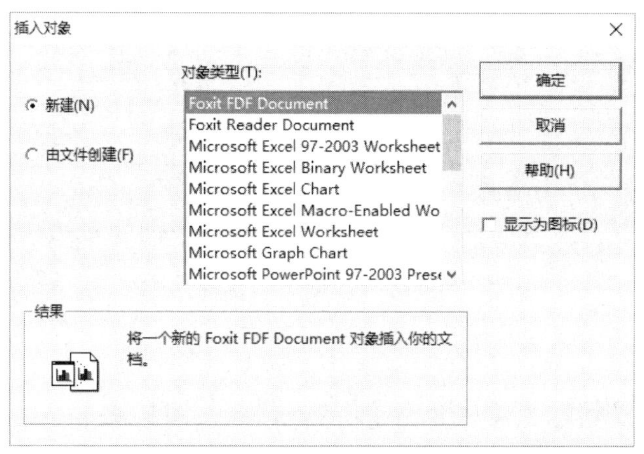

图 2-25　“插入对象”对话框

（4）选择“由文件创建”单选项，选择要插入或链接的文件，再单击“确定”按钮，将选择的.bmp 格式照片文件插入当前的编辑窗口，如图 2-26 所示。如果插入.jpg 等格式图片，则在窗口中只显示图标和文件名。

图 2-26　插入对象的编辑窗口

（5）单击通用型字段编辑窗口的“关闭”按钮，结束对通用型字段的编辑。此时可以观察到，“gen”已经变成了“Gen”。

📖提示

利用 Windows 中的剪贴板，可以把在其他程序中复制的图片通过“编辑”菜单中的“粘贴”命令粘贴到通用型字段编辑窗口。

（6）将光标停在“简历”字段处，该字段显示为“memo”字样，双击“memo”或按 Ctrl+PgDn 组合键，出现备注型字段编辑窗口，在该窗口中输入相应的数据，如图 2-27 所示。输入备注型数据后，单击窗口右上角的“关闭”按钮返回。此时“memo”变为“Memo”字样，表示该字段中已经存在数据了。

图 2-27 备注型字段编辑窗口

（7）输入完一条记录后，再输入下一条记录。

小结：

在输入过程中，如果要删除当前通用型字段内容，可在编辑窗口选择“编辑”菜单中的“清除”命令。对于备注型字段内容，双击该字段，可以直接进行修改。

3. 添加新记录

在表的操作过程中，有时需要增加一些新的数据记录。下面以“学籍”表为例，介绍添加数据记录的方法。

【任务 8】 在“学籍”表中添加表 2-1 中的后 4 条记录。

分析：

在现有的表中添加记录，就是采用追加记录方式，把记录添加到表的末尾。追加记录可以在下面的“项目管理器”窗口中进行，也可以使用命令方式。

操作：

（1）在“项目管理器”窗口中选择“学籍”表，单击“浏览”按钮，屏幕出现“浏览记录”窗口。

（2）单击“显示”菜单中的“追加方式”命令，在最后一条记录后添加一条空白记录，并将光标停在“学号”字段处等待输入数据。

（3）当一个字段值输入结束后，按 Tab 键光标可移到下一个字段；一条记录输入结束后，按下箭头键可将光标定位到下一条记录，继续进行输入。

小结：

在“编辑”方式下也可以用“追加方式”命令来添加新记录。

使用 APPEND 命令也可以追加记录，其格式如下：

```
APPEND [BLANK] [FROM <表名>]
```

例如，在命令窗口输入命令：

```
APPEND
```

使用该命令可以打开编辑记录窗口，也可以追加记录。

使用 APPEND BLANK 命令不打开编辑记录窗口，直接追加一条空白记录。

APPEND FROM 命令将从其他表或文件中提取的数据添加到当前表中。例如，现有“XJ”表（假设该表与“学籍”表有相同的结构），打开“学籍”表，并在浏览窗口中显示记录。在命令窗口输入命令：

```
APPEND FROM   XJ
```

执行该命令后，则将“XJ”表中的记录全部追加到当前的“学籍”表中。利用这种方法可以实现两个具有相同结构表记录的合并。

使用 INSERT 命令也可以插入记录，其格式如下：

```
INSERT [BEFORE] [BLANK]
```

例如，在命令窗口输入命令：

```
INSERT BLANK                  &&在当前记录后插入一条空白记录
INSERT BEFORE BLANK           &&在当前记录前插入一条空白记录
```

2.4.2 浏览记录

在 Visual FoxPro 6.0 中，通过“浏览记录”窗口或“编辑记录”窗口浏览表中的记录。

下面以“学籍”表为例，分别介绍使用“浏览记录”窗口或“编辑记录”窗口浏览记录的两种方法。

1. 在“浏览记录”窗口浏览记录

在“项目管理器”窗口的“数据”选项卡的“学生”数据库中选择“学籍”表，单击“浏览”按钮，打开如图 2-28 所示的“浏览记录”窗口。

如果打开表时不是“浏览”方式，可单击“显示”菜单中的“浏览”命令，切换为“浏览”方式。

📖提示

使用 USE 命令打开表后，再输入 BROWSE 命令，即可打开如图 2-28 所示的“浏览记录”窗口。

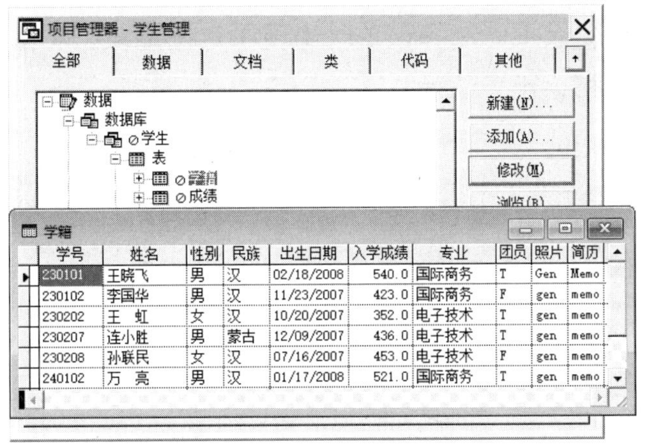

图 2-28　“浏览记录”窗口

2．在“编辑记录”窗口浏览记录

在如图 2-28 所示的“浏览记录”窗口中，选择“显示”菜单中的“编辑”命令，可将显示窗口切换为“编辑记录”窗口，如图 2-29 所示。

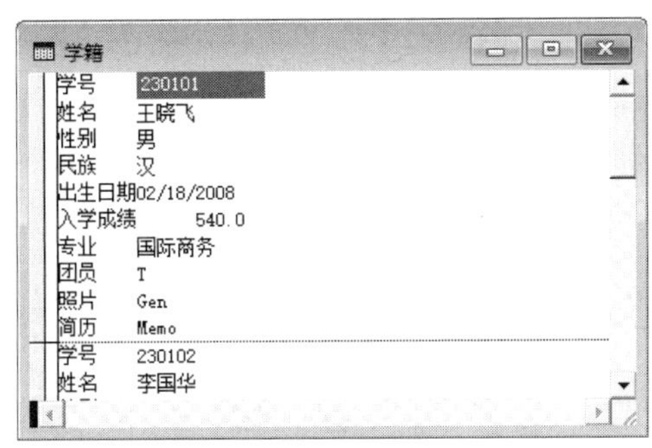

图 2-29　“编辑记录”窗口

使用 USE 命令打开表后，再输入 EDIT 命令，即可打开如图 2-29 所示的“编辑记录”窗口。

Visual FoxPro 6.0 是以“浏览”方式还是以“编辑”方式打开表，取决于上次该表关闭时所处的状态是“浏览”还是“编辑”。如果上次关闭表时采用的是“浏览”方式，则下次浏览记录时还采用“浏览”方式。

2.4.3　记录定位

在浏览表时，如果数据记录较多，定位到要查看的记录会比较麻烦。Visual FoxPro 6.0 提供的“转到记录”命令，可以实现记录的快速定位。

1．菜单定位记录

在“项目管理器”窗口的“数据”选项卡以“浏览”方式打开“学籍”表，单击“表”菜单中的“转到记录”命令，弹出其子菜单，如图 2-30 所示。其中“定位”选项的含义是指针移到符合条件的第一个记录上。选择该项时出现“定位记录”对话框，如图 2-31 所示。其中“作用范围”有 4 种选择。

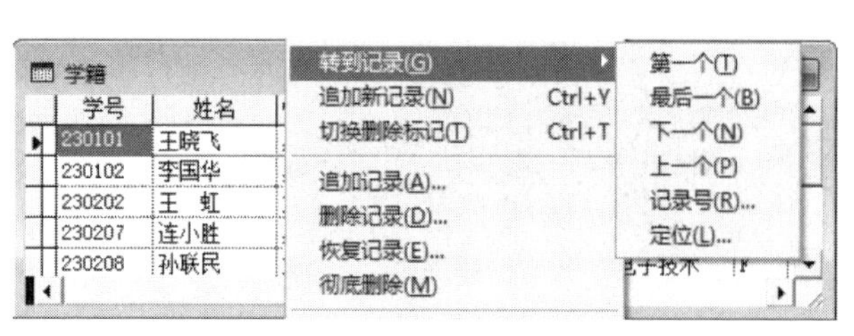

图 2-30　“转到记录”子菜单

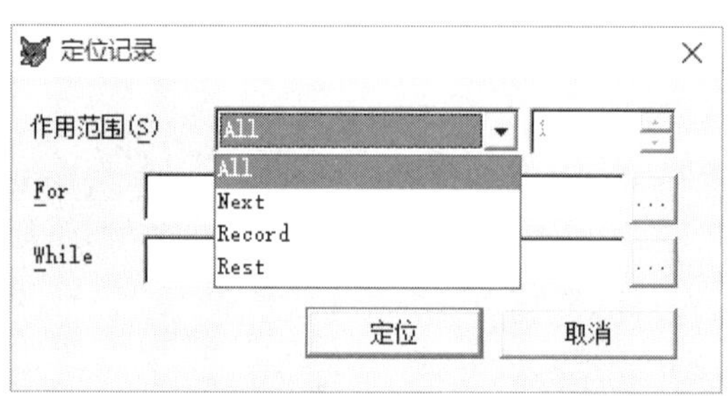

图 2-31　“定位记录”对话框

- All：表示全部记录。
- Next：表示从当前记录开始往下的 *N* 条记录（包括当前记录），记录条数 *N* 由右侧方框中的数字来决定。
- Record：表示指定的一条记录。
- Rest：表示从当前记录开始到文件末尾的所有记录（包括当前记录）。

通过“记录号”可以直接定位到指定的记录上，例如，定位到第 4 条记录，可以用 DISPLAY 命令显示该记录，如图 2-32 所示。

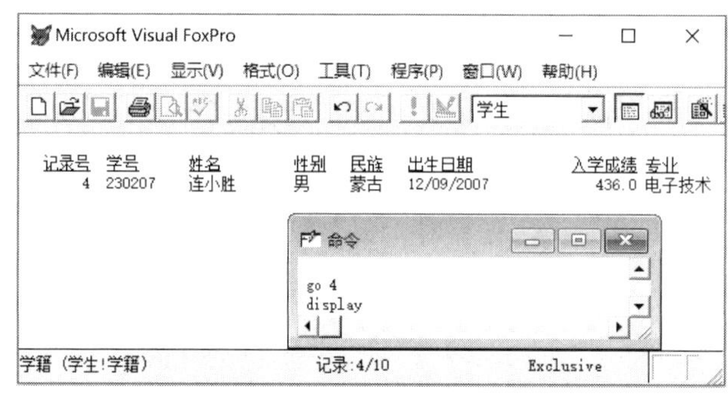

图 2-32　定位并显示当前记录

2. 命令定位记录

使用命令移动记录指针有绝对移动和相对移动两种方式。

1）绝对移动

命令格式：

```
GO [<数值表达式>] | [TOP] | [BOTTOM]
GOTO [<数值表达式>] | [TOP] | [BOTTOM]
```

说明：

GO 和 GOTO 命令的使用方法完全一样，是将记录指针指向指定的记录。格式中的 TOP 选项是将记录指针指向首条记录；BOTTOM 选项是将记录指针指向最后一条记录。

选择<数值表达式>选项表示将记录指针指向与数值表达式整数值相同的记录号上。例如：

```
GO BOTTOM          &&记录指针指向末记录
GOTO 3             &&记录指针指向第 3 条记录
DISPLAY            &&显示当前记录
```

2）相对移动

命令格式：

```
SKIP [<数值表达式>]
```

说明：

将记录指针从当前位置往上或往下移动。选择<数值表达式>选项，先计算<数值表达式>的值，取其整数，如果该整数为正数，表示将指针下移整数条记录；如果该整数为负数，表示将指针上移整数条记录。如果省略该项，则指针下移一条记录。

```
GO TOP             &&记录指针指向首记录
SKIP 5             &&记录指针下移 5 条记录，指向第 6 条记录
SKIP -2            &&记录指针上移 2 条记录，指向第 4 条记录
```

记录指针的绝对移动和相对移动命令常用在数据库程序设计中。

另外，在表操作时，经常用到测试记录函数，如 BOF()、EOF()、RECNO()函数等。BOF()为文件头函数，当指针指向文件头（首记录前），BOF()的值为.T.，否则为.F.；EOF()为文件尾函数，当指针指向文件尾（最后一条记录后），EOF()的值为.T.，否则为.F.；RECNO()为记录号函数，表示当前记录的记录号。

3. 定位查找记录

使用 LOCATE 命令，可以在表中顺序检索满足条件的记录。LOCATE 命令的格式如下：

```
LOCATE [<范围>] FOR <条件>
```

说明：

该命令在当前表中查找满足条件的第 1 条记录。省略<范围>选项，则默认为 ALL。

【任务 9】 在“学籍”表中查找性别是女的记录。

分析：

在表中查找指定条件的记录，可以使用顺序查找命令 LOCATE，本任务中的条件是：性别= "女"。

操作：

（1）在命令窗口中输入命令：

```
USE 学籍                        &&打开“学籍”表
LOCATE  ALL  FOR 性别="女"
```

如图 2-33 所示，执行该命令后，记录指针指向满足“性别”字段值是“女”的第 1 条记录上，但不显示记录。

（2）单击“显示”菜单中的“浏览”命令，可以看到记录指针定位在第 3 条记录上，表

示第 3 条记录是第一个满足条件的记录，如图 2-34 所示。

图 2-33　命令窗口

学籍

学号	姓名	性别	民族	出生日期	入学成绩	专业	团员
230101	王晓飞	男	汉	02/18/2008	540.0	国际商务	T
230102	李国华	男	汉	11/23/2007	423.0	国际商务	F
230202	王　虹	女	汉	10/20/2007	352.0	电子技术	T
230207	连小胜	男	蒙古	12/09/2007	436.0	电子技术	T
230208	孙联民	女	汉	07/16/2007	453.0	电子技术	F

图 2-34　定位显示记录

小结：

如果没找到符合条件的记录，则记录指针的位置与<范围>有关系，若<范围>项是 ALL 或 REST，则记录指针指向表的结束标记；若<范围>项是 NEXT n，则记录指针指向范围内的最后一条记录。

如果表中有多条符合条件的记录，若要继续查找记录，需要 CONTINUE 命令配合使用，系统在指定的范围内继续查找满足条件的记录。接上面的例子，继续输入命令：

```
CONTINUE
```

在记录的“浏览”窗口可以观察到记录指针定位到第 5 条记录上。

可以反复使用 CONTINUE 命令，直到查找完毕或到最后一条记录。

如果要对查找到的记录进行编辑修改等操作，则首先使用记录定位操作，将记录指针定位到符合查找条件的记录上，然后再进行修改。

2.4.4　编辑记录

1. 逐条修改记录

修改记录时，可以通过“浏览记录”窗口来进行。具体操作步骤如下：

（1）打开如图 2-28 所示的“浏览记录”窗口。

（2）修改字段值。

● 对于字符型、数值型、逻辑型、日期型等字段，可以进行如下操作。

插入新数据：单击要插入数据的字段，用左、右箭头键移动插入点至适当的位置，输入新数据。

修改数据：将插入点置于要修改的字段中，或用鼠标拖动的方式选定要修改的数据，输入新的数据，删除、覆盖旧的数据。

另外，也可以通过 Tab 键或方向键将光标定位到要修改的字段，输入新的数据替换旧的数据。

● 对于通用型字段的修改，可参考 2.4.1 节的内容。在“浏览记录”窗口中双击“Gen”处，出现通用型字段编辑窗口，在该窗口中可以清除已经插入的对象，也可以重新嵌入或链接新的 OLE 对象。

- 对于备注型字段，在“浏览记录”窗口中双击“Memo”，出现备注型字段的编辑窗口，在该窗口中修改数据。修改结束后可以单击“关闭”按钮或按 Esc 键放弃所做的修改。

（3）修改操作结束后，单击“浏览记录”窗口右上角的“关闭”按钮。

2．成批修改记录

除了在“浏览记录”或“编辑记录”窗口逐条修改记录外，还可以成批修改记录。

【任务 10】 有“成绩”表文件，如图 2-35 所示，各门课程及“总分”“平均分”字段为数值型字段，计算所有记录的总分，并将计算结果填入“总分”字段。

成绩

学号	姓名	语文	数学	英语	网络技术	总分	平均分
230101	王晓飞	88.0	82.0	75.0	78.0	0.0	0.00
230102	李国华	91.0	78.0	53.0	74.0	0.0	0.00
230202	王　虹	68.0	86.0	65.0	76.0	0.0	0.00
230207	许小胜	89.0	72.0	66.0	87.0	0.0	0.00
230208	孙联民	77.0	65.0	82.0	80.0	0.0	0.00
240102	万　亮	94.0	85.0	79.0	87.0	0.0	0.00
240103	胡连丽	78.0	94.0	65.0	74.0	0.0	0.00
240204	李红黎	56.0	75.5	87.0	45.0	0.0	0.00
220102	赵明明	87.0	68.0	71.0	77.0	0.0	0.00
220105	孙桂起	89.0	55.0	67.0	56.0	0.0	0.00

图 2-35 “成绩”表记录

分析：

本任务是通过计算修改表中各记录的“总分”字段内容，如果要修改的记录数量很少，可以逐条修改，如果要修改的记录很多或很有规律，可以成批修改。任务中的“总分”字段用“语文”“数学”“英语”和“网络技术”4 门课成绩的和来替换。

操作：

（1）在“浏览记录”窗口中选择“表”菜单中的“替换字段”命令，出现“替换字段”对话框。在“字段”框中选择“总分”字段，在“替换为”框中输入（或在打开的表达式生成器中输入）“语文+数学+英语+网络技术”，在“作用范围”框中选择“All”，如图 2-36 所示。

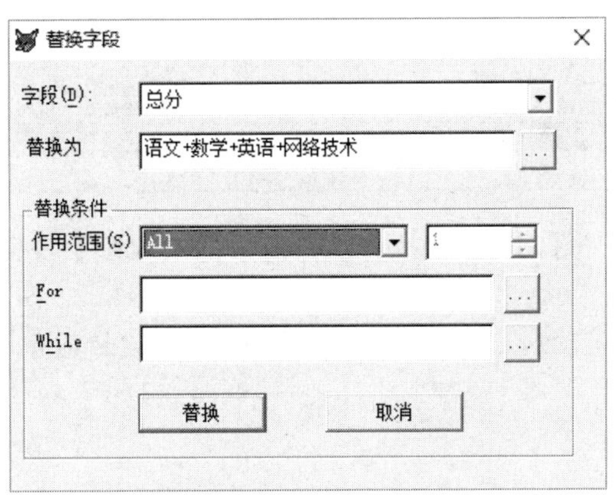

图 2-36 “替换字段”对话框

（2）单击“替换”按钮，系统自动对全部记录的“总分”字段值进行替换操作。

（3）在“浏览记录”窗口可以查看替换结果，“总分”字段值已被替换，如图 2-37 所示。

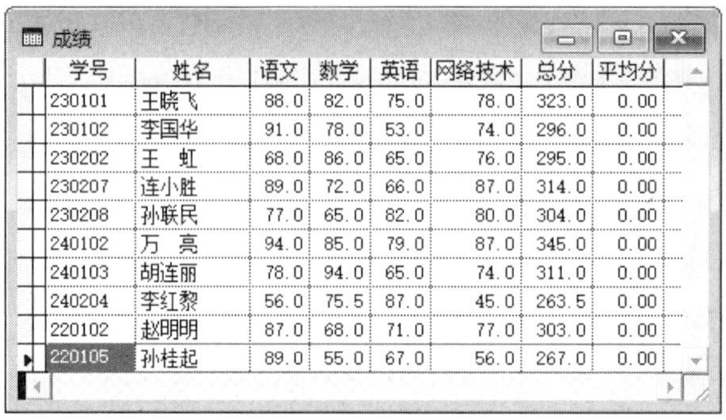

成绩

学号	姓名	语文	数学	英语	网络技术	总分	平均分
230101	王晓飞	88.0	82.0	75.0	78.0	323.0	0.00
230102	李国华	91.0	78.0	53.0	74.0	296.0	0.00
230202	王　虹	68.0	86.0	65.0	76.0	295.0	0.00
230207	连小胜	89.0	72.0	66.0	87.0	314.0	0.00
230208	孙联民	77.0	65.0	82.0	80.0	304.0	0.00
240102	万　亮	94.0	85.0	79.0	87.0	345.0	0.00
240103	胡连丽	78.0	94.0	65.0	74.0	311.0	0.00
240204	李红黎	56.0	75.5	87.0	45.0	263.5	0.00
220102	赵明明	87.0	68.0	71.0	77.0	303.0	0.00
220105	孙桂起	89.0	55.0	67.0	56.0	267.0	0.00

图 2-37　替换后的“成绩”表

小结：

替换操作结束后，在命令窗口中自动显示相应的 REPLACE 操作命令：

```
REPLACE ALL 总分 WITH 语文+数学+英语+网络技术
```

如果将上述命令改写为：

```
REPLACE 总分 WITH 语文+数学+英语+网络技术
```

则只对当前记录进行操作。

如果要计算“平均分”字段值，除了使用“替换字段”对话框进行填充外，还可以直接使用 REPLACE 命令进行操作。在命令窗口中输入命令：

```
REPLACE ALL 平均分 WITH 总分/4
```

其中，命令中的 ALL 选项不能省略。完成成批替换操作后的结果如图 2-38 所示。

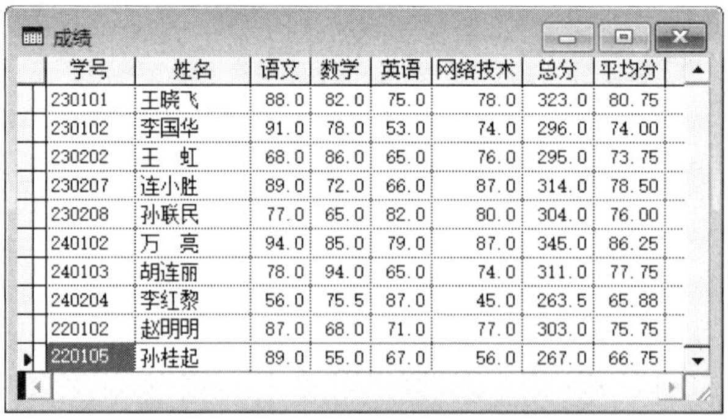

成绩

学号	姓名	语文	数学	英语	网络技术	总分	平均分
230101	王晓飞	88.0	82.0	75.0	78.0	323.0	80.75
230102	李国华	91.0	78.0	53.0	74.0	296.0	74.00
230202	王　虹	68.0	86.0	65.0	76.0	295.0	73.75
230207	连小胜	89.0	72.0	66.0	87.0	314.0	78.50
230208	孙联民	77.0	65.0	82.0	80.0	304.0	76.00
240102	万　亮	94.0	85.0	79.0	87.0	345.0	86.25
240103	胡连丽	78.0	94.0	65.0	74.0	311.0	77.75
240204	李红黎	56.0	75.5	87.0	45.0	263.5	65.88
220102	赵明明	87.0	68.0	71.0	77.0	303.0	75.75
220105	孙桂起	89.0	55.0	67.0	56.0	267.0	66.75

图 2-38　成批替换操作后的“成绩”表

在进行数据替换操作时，应注意表达式值的数据类型必须和替换字段的类型一致，否则系统会给出出错信息。

3. 删除与恢复记录

如果表中存在不需要的记录，可以利用 Visual FoxPro 提供的删除记录命令予以删除。

在 Visual FoxPro 6.0 中，提供了逻辑删除和物理删除两种方式。逻辑删除是为了防止误删除操作，只在要删除的记录前做一个黑色删除标记，加删除标记的记录虽然不参与一些操作，但仍存储在表内，需要时还可以将该部分记录恢复；物理删除是将记录真正地删除掉，表中不再保留这些记录，且无法恢复。

1）逻辑删除记录

【任务 11】 给“成绩”表中的第 2、4、6 条记录做删除标记。

分析：

给记录做删除标记，也就是对记录进行了逻辑删除，可以在浏览记录时逐条删除。

操作：

（1）在“项目管理器”窗口的“数据”选项卡中选择“成绩”表，单击“浏览”按钮。

（2）在“浏览记录”窗口中定位要删除的记录，如第 2 条记录。

（3）单击该记录左侧的空白方框，加一个黑色的删除标记。用此方法可以给多条记录加上逻辑删除标记，结果如图 2-39 所示。

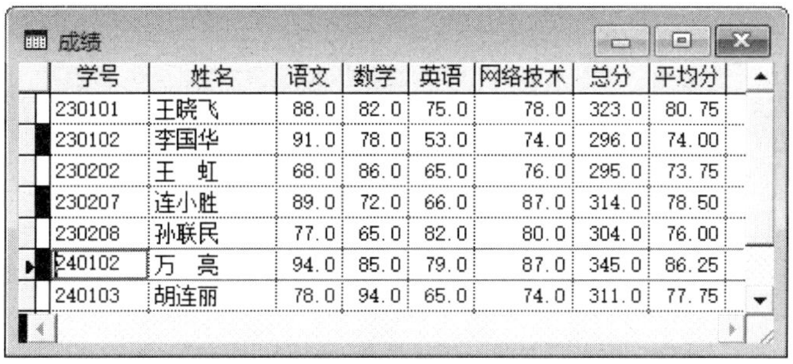

成绩

学号	姓名	语文	数学	英语	网络技术	总分	平均分
230101	王晓飞	88.0	82.0	75.0	78.0	323.0	80.75
230102	李国华	91.0	78.0	53.0	74.0	296.0	74.00
230202	王　虹	68.0	86.0	65.0	76.0	295.0	73.75
230207	连小胜	89.0	72.0	66.0	87.0	314.0	78.50
230208	孙联民	77.0	65.0	82.0	80.0	304.0	76.00
240102	万　亮	94.0	85.0	79.0	87.0	345.0	86.25
240103	胡连丽	78.0	94.0	65.0	74.0	311.0	77.75

图 2-39　添加逻辑删除标记

小结：

在表的“浏览记录”窗口中，再次单击黑色删除标记，则删除标记被清除。如果要删除一组记录，或删除符合条件的多条记录，可以利用“表”菜单中的“删除记录”命令来实现。

【任务 12】 在“成绩”表中给平均分小于 70 的所有记录添加删除标记。

分析：

本任务是对不确定记录的操作，满足逻辑删除记录的条件为：平均分<70。

操作：

（1）在“成绩”表的浏览窗口中，单击“表”菜单中的“删除记录”命令，出现“删除”记录对话框，在“作用范围”下拉列表框中选择“All”选项。

（2）在“For”文本框中设定删除条件，删除在指定范围内满足条件的所有记录。例如，输入条件“平均分<70”，如图 2-40 所示。

（3）单击“删除”按钮，则系统自动给满足条件的记录添加删除标记。在“成绩”表中有两条符合条件的记录加上了逻辑删除标记，结果如图 2-41 所示。

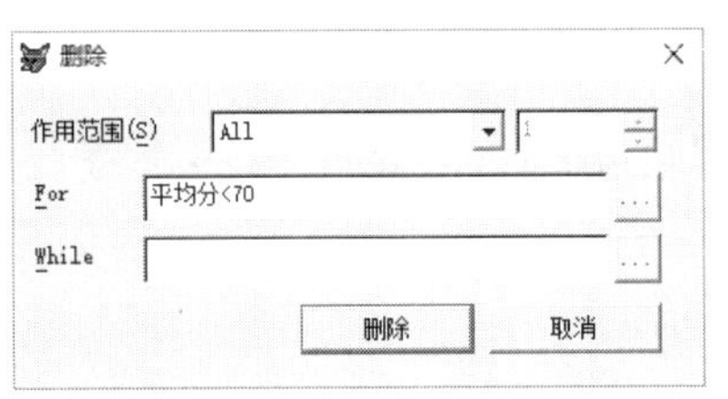

图 2-40 “删除”记录对话框

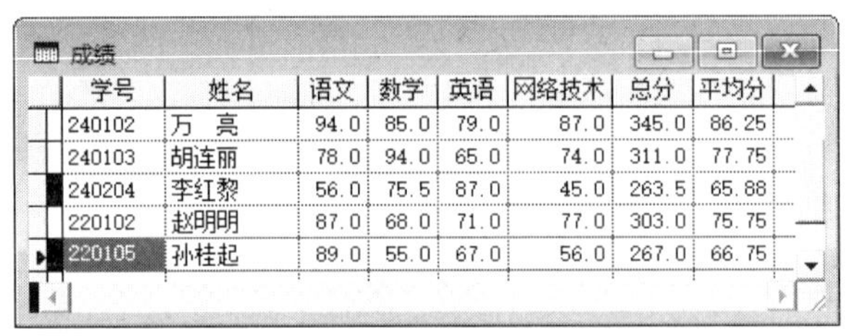

学号	姓名	语文	数学	英语	网络技术	总分	平均分
240102	万　亮	94.0	85.0	79.0	87.0	345.0	86.25
240103	胡连丽	78.0	94.0	65.0	74.0	311.0	77.75
240204	李红黎	56.0	75.5	87.0	45.0	263.5	65.88
220102	赵明明	87.0	68.0	71.0	77.0	303.0	75.75
220105	孙桂起	89.0	55.0	67.0	56.0	267.0	66.75

图 2-41 删除符合条件的记录

小结：

使用该方法一次可以删除多条记录。

“While”选项也是用来设定删除条件的，但它只删除指定范围内连续满足此条件的记录。也就是说，当遇到条件为真的记录时，删除操作才进行；如果条件为假，便终止删除操作而不考虑其他满足条件的记录。“While”选项使用得较少。

想一想，如何给全部记录添加删除标记？

逻辑删除记录的命令格式为：

```
DELETE [<范围>] [FOR <条件>] [WHILE <条件>]
```

说明：

如果省略<范围>和<条件>选项，则删除的是当前记录。

例如，对于任务 12，逻辑删除记录操作对应的命令为：

```
DELETE ALL FOR 平均分<70
```

记录被加上删除标记之后，不再参与表的操作，但是仍然保留在表中，在必要时，可以将这部分记录恢复。

2）物理删除记录

当带逻辑删除标记的记录不再需要时，为了提高数据库的使用效率，可以将这些记录进行物理删除，即从表中彻底移去。单击“表”菜单中的“彻底删除”命令，出现如图 2-42 所示的删除提示对话框，单击“是”按钮，即可对逻辑删除的记录进行物理删除。通过浏览操作可以观察删除操作后的结果。

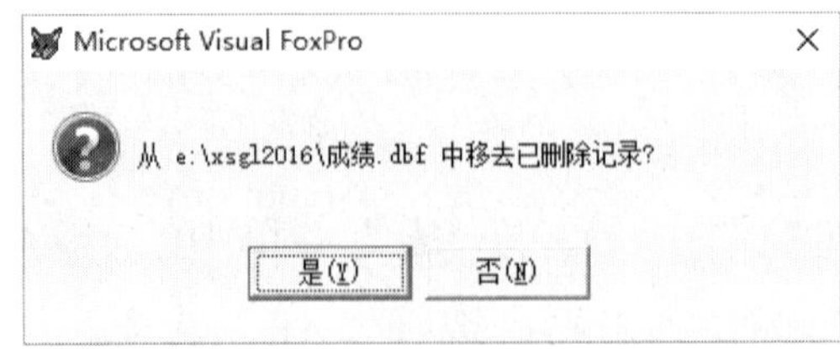

图 2-42 删除提示对话框

在命令窗口中输入 PACK 命令也可对表中带删除标记的记录进行物理删除。

3）恢复删除记录

加了逻辑删除标记的记录实际上并没有被真正删除，因此只需将删除标记取消，就可以恢复。

在表的“浏览”窗口中，用鼠标单击记录的删除标记，即可取消删除标记，黑色方框消失，表示从表中已恢复记录。

要恢复删除的一组记录，或者恢复删除符合条件的多条记录时，可以使用“表”菜单中的“恢复记录”命令来实现。操作方法如下：

单击“表”菜单中的“恢复记录”命令，出现“恢复”记录对话框。该对话框的设置方法与“删除”记录对话框完全相同，输入设置条件后单击“恢复记录”按钮。

恢复被逻辑删除记录的命令格式为：

```
RECALL   [<范围>] [FOR <条件>] [WHILE <条件>]
```

说明：

如果省略<范围>和<条件>选项，则恢复当前记录。

例如，在“成绩”表中恢复删除平均分在 60 分以上的记录，命令如下：

```
RECALL ALL  平均分>60
```

📖提示

使用 ZAP 命令能将当前表中的全部记录删除，无论记录是否有删除标记，全部记录都被清除，该表只保留表结构。

知识链接

BOF()、EOF()、RECNO()函数

在进行表操作时，经常用到 BOF()、EOF()、RECNO()等当前记录测试函数。当指针指向表文件头（首记录之前）时，BOF()的值为.T.，否则为.F.；当指针指向表文件尾（末记录之后）时，EOF()的值为.T.，否则为.F.；RECNO()函数则给出当前记录的记录号。

例如，“学籍”表中有 10 条记录，有如下操作，理解操作后的结果。

```
USE 学籍                          &&打开“学籍”表，记录指针指向首记录
? RECNO(),BOF()                   &&“?”为显示命令，测试记录号和文件头函数的值
         1    .F.
SKIP –1                           &&指针上移到文件头
? RECNO(),BOF(),EOF()             &&测试记录号、文件头、文件尾函数的值
         1    .T.   .F.
GO BOTTOM                         &&指针指向最后一条记录
? EOF(),RECNO()                   &&测试文件尾和记录号函数的值
      .F.      10
SKIP                              &&指针下移到文件尾
? RECNO(),EOF()
        11     .T.
SKIP –3                           &&指针上移 3 条记录
```

```
? RECNO()
      8
```

除了上述 3 个函数外，常用的测试函数还有查找是否成功测试函数 FOUND()、记录个数测试函数 RECCOUNT()、文件是否存在测试函数 FILE()。

这些函数在 Visual FoxPro 6.0 应用程序设计中经常用到。

1. 在“学生”数据库中建立“教师”表，结构如表 2-6 所示。

表 2-6 “教师”表字段及其属性

字 段 名	数 据 类 型	宽 度	小 数 位
教师编号	字符型	7	
姓名	字符型	10	
部门编号	字符型	3	
部门	字符型	20	
出生日期	日期型	8	
职称	字符型	10	
工资	数值型	9	
电话	字符型	13	
简历	备注型		

2. 在“成绩”表中使用“替换字段”对话框，计算平均分字段值并进行填充。
3. 使用 DELETE 命令给“成绩”表中的全部记录添加删除标记。

2.5 索引记录

在表文件中顺序查找时，如果表的记录数量很大，查找将非常缓慢。为了能够快速查找到需要的记录，往往需要根据表中某些字段值，建立一个逻辑顺序的索引文件，从而按不同的顺序处理记录。用户也可以根据这些索引创建自定义的表间关系，准确地访问记录。

建立一个索引文件时，表中记录的物理存储顺序保持不变，它存储的实际上是根据索引关键字进行逻辑排序的一组记录号。

2.5.1 索引的类型

表中用来确定索引顺序的字段称为关键字字段，也称为索引关键字。在 Visual FoxPro 6.0 中，索引有主索引、候选索引、普通索引和唯一索引 4 种类型。

1. 主索引

主索引又称主关键字，一个表中只能有一个主索引，建立索引的关键字字段值不允许重复，它可确保字段中数据的唯一性，同时也决定了表中记录的排列依据。在 Visual FoxPro 6.0 中，自由表不能建立主索引。

2. 候选索引

候选索引和主索引一样，要求字段值的唯一性，并决定了处理记录的顺序。候选索引不仅适用于数据库表，也适用于自由表，而且每个表都可以建立多个候选索引。如果表中已经有了一个主索引，可以继续添加候选索引。

3. 普通索引

普通索引也可以用来作为记录排列的依据，它的最大特点是该字段中的数据不需要唯一性，允许字段有重复值。一个表中可以建立多个普通索引。

4. 唯一索引

唯一索引主要是为兼容旧版本而设定的。唯一索引用来选定一组记录，并根据指定字段值第一次出现的位置来选择和排列记录。

2.5.2 建立索引

建立索引可以使用表设计器，也可以使用命令方式。下面主要介绍使用表设计器建立索引的方法。

【任务 13】 以“学籍”表的“学号”字段为关键字建立主索引，排序方式为“升序”；以“入学成绩”字段为次关键字建立普通索引，排序方式为“降序”。

分析：

由于“学籍”表中的“学号”字段值具有唯一性，即没有两个相同学号的学生，故可将其作为主关键字索引，而“入学成绩”字段值不具有唯一性，即入学成绩可以相同，因此该字段可以设置为普通索引。

操作：

（1）在“项目管理器”窗口中选择“学籍”表，单击“修改”按钮，打开表设计器，选择“索引”选项卡。在“索引名”处输入索引名，如输入“学号”；“类型”为“主索引”，选择“升序”排序；索引关键字“表达式”为“学号”。

（2）采用同样的方法，用“入学成绩”字段作为次关键字，建立普通索引，排序方式为“降序”，结果如图 2-43 所示。

（3）单击“确定”按钮，保存创建的索引。在“项目管理器”窗口的“学籍”表中可以查看索引名“学号”和“入学成绩”前的索引标记，如图 2-44 所示。

图 2-43 “索引”选项卡

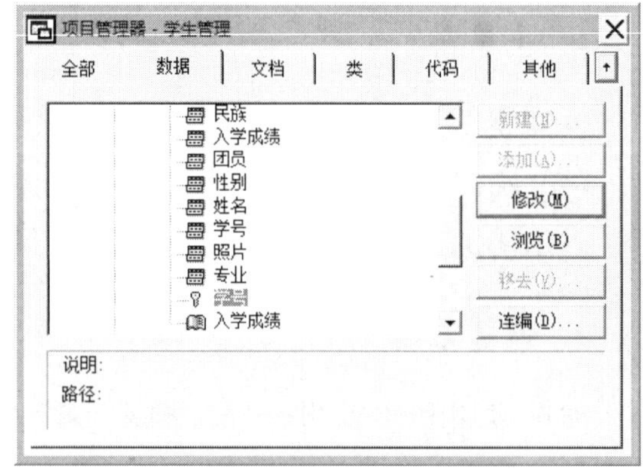

图 2-44 “项目管理器”窗口

小结：

如果指定符合条件的记录参加索引，可在图 2-43 所示的“索引”选项卡的“筛选”框中输入筛选表达式，设定筛选条件。同样可以修改已建立的索引，如索引名、类型、排序方式等。同时，也可以利用窗口中的“插入”和“删除”命令按钮，插入或者删除索引。

2.5.3 使用索引

1. 打开索引文件

在打开表时，与表文件名相同的结构复合索引文件自动打开，而非结构复合索引文件需要用命令方式来打开。打开索引文件的命令格式如下：

```
SET INDEX TO <索引文件列表>
    [ORDER <数值表达式> [TAG] <索引名> [OF <复合索引文件名>]]
```

说明：

该命令是在已经打开表的前提下，打开索引文件，在索引文件列表中，第一个索引为主控索引。

在打开的索引文件列表中，如果单索引文件在前，则该单索引文件为主控索引；如果复合索引文件在前，则需要指定主控索引，否则按原记录的排列顺序显示和访问记录。

例如，如果已建立“BIRTH.cdx”非结构复合索引文件，则打开该索引文件的命令如下：

```
SET INDEX TO BIRTH
```

不带参数的 SET INDEX TO 命令用于关闭打开的索引文件，如果是结构复合索引文件，则取消指定的主控索引，其命令格式如下：

```
SET INDEX TO
```

2. 设置主控索引

一个表文件可以有多项索引，当前正在起作用的索引称为主控索引，所以打开索引文件时，还必须设置其中的一个索引项为主控索引。设置主控索引的命令格式如下：

```
SET ORDER TO [<数值表达式>  [TAG] <索引名>  [OF <复合索引文件名>]
        [ASCENDING | DESCENDING]]
```

说明：

该命令的功能是设置主控索引。

<数值表达式>用来指定主控索引，索引项的顺序是建立复合索引时的顺序。由于索引顺序不易记忆，可以使用 TAG <索引名> OF <复合索引文件名>命令指定复合索引文件中的一个索引为主控索引，<索引名>可以是结构复合索引文件中的索引名，也可以是已经打开的非结构复合索引文件中的索引名。当有多个同名的索引名时，OF <复合索引文件名> 选项用来确定索引名来自哪个复合索引文件。

在任务 13 创建的复合索引文件顺序中，指定第 2 个索引为主控索引，命令如下：

```
SET ORDER TO 2
```

或

```
SET ORDER TO TAG 入学成绩
```

通过“浏览记录”窗口可以观察到索引的结果，记录按“入学成绩”字段值降序排列，如图 2-45 所示。

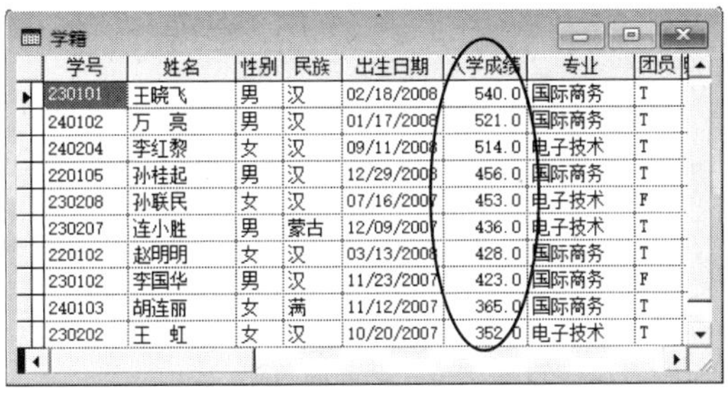

学籍

学号	姓名	性别	民族	出生日期	入学成绩	专业	团员
230101	王晓飞	男	汉	02/18/2008	540.0	国际商务	T
240102	万　亮	男	汉	01/17/2008	521.0	国际商务	T
240204	李红黎	女	汉	09/11/2008	514.0	电子技术	T
220105	孙桂起	男	汉	12/29/2008	456.0	国际商务	T
230208	孙联民	女	汉	07/16/2007	453.0	电子技术	F
230207	连小胜	男	蒙古	12/09/2007	436.0	电子技术	T
220102	赵明明	女	汉	03/13/2008	428.0	国际商务	T
230102	李国华	男	汉	11/23/2007	423.0	国际商务	F
240103	胡连丽	女	满	11/12/2007	365.0	国际商务	T
230202	王　虹	女	汉	10/20/2007	352.0	电子技术	T

图 2-45　按“入学成绩”索引后的记录排列结果

因此，虽然可以同时打开多个索引文件，但在某一时刻，只有一个.IDX 文件（主控索引文件）或.CDX 文件中的标识（主控索引），用来控制表中记录的显示和访问顺序。

在理解 INDEX ON、SET INDEX TO、SET INDEX、SET ORDER 命令时，可以把握这样的顺序：创建索引的命令使用 INDEX ON，可以创建除主索引之外的其他索引，并将索引保存到各种索引文件中；索引创建后可以用 SET INDEX 命令打开，并可按顺序指定主控索引；当打开多个索引后，要改变主控索引，就需要用 SET ORDER 命令。

3．查看索引结果

为表建立索引后，在“工作区属性”对话框中可以按指定的索引查看索引结果。操作方法如下：

（1）在项目管理器中选择“学籍”表，单击“浏览”按钮，再单击“表”菜单中的“属性”命令，打开“工作区属性”对话框，在“索引顺序”下拉列表中选择一种索引项，如图 2-46 所示。

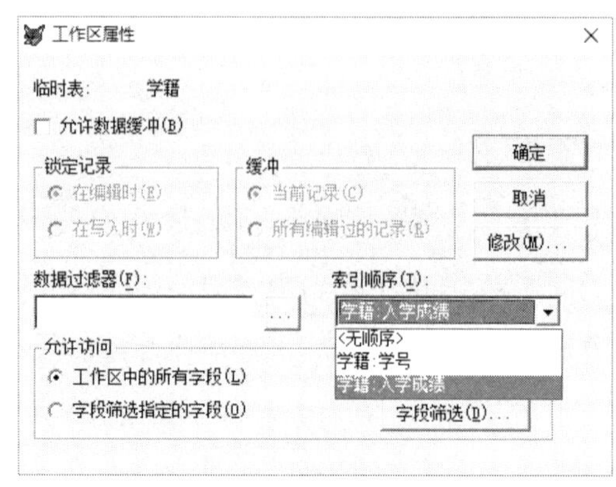

图 2-46　选择索引项

其中，<无顺序>表示不按任何索引项来排列，只按数据原始的输入顺序来显示。

（2）单击“确定”按钮。

在“浏览记录”窗口中可以观察到记录按不同的索引顺序来排列。

4. 重新索引

当对表中的记录进行增加、删除、修改时，系统会更新打开的索引文件，以保持索引的内容有效。但是，如果某些索引没有和表一起打开，当更改表中数据时，没有打开的索引便不会得到更新，这时的索引与表记录顺序不一致，这些索引必须重建后才能使用，此时需要用 REINDEX 命令。命令格式如下：

```
REINDEX
```

说明：

该命令重新索引当前工作区中打开的所有索引文件。因此，在应用此命令前，最好打开表的所有索引，而且被索引的表必须以独占方式打开。

5. 索引查找记录

在索引查找记录前，表必须已建立索引文件，被查找的内容必须与主控索引的索引表达式一致。索引查找记录可以使用 SEEK 命令，其格式如下：

```
SEEK <表达式>
```

说明：

该命令在当前索引中查找与表达式相匹配的首记录。

用该命令查找字符串时，字符串必须用定界符（" "、' '或[ ]）引起来。

【任务 14】 在“学籍”表中索引查找入学成绩是 521 的记录。

分析：

如果在表中顺序查找记录，可以使用 LOCATE 命令，本任务是在索引表中查找入学成绩，该索引已在任务 13 中建立，需要设置“入学成绩”为主控索引，然后使用 SEEK 命令进行查询。

操作：

（1）在命令窗口中依次输入命令：

```
USE  学籍                          &&同时打开结构复合文件
SET ORDER TO  入学成绩
SEEK   521
DISPLAY                            &&显示当前记录
```

（2）系统窗口显示：

记录号	学号	姓名	性别	民族	出生日期	入学成绩	专业	团员	照片	简历
6	240102	万　亮	男	汉	01/17/2008	521.0	国际商务	.T.	gen	memo

小结：

使用 SEEK 命令只能查找与字符串或表达式相匹配的首记录。如果主控索引中相匹配的记录很多，由于在建立索引时关键字相同的记录都排列在一起，因此可以使用 SKIP 命令来移动记录指针，查找下一条记录，直到出现不匹配的记录为止。

与 LOCATE 命令相比，SEEK 命令在定位记录时速度相当快，但 SEEK 命令需要一个索引，而 LOCATE 命令不需要。

6. 关闭和删除索引

1）关闭索引

要关闭当前打开的单索引和复合索引文件，可以使用 CLOSE 命令，其格式如下：

```
CLOSE INDEXES
```

该命令不会关闭与表同时打开的结构复合索引文件。

2）删除索引

在 Visual FoxPro 6.0 中，要从结构复合索引文件中删除索引，可以使用 DELETE TAG 命令；若要删除非结构复合索引文件中的索引，可以使用 DELETE TAG 命令的 OF 选项，其命令格式如下：

```
DELETE TAG <索引名> [OF <复合索引文件名>]
```

例如，删除“学籍”表结构复合索引文件中索引名为“生日”的索引，可以使用命令：

```
USE  学籍
DELETE TAG  生日
```

如果要删除结构复合索引文件中的所有索引，可以使用命令：

```
DELETE TAG ALL
```

如果.IDX单索引文件没有打开，删除该索引文件，可以使用DELETE FILE命令。

知识链接

使用命令方式建立索引

使用INDEX命令建立索引文件，其格式如下：

```
INDEX ON <索引表达式>  TAG <索引名>
    [OF <索引文件名>] [FOR <条件>]
    [ASCENDING | DESCENDING]
    [UNIQUE] [CANDIDATE]
```

说明：

该命令建立复合索引文件。

Visual FoxPro 6.0中有两种类型的索引文件：单索引文件和复合索引文件。单索引文件是根据一个索引关键字表达式（或关键字）建立的索引文件，文件扩展名为.IDX，只能使用INDEX命令来建立，这也是为了兼容以前版本而保留的索引文件。复合索引文件是指索引文件中可以包含多个索引标识，扩展名为.CDX。每个索引标识与单索引文件类似，也可以根据一个索引关键字表达式（或关键字）建立。复合索引文件中的每一个索引标识由其唯一的索引名（TAG）来识别。

复合索引文件分为两种类型：结构复合索引文件和非结构复合索引文件。结构复合索引文件与其表文件具有相同的文件名（扩展名不同），每当打开表时，此表的结构复合索引文件同时自动打开。非结构复合索引文件名由用户指定，但不能与表同名，在打开表文件时，非结构复合索引文件不会自动打开。

OF <索引文件名>：表示建立非结构复合索引文件。省略该选项，则表示建立结构复合索引文件。

ASCENDING | DESCENDING：表示建立升序或降序索引，默认为升序。

UNIQUE：表示建立唯一索引。

CANDIDATE：表示建立候选索引。

如有下列命令：

```
USE 学籍
INDEX ON 出生日期 TAG 生日
```

则以“出生日期”为关键字，索引名为“生日”，建立了升序普通索引。

索引关键字可以是表达式。例如，以“专业”和“入学成绩”为关键字建立普通索引，其命令如下：

```
INDEX ON 专业+STR(入学成绩,5,1) TAG ZC
```

打开表设计器可以观察到，将前面建立的两个索引项添加到了结构复合索引文件中，如图 2-47 所示。

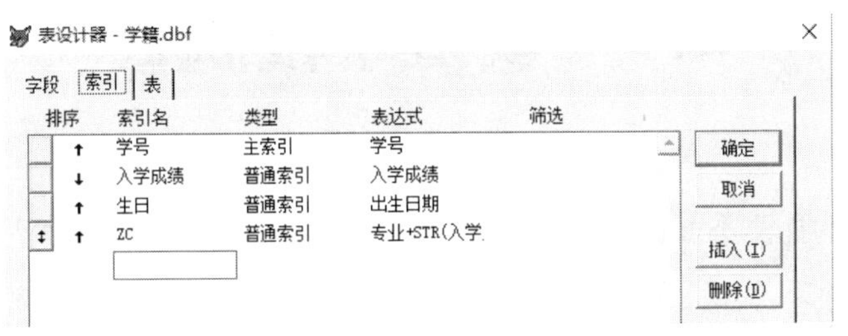

图 2-47 添加索引项的表设计器

在“学籍”表中以“出生日期”为关键字建立非结构复合索引文件，索引名为 SR，索引文件名为 BIRTH，命令如下：

```
INDEX ON 出生日期 TAG SR OF BIRTH
```

运行该命令后，在当前文件夹中建立了 BIRTH.CDX 非结构复合索引文件，该索引项也出现在表设计器中。

一个表文件只能有一个结构复合索引文件，它里面可以包含多项索引，这些索引用索引标识来区分。

试一试

1. 在“部门”表中设置“部门编号”字段为主控索引，索引名为“部门编号”。
2. 在“教师”表中设置“教师编号”字段为主控索引，索引名为“教师编号”。
3. 在“教师”表中设置“工资”字段为降序排列普通索引，索引名为“工资”。
4. 在“教师”表中设置“部门”字段为普通索引，索引名为“部门”。
5. 在教师结构复合索引文件中，指定索引标识“部门”为主控索引。
6. 在教师结构复合索引文件中，指定索引标识“教师编号”为主控索引。
7. 在“学生管理”项目文件“学生”数据库中建立“教师任课”表，表结构如表 2-7 所示，并输入记录。

表 2-7 “教师任课”表结构

字 段 名	数 据 类 型	宽 度	小 数 位
教师编号	字符型	7	
课程号	字符型	4	
任课时间	字符型	20	
上课班级	字符型	4	

8. 在“教师任课”表中，在“教师编号”字段上建立普通索引，在“课程号”字段上建立普通索引，在“上课班级”字段上建立普通索引。

2.6 设置字段属性

数据库表有许多自由表不具有的属性，如字段标题、给字段添加注释、设置字段默认值、设置有效性规则和说明等。

2.6.1 设置字段的标题

【任务 15】 给“学籍”表中的“姓名”字段添加标题“学生姓名”。

分析：

给字段添加一个说明性标题，可以使用户更好地理解字段的含义，增强字段的可读性，在“浏览记录”窗口中，标题将显示在字段列标题中。

操作：

（1）在“项目管理器”窗口中，选择“学籍”表，单击“修改”按钮，打开表设计器。

（2）单击“字段”选项卡，选择要添加标题的字段，如“姓名”字段，在“显示”栏的“标题”框中输入“学生姓名”，如图 2-48 所示。

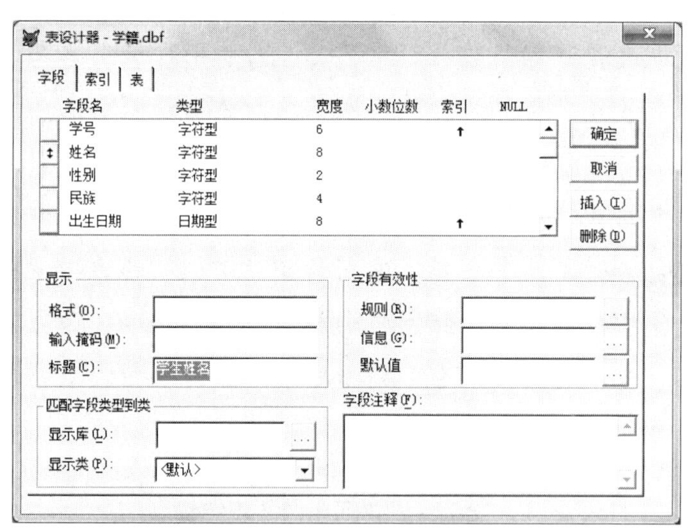

图 2-48 设置字段标题

（3）单击“确定”按钮，把添加的标题永久性保存到表结构中。

小结：

浏览“学籍”表的记录，原来在“浏览记录”窗口的“姓名”字段标题被替换为“学生姓名”标题。虽然给“姓名”字段添加了标题，但该字段名并没有发生变化，只是显示时用标题来标注。

设置字段的标题特别用于字段名的含义不明确、用字母来表示的字段等。

2.6.2　给字段添加注释

【任务 16】 给“学籍”表中的“学号”字段添加一个注释：前两位表示入学年份、中间两位表示专业代号、末尾两位表示序号。

分析：

给字段添加注释，可以更详细地描述每个字段所表示的含义。

操作：

（1）打开“学籍”表结构，在表设计器的“字段”选项卡中，选择要添加注释的“学号”字段。

（2）在“字段注释”框中输入一段注释内容：前两位表示入学年份、中间两位表示专业代号、末尾两位表示序号，如图 2-49 所示。

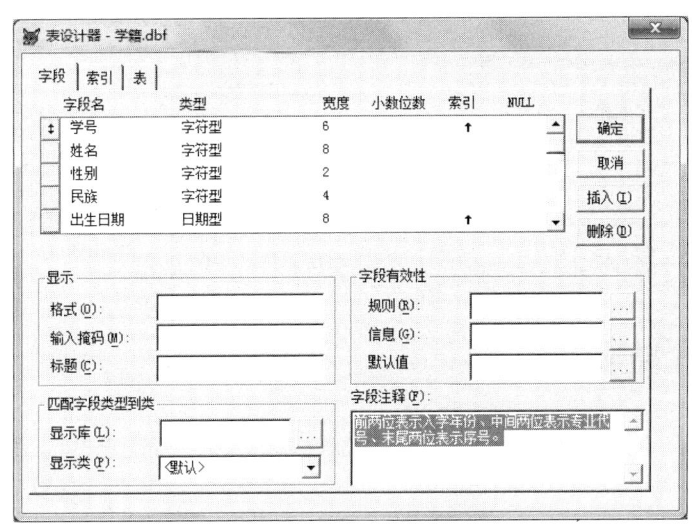

图 2-49　添加字段注释

（3）单击“确定”按钮，把添加的注释永久性地保存到表结构中。

小结：

在“项目管理器”窗口中单击“学号”字段，则在窗口下面显示该字段的注释内容。

给字段添加注释后，更方便其他用户阅读程序，理解字段的含义。

2.6.3　设置字段默认值

在表中输入记录时，如果某些内容出现的次数较多，可以在表设计器中将该内容设置为默认值。

【任务 17】 给“学籍”表中的“专业”字段设置默认值为“国际商务”。

分析：

给字段设置默认值，在输入记录到该字段值时，可以直接选择该字段值，代替手工输入，提高输入速度。

操作：

（1）打开“学籍”表结构，在表设计器的“字段”选项卡中，选择要设置默认值的“专业”字段。

（2）在“字段有效性”栏的“默认值”框中输入字段的默认值“国际商务”（字符型数据要用定界符引起来），如图 2-50 所示（只给出字段属性部分）。

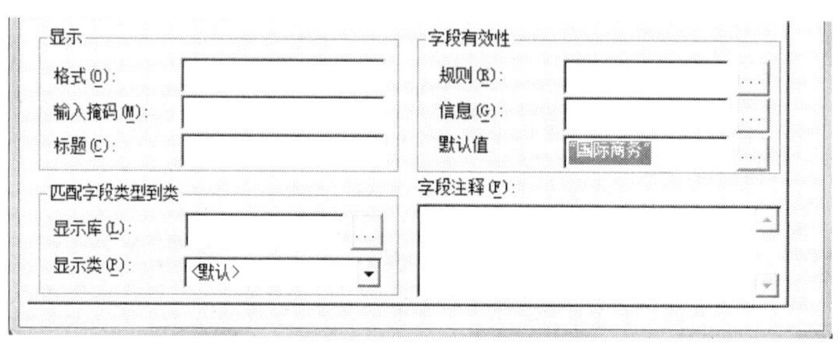

图 2-50　设置字段默认值

（3）单击“确定”按钮。

小结：

在设置了字段的默认值后，再输入记录时，该字段显示设置的默认值，如果需要修改，可以重新输入。通常把使用频率较高的内容设置为字段默认值。

2.6.4　设置有效性规则

在 Visual FoxPro 6.0 中，根据有效性规则激活方式的不同，可以分为字段有效性规则和记录有效性规则两种。

1. 设置字段有效性规则

【任务 18】 给“学籍”表中的“入学成绩”字段设置有效性规则，要求其接收数据的范围在 0～750 之间。

分析：

设置的有效性规则为字段级，当在“学籍”表中输入记录时，通过设置字段有效性规则，可以判断输入的数据是否符合要求。

操作：

（1）打开“学籍”表结构，在“表设计器”对话框中单击“字段”选项卡，然后选择要建立规则的“入学成绩”字段。

（2）在“规则”文本框中输入有效性表达式“BETWEEN(入学成绩,0,750)”，在“信息”文本框中输入说明信息“'"入学成绩"字段的取值范围在 0～750 之间，请重新输入正确的数值。'”，如图 2-51 所示。

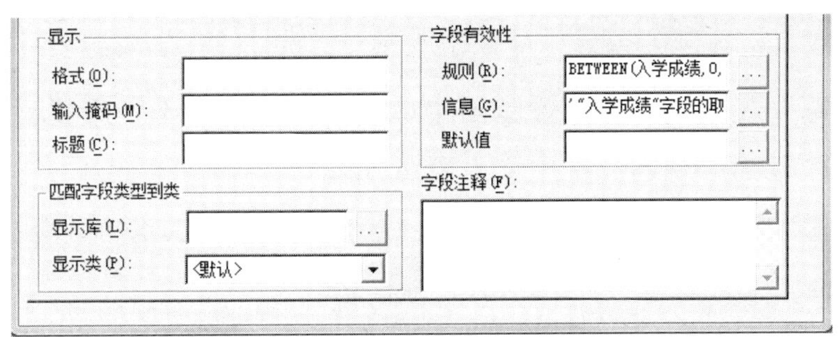

图 2-51　设置“入学成绩”字段有效性规则

（3）单击“确定”按钮。

小结：

有效性规则只在数据库表中存在，字段级检查单个字段中信息输入的数据是否有效。通过对用户输入的值加以限制，提供数据有效性检查。

“入学成绩”字段的有效性规则中的 BETWEEN()是一个判断函数，函数格式为 BETWEEN(EXP1，EXP2，EXP3)，其功能是比较 EXP1 的值是否大于或等于 EXP2 并且小于或等于 EXP3，满足条件时其表达式的值为“T”，否则为“F”。“BETWEEN(入学成绩,0,750)”可以用“入学成绩>=0 AND 入学成绩<=750”来替代。

当“入学成绩”字段中输入的数值不在 0～750 范围内时，则给出错误提示信息，如图 2-52 所示。

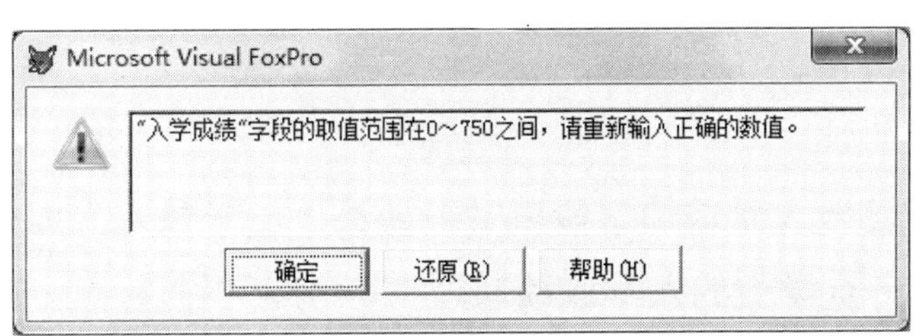

图 2-52　出错提示信息

2. 设置记录有效性规则

在 Visual FoxPro 6.0 中，可以利用记录有效性规则检查记录数据是否有效，是否满足一定的条件。

【任务 19】 给“学籍”表设置记录的有效性规则来限制记录，在输入记录时，若“电子技术”专业学生的入学成绩超过 700 分或“国际商务”专业学生的入学成绩超过 730 分，则给出错误提示信息。

分析：

记录的有效性规则是每当一条记录输入完毕或记录修改完毕后，用记录有效性规则进行验证，当违背记录有效性规则时，此记录系统不认可。本任务的记录有效性规则是：(专业="电子技术" AND 入学成绩<=700) OR (专业="国际商务" AND 入学成绩<=730)。

操作：

（1）打开“学籍”表结构，在表设计器中单击“表”选项卡，设置记录的有效性规则，在“记录有效性”区域的“规则”栏中输入表达式：

```
(专业="电子技术" AND 入学成绩<=700) OR (专业="国际商务" AND 入学成绩<=730)
```

（2）在“信息”栏中输入提示信息“'"电子技术"专业或"国际商务"专业学生入学成绩输入错'”，如图 2-53 所示。

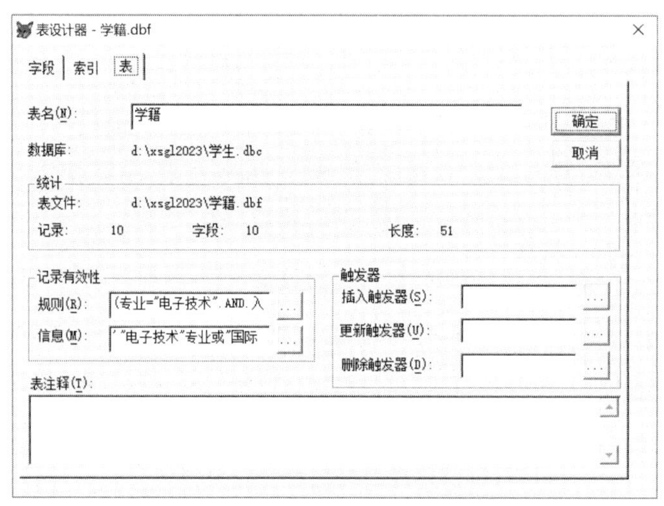

图 2-53　设置记录的有效性规则

（3）单击“确定”按钮。

小结：

在表中追加记录或修改入学成绩字段值时，如果“电子技术”专业学生的入学成绩超过 700 分或“国际商务”专业学生的入学成绩超过 730 分，当光标移开当前记录时，才给出出错提示信息；而违反字段有效性规则时，当光标移开该字段时即给出出错信息。

记录级规则是对整个记录进行约束，当插入或修改记录时被激活，检验数据输入的正确性。字段级规则在记录级规则和触发器之前被激活。

知识链接

字段显示格式和输入掩码

1. 字段显示格式

显示设置用来指定输入和显示字段的格式。在“表设计器”对话框的“字段”选项卡中，“显示”区域中的“格式”文本框用来设置显示时的大小写、字体大小和样式等内容。例如，如果设置数据显示为大写，则在“格式”文本框中输入“!”。表 2-8 列出了部分显示格式符及其含义。

表 2-8　部分显示格式符及其含义

格　式　符	含　　义
A	只能输入字母 A～Z，a～z
D	日期型，只能使用系统设定的格式
L	将数值前导零显示出来
R	显示文本框的格式掩码
T	禁止在字符串前后输入空格
!	小写字母转换为大写字母
^	使用科学记数法显示数值型数据
$	显示货币符号，只用于数据型或货币型数据

字段的显示格式并不是数据存储在磁盘上的格式。

2. 输入掩码

字段的输入掩码，用于限制或控制用户输入的格式，确保输入数据格式的正确性，避免输入错误的数据。例如，“学籍”表中的“学号”字段由于是字符型的，可以接收键盘输入的任何字符，如果限制该字段只能接收 0～9 的数字，可以设置输入掩码为“999999”。表 2-9 列出了部分掩码符及其含义。

表 2-9　部分掩码符及其含义

掩　码　符	含　　义
X	可输入任何字符
9	只输入数字
#	只输入数字、空格和正/负号
$	在固定位置显示当前货币符号
$$	币种符号与数值连在一起显示
*	在值的左侧显示“*”
.	指定小数点的位置
,	整数部分每 3 位用“,”分开

试一试

1. 给“学籍”表中的“性别”字段设置有效性规则，其中默认值为“女”，规则：性别="男" or 性别="女"，该字段的出错信息是“性别不符合要求”。

2. 在“教师”表中，设置“部门编号”字段不能为空值。

3. 设置“教师”表记录级有效性规则为“高级讲师工资不低于 15000 元，讲师工资不低于 12000 元”，否则给出出错信息。

2.7 工作区的使用

Visual FoxPro 6.0 中表的数据都相互关联，且在程序设计中常同时使用多个表中的数据。在 Visual FoxPro 6.0 中使用多个表，就要使用多个工作区。所谓工作区就是在内存中为表独立开辟的存储空间，Visual FoxPro 6.0 系统提供了 32767 个工作区。一个工作区某一时刻只能打开一个表，因此，使用多个工作区就可以同时打开多个表，但一个表可以在多个工作区同时打开。当前使用的工作区称为当前工作区。

系统为每个工作区规定了一个工作区号，分别是 1～32767，由于 1～10 号工作区使用频率较高，故可以用别名 A～J 来表示。

2.7.1 选择工作区

每当启动 Visual FoxPro 6.0 后，系统默认的工作区是 1 号工作区，用户可以选择其他工作区。在系统菜单“窗口”中选择“数据工作期”命令，打开如图 2-54 所示的“数据工作期”对话框，当前系统默认的工作区是 1 号工作区。

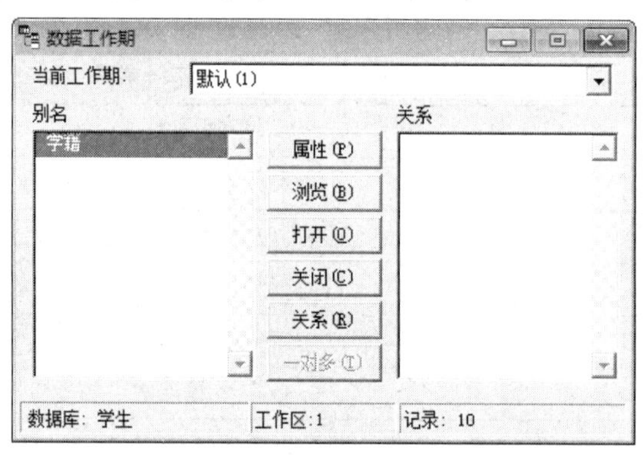

图 2-54 “数据工作期”对话框

【任务 20】 当前工作区已经打开“学籍”表（见图 2-54），在另一工作区打开“成绩”表。

分析：

前面对表的操作都是单一操作，即打开一个表，关闭另一个表。如果要同时打开多个表，可以在“数据工作期”对话框中打开，也可以使用命令方式打开。

操作：

（1）打开如图 2-54 所示的“数据工作期”对话框，单击“打开”按钮，打开“打开”对话框，如图 2-55 所示。

（2）选择要打开的“成绩”表，单击“确定”按钮，返回“数据工作期”对话框。这时表的别名出现在“别名”列表中，如图 2-56 所示。

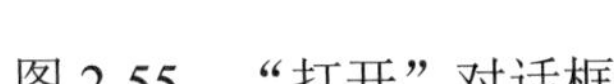

图 2-55　“打开”对话框

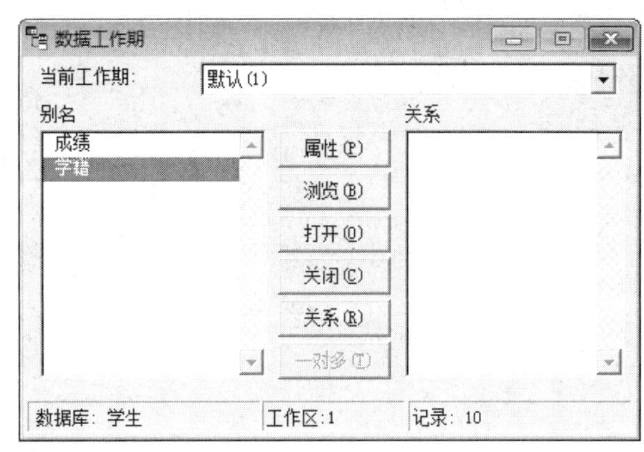

图 2-56　“别名”列表

（3）在“数据工作期”对话框中可以对表进行有关操作，例如，在“别名”列表中选择要浏览的表，单击“浏览”按钮，可以浏览当前工作区表中的记录；单击“关闭”按钮，则关闭当前工作区打开的表。

小结：

本任务操作中提到表的别名，所谓表的别名，是表的一个临时名称，实际的表名称在数据库中没有改变。如果没有指定别名，则别名就是表名。使用别名，一是缩短表名的长度，方便书写和阅读；二是在有些查询中为了与自身区别，需要使用别名。

使用 SELECT 命令选择工作区，命令格式如下：

```
SELECT <工作区号> | <别名>  | <0>
```

说明：

选择一个工作区为当前工作区。工作区号可以直接使用 1～32767 的数字；别名是打开表时指定的别名；<0>表示没有使用的最小区号的工作区成为当前工作区。

使用 USE 命令打开表的格式如下：

```
USE  <表名>  [ALIAS  <别名>]  [AGAIN]
```

说明：

打开表时如果不指定别名，系统默认表名就是它的别名。

AGAIN 表示可以在不同工作区再次打开已经打开的表。如果使用不带 AGAIN 选项的 USE 命令，在不同的工作区再次打开已经打开的表，系统将出现出错信息“文件正在使用”。

下面的例子是在不同工作区打开表，在命令窗口中分别输入：

```
SELECT  1                     &&选择 1 号工作区
USE  学籍  ALIAS  XJ          &&打开“学籍”表，别名为 XJ
SELECT  C                     &&选择 3 号工作区
USE 成绩                      &&打开“成绩”表
SELECT  0                     &&选择当前没有使用的最小工作区，即 2 号工作区
USE  学籍  AGAIN              &&再次打开“学籍”表
SELECT  XJ                    &&选择别名是 XJ 的表所在工作区，即 1 号工作区
```

打开“数据工作期”对话框，如图 2-57 所示。如果选择不同的表，则在对话框最后一行的状态栏显示有关信息。

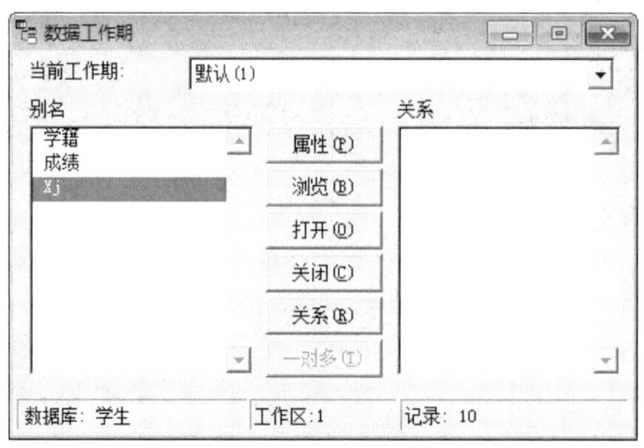

图 2-57　选择表

2.7.2　多表的打开与关闭

1. 打开多个表

Visual FoxPro 6.0 中使用“数据工作期”对话框打开多个表时，系统自动分配最小未使用的工作区。在上面打开表的例子中，每打开一个表，需要使用 SELECT 命令选择一个工作区。命令格式如下：

```
USE <表名> IN <工作区号> | ALIAS <别名> | <0>
```

说明：

在指定工作区号或别名表所在工作区打开指定的表，当前工作区不变。

例如：

```
CLEAR  ALL                          &&清理系统内存，关闭打开的表
USE 学籍 IN  2                      &&在 2 号工作区打开“学籍”表
USE 成绩 IN  5   ALIAS   CJ         &&在 5 号工作区打开“成绩”表，别名为 CJ
```

另外，使用命令方式还可以在当前工作区打开在其他工作区已打开的表，实现一个表在不同的工作区同时打开的目的。例如，接上面的操作：

```
SELECT   1
USE 学籍 ALIAS   XJ   AGAIN
```

表示在第 1 工作区以别名“XJ”再次打开“学籍”表，通过“数据工作期”对话框可以查看结果。

2. 关闭多个表

当关闭打开的表时，可以使用 SELECT 命令和 USE 命令逐个关闭。例如：

```
SELECT 5
USE                                 &&关闭 5 号工作区中的表，当前工作区号是 5 号
```

```
SELECT 2
USE                                   &&关闭 2 号工作区中的表，当前工作区号是 2 号
```

另外，也可以使用下面的命令逐个关闭打开的表。命令格式如下：

```
USE   IN <工作区号> | <别名>
```

说明：

在当前工作区关闭其他工作区打开的表。

例如：

```
USE 学籍 IN  2                        &&在 2 号工作区打开“学籍”表
USE 成绩 IN  5  ALIAS  CJ             &&在 5 号工作区打开“成绩”表，别名为 CJ
USE  IN  B                            &&关闭 2 号工作区打开的“学籍”表
USE  IN  CJ                           &&关闭 5 号工作区别名为 CJ 的“成绩”表
```

如果要将各工作区打开的表全部关闭，可以使用 CLOSE DATABASE ALL 命令。

2.7.3 访问其他工作区

在当前工作区要访问其他工作区表中的数据，必须在非当前工作区字段名前加上<别名>，表示指定工作区表的数据。访问命令格式如下：

```
<别名>-><字段名> 或 <别名>.<字段名>
```

【任务 21】 在第 1 工作区打开“学籍”表，在第 3 工作区打开“成绩”表，然后在第 1 工作区显示“学籍”表中第 2 条记录的姓名、专业字段内容，“成绩”表中第 2 条记录的姓名、总分字段内容。

分析：

本任务重点是访问其他工作区中的表数据，在“学籍”表工作区访问“成绩”表工作区数据，其访问格式：“成绩->姓名”或“成绩.姓名”。

操作：

```
USE 学籍 IN  1
SELECT 3
USE 成绩
GO 2
SELECT 1
GO 2
DISPLAY  OFF  姓名,专业,成绩->姓名,成绩.总分
```

屏幕显示：

姓名	专业	成绩->姓名	成绩.总分
李国华	国际商务	李国华	296.0

小结：

上述操作中的 DISPLAY 命令是在系统窗口显示当前记录，OFF 选项是不显示记录号。

在第 1、3 工作区都通过 GO 2 命令将记录指针分别指向第 2 条记录，然后通过 DISPLAY 命令显示当前记录。DISPLAY 命令中表的别名“成绩”可以用所在的工作区号代替，如“成绩->姓名”替换为“C->姓名”。

2.8 创建表间关系

在数据库系统中，如何方便、高效地进行数据处理并减小数据的冗余度是一个很重要的问题。根据关系数据库的理论，每个独立的表中存储的数据之间都有关系。用户根据需要可以建立数据之间的关系，Visual FoxPro 利用这些关系来查找数据库中有联系的信息。表之间的关系可以分为一对一、一对多和多对多 3 种关系。

2.8.1 表间关系

1. 一对一关系

一对一关系是指在表 A 中的任何一条记录，在表 B 中只能对应一条记录，而表 B 中的一条记录在表 A 中也只能有一条记录与之对应。例如，“学籍”表和“成绩”表，一个学生在一个表中只能出现一次，则这两个表之间可以建立一对一的关系。具有一对一关系的两个表可以合并成一个表。

在 Visual FoxPro 6.0 中，表之间的连接关系是通过索引来创建的，在一对一的关系中，两个表必须有一个相同的索引作为主关键字字段，通过这个主关键字索引来建立关系。

2. 一对多关系

一对多关系是指表 A 中的一条记录可以对应表 B 中的多条记录，而表 B 中的一条记录最多只能对应表 A 中的一条记录。一对多关系在关系数据库中是最普遍的关系。

建立一对多的关系时，“一”方（父表）使用主关键字或候选索引关键字，而“多”方（子表）使用普通索引关键字。例如，“学籍”表和“图书借阅”表，一个学生可以借阅多本图书，但一个学生在“学籍”表中只有一条记录，而在“图书借阅”表中可以有多条记录，则“学籍”表和“图书借阅”表之间便是一对多的连接关系。

3. 多对多关系

多对多关系是指表 A 中的一条记录可以对应表 B 中的多条记录，而表 B 中的一条记录也可以对应表 A 中的多条记录。

例如，在学生和课程之间的关系中，一个学生学习多门课程，而每门课程也由多个学生来学习。通常在处理多对多的关系时，都把多对多的关系分成两个不同的一对多的关系，这时需要创建第 3 个表，即通过一个中间表来建立两者的对应关系。用户可以把两个表中的主关键字都放在这个中间表中。

2.8.2　建立表间临时关系

在建立表间的临时关系后，使得“多”方中的记录指针随着“一”方记录指针的移动而移动。

【任务 22】 使用“数据工作期”对话框建立“学籍”表和“成绩”表之间的临时关系，并浏览记录。

分析：

在 Visual FoxPro 6.0 中，可以使用“数据工作期”对话框或 SET RELATION 命令建立两个表之间的临时关系。建立关系前“成绩”表已按“学号”字段建立主索引。

操作：

（1）打开“数据工作期”对话框，先打开“学籍”表（A 工作区），再打开“成绩”表（B 工作区）。

（2）在“别名”列表中选择要关联的表，如“学籍”表，然后单击“关系”按钮，此时在“关系”列表中添加一个“学籍”表，如图 2-58 所示。

（3）在“别名”列表中选择“成绩”表，此时打开“设置索引顺序”对话框，如图 2-59 所示，可以设置表的索引顺序。

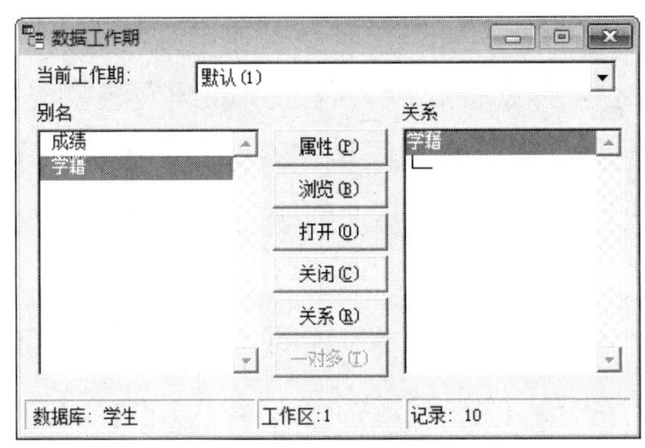

图 2-58　建立表间关系

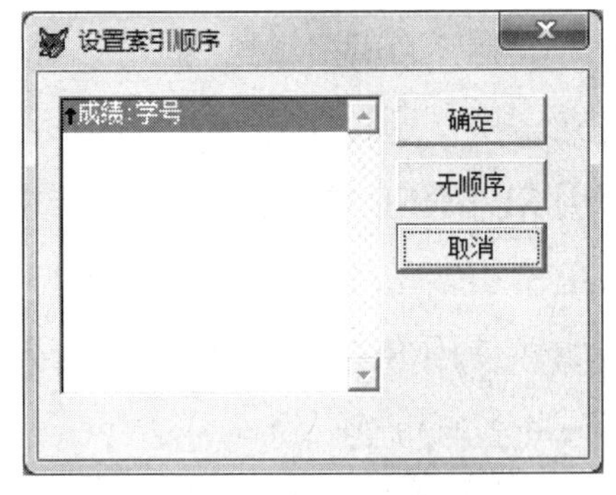

图 2-59　“设置索引顺序”对话框

（4）单击“确定”按钮，打开“表达式生成器”对话框，在“字段”列表中双击“学籍”表的“学号”字段，将其添加到“SET RELATION”列表框中，如图 2-60 所示。

（5）单击“确定”按钮，返回“数据工作期”对话框，则建立了两表的关联，如图 2-61 所示。

（6）在命令窗口输入命令：

```
BROWSE FIELDS 姓名,专业,成绩.姓名,成绩.总分
```

（7）在浏览窗口中可以观察到两个表中记录的关联结果，如图 2-62 所示。

图 2-60　选择关联字段

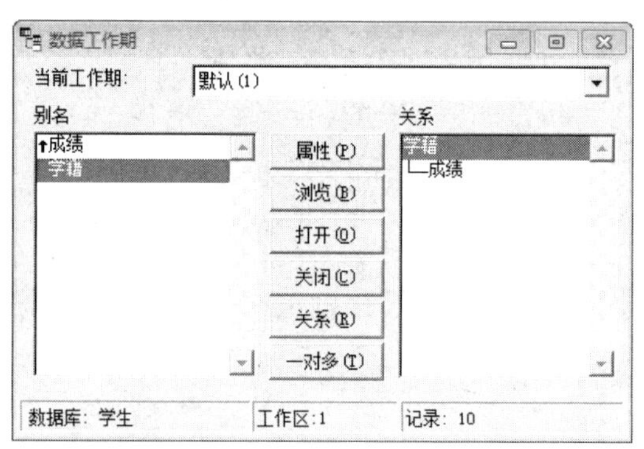

图 2-61　建立两表的关联

学生姓名	专业	姓名	总分
王晓飞	国际商务	王晓飞	323.0
李国华	国际商务	李国华	296.0
王　虹	电子技术	王　虹	295.0
连小胜	电子技术	连小胜	314.0
孙联民	电子技术	孙联民	304.0
万　亮	国际商务	万　亮	345.0
胡连丽	国际商务	胡连丽	311.0
李红黎	电子技术	李红黎	263.5
赵明明	国际商务	赵明明	303.0
孙桂起	国际商务	孙桂起	267.0

图 2-62　浏览两个表关联的记录

小结：

在“数据工作期”对话框可以建立两个表之间的关联，被关联的“成绩”表要先按关联字段建立索引。通过浏览结果中的两个表的“姓名”字段建立同步，说明两个表建立了关联。

使用 SET RELATION 命令可以建立两个表之间的关系，要求两个表都具有相同的字段，且建立主索引，分别在两个工作区打开。

例如，使用 SET RELATION 命令建立“学籍”表和“成绩”表的关联，可输入命令：

```
OPEN DATABASE 学生
USE 学籍
USE 成绩  IN  0                    &&已按“学号”建立主索引
SELECT  2
SET ORDER TO  1
SELECT  1
SET RELATION TO 学号 INTO 成绩     &&对“学籍”表和“成绩”表按“学号”字段建立关联
BROWSE FIELDS 姓名,专业,成绩.姓名,成绩.总分
```

浏览结果如图 2-62 所示。

关闭数据库时，所建立的关系被取消。

2.8.3 建立表间永久关系

数据表之间的永久关系存储在数据库文件中，而不同于 SET RELATION 命令所建立的临时关系——每次使用时需要重新建立。索引关键字的类型决定了要创建的永久关系的类型。在一对多关系中，“一”方必须用主索引关键字，或者用候选索引关键字，而“多”方则使用普通索引关键字。

【任务 23】 为“学籍”表和“图书借阅”表建立一对多的关系。

分析：

“一”方“学籍”表已按“学号”字段建立了主索引，而“图书借阅”表已按“学号”字段建立了普通索引，如果这些工作事先没有完成，可在“表设计器”中设置索引。

操作：

（1）打开“项目管理器”窗口，选择“学生”数据库，单击“修改”按钮，打开“数据库设计器”窗口。

（2）选择“学籍”表中的主索引“学号”，将其拖到“图书借阅”表中的对应“学号”字段索引上。此时，可以看到它们之间出现一条黑线+—<，表示在两个表之间建立了一对多的关系，如图 2-63 所示。

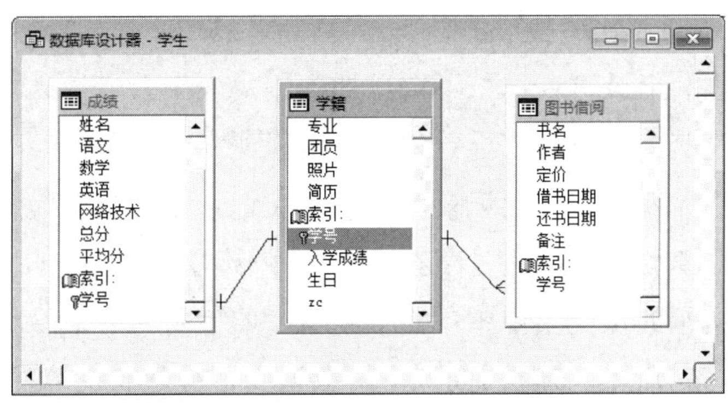

图 2-63 建立的一对多关系

（3）关闭“数据库设计器”窗口。

小结：

在“数据库设计器”窗口中，如果各表之间建立了关联，则可以看到它们之间出现一条连线。在连线的两端，分别是“+”和“<”形状，表示一端是“一”，另一端是“多”；如果连线的两端都是“+”形状，表示两个表之间建立的是一对一的关系，如“学籍”表与“成绩”表之间的关联。

2.8.4 编辑表间关系

在表间建立关系后，如果要删除已建立的关系或重新建立其他关系，可以利用 Visual FoxPro 6.0 提供的快捷菜单进行操作。操作步骤如下。

（1）打开“项目管理器”窗口，选择“学生”数据库，单击“修改”按钮，打开“数据库设计器”窗口，右击表间的连线，弹出的快捷菜单如图 2-64 所示。

（2）如果要删除已建立的关系，单击快捷菜单中的“删除关系”命令，则连线消失，表示两表之间的关系被删除。选择“编辑关系”命令，打开“编辑关系”对话框，如图 2-65 所示。

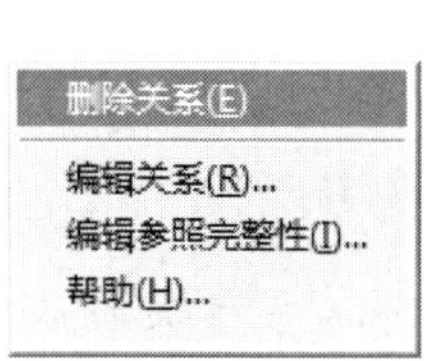

图 2-64　编辑表间关系对应的快捷菜单

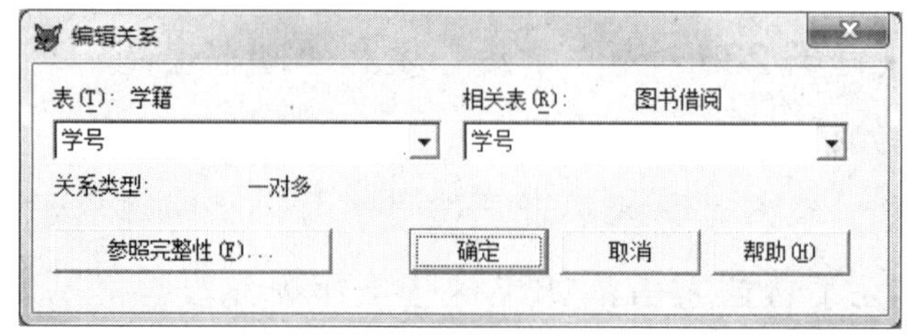

图 2-65　“编辑关系”对话框

（3）编辑关系结束后，单击“确定”按钮。

2.8.5　编辑参照完整性

在表间建立关系后，可以通过设置参照完整性来建立一些规则，以便控制相关表中记录的插入、更新或删除。实施参照完整性规则，可以确保：

- 当表中没有关联的记录时，记录不得添加到相关表中。
- 父表的值不能改变，若改变将导致相关表出现孤立的记录。
- 若主表记录在相关表中有匹配记录，则该主表记录不能被删除。

下面以“学籍”表和“图书借阅”表之间的关系为例，介绍如何设置参照完整性。

（1）在如图 2-64 所示的快捷菜单中单击“编辑参照完整性”命令，打开“参照完整性生成器”对话框，如图 2-66 所示。该对话框列出了数据库中彼此有关联关系的表，并指明父表、子表，以及用于建立关联的索引关键字。

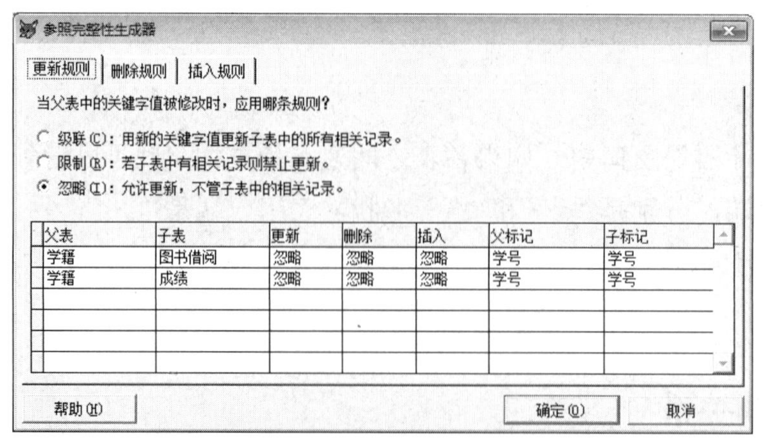

图 2-66　“参照完整性生成器”对话框

（2）在“参照完整性生成器”对话框中，有“更新规则”“删除规则”“插入规则”3 个选项卡。

- “更新规则”选项卡用来设置关联表之间的更新规则，有 3 种选择，默认为“忽略”，即不进行任何参照完整性的检查工作。

例如，“学籍”表与“图书借阅”表之间通过“学号”主关键字建立了关联，若选择了“级联”选项，当更新“学籍”表中的“学号”字段值时，关联的“图书借阅”表中对应记录的“学号”字段值自动更新。

- “删除规则”选项卡用来设置关联表之间的删除规则，同样有 3 种选择，如图 2-67 所示。

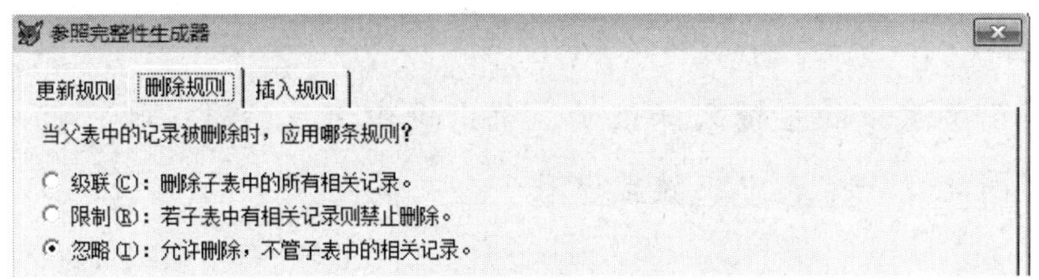

图 2-67 “删除规则”选项卡（上半部分）

如果选择了“限制”选项，当在“学籍”表中要删除学号为“230102”的记录时，因为在“图书借阅”表中存在相对应的记录，则该删除操作被禁止。

- “插入规则”选项卡用来设置关联表之间的插入规则，有“限制”和“忽略”两种选择，如图 2-68 所示。

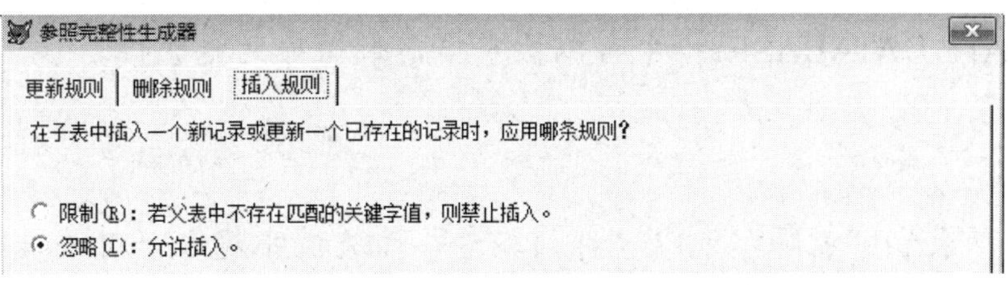

图 2-68 “插入规则”选项卡（上半部分）

如果选择了“忽略”选项，则在“图书借阅”表中添加任何新记录时，即使添加的学号在“学籍”表中找不到对应值，也不会有任何限制。

（3）设置完参照完整性后，单击“确定”按钮，出现如图 2-69 所示的确认对话框。

（4）单击“是”按钮，出现确认是否生成新的参照完整性代码对话框，如图 2-70 所示。

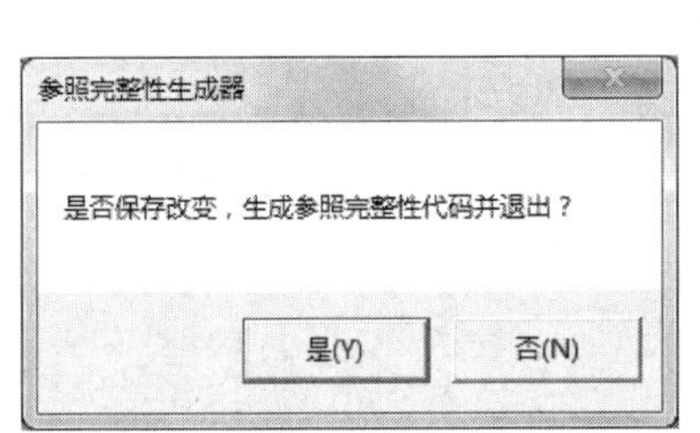

图 2-69 确认保存参照完整性对话框

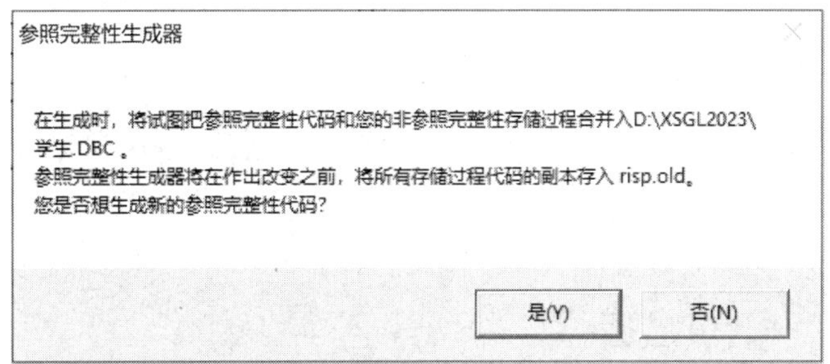

图 2-70 确认是否生成新的参照完整性代码对话框

（5）单击“是”按钮，结束设置参照完整性。

建立表间关系后，将根据这些规则自动进行检查和维护关联表，在对数据进行更新、删除和插入时检查和维护父表与子表之间的相互关联。

知识链接

数据的一致性和完整性

数据的一致性和完整性包括实体完整性、域完整性和参照完整性。

1. 实体完整性

实体完整性是由关系中的主键来保证的，确保表中记录的唯一性，在一个表中不允许有重复的记录出现。因此，一个表中应该至少有一个关键字。

2. 域完整性

域完整性即属性的取值范围。在建立表时定义数据库表的字段数据类型、字段宽度就属于域完整性的范畴。为表中的字段设置有效性规则，也是一种域完整性约束规则。

3. 参照完整性

在父表与子表建立关系的基础上，建立参照完整性，包括更新规则、删除规则和插入规则。也就是说，对一个表中的记录，不一定能随意增加、修改和删除，还必须参照其他表中的相关数据才行。

使用 VALIDATE DATABASE 命令可以检查当前数据库的完整性。

试一试

1. 为“部门”表和“教师”表以“部门编号”为关键字建立一对多关联。

2. 为“教师”表和“教师任课”表以“教师编号”为关键字建立一对多关联。

3. 设置“更新规则”为“级联”“限制”或“忽略”后，更新“部门”表的部门编号字段值，观察更新结果。

4. 设置删除和插入为“限制”，对“部门”表进行删除操作，对“教师”表进行插入操作，观察结果。

5. 建立“部门”表和“教师”表之间的临时关系，然后实现带关系的多表浏览。

基础练习 2

一、填空题

1. 建立数据库后，文件夹中会出现3个名称相同但扩展名不同的文件，实际上数据库的扩展名为_________，与之相关的另外两个文件扩展名为_________和_________。

2．在浏览表方式下追加记录，应执行“显示”菜单中的________命令。

3．某数值型字段的宽度定义为 6，小数位为 2，该字段所能存储的最小数值是________。

4．表文件中有 4 个通用型字段，保存该表通用型字段内容的文件数目是_____个。

5．修改表文件的结构，可以使用命令________________。

6．某表有姓名（字符型，宽度为 6）、入学总分（数值型，宽度为 6，小数位为 2）和特长（备注型）共 3 个字段，则该表记录长度为________。

7．一个含有多条记录的表打开后，要想在第一条记录前增加一条空记录，操作的命令是 INSERT________________。

8．设有商品表文件 SP1.dbf，如表 2-10 所示，其中，商店名、商品名和品牌为字符型字段，单价和库存量为数值型字段，是否进货为逻辑型字段，该表已经打开。

表 2-10　商品表

单位：元

记录号	商店名	商品名	品牌	单价	库存量	是否进货
1	光明商场	电冰箱	海尔	3700	60	.F.
2	长安商场	空调	格力	3600	27	.T.
3	沃尔玛	彩电	海信	2450	60	.F.
4	沃尔玛	洗衣机	松下	1780	12	.T.
…	…	…	…	…	…	…

（1）浏览所有品牌是“海尔”的记录，操作命令：

```
BROWSE　FOR ________________。
```

（2）假设本月光明商场销售了 20 台海尔电冰箱，现对商品表 SP1 进行更新，操作命令：

```
________　FOR 商店名="光明商场" AND 商品名="电冰箱" AND 品牌="海尔"
```

（3）要将所有库存量不超过 30 的商品“是否进货”字段修改为逻辑真，操作命令：

```
________　FOR 库存量<=30
```

（4）逻辑删除商店名为“沃尔玛”的记录，操作命令：

```
____________　FOR 商店名="沃尔玛"
```

9．有下列命令序列：

```
USE 学籍
INDEX ON 入学成绩 TAG temp ASCENDING
GO　TOP
```

则记录指针定位在__________记录上；

```
GO　1
```

则记录指针定位在__________记录上。

10．假设“图书借阅”表已经打开，且按书名进行了索引，并设置为当前索引。现在要使用索引查询将记录指针定位在书名为“软件工程”的记录上，操作命令是______________。

11．在 Visual FoxPro 6.0 中，建立索引的作用之一是提高___________速度。

12．Visual FoxPro 6.0 设置了________个工作区。

13．工作区与多表操作：

（1）在 A 区打开“学籍”表，操作命令是________________；

（2）在 B 区打开“成绩”表，操作命令是________________；

（3）当前是 B 工作区，显示 A 工作区当前记录的“姓名”和“专业”字段内容，以及 B 工作区当前记录的“总分”字段内容，操作命令是__________________。

14．在 Visual FoxPro 6.0 中，索引分为_________、________、________和________4 种类型。

15．一个表中只能有一个______________索引。

16．复合索引文件分为______________和______________两种类型。

17．在索引文件中查找记录的命令是______________。

18．字段的有效性规则在表设计器的________选项卡设置，记录的有效性规则在表设计器的________选项卡设置。

19．建立表间临时关系的命令是________________。

20．建立两个表之间一对多关联，父表的索引类型必须是________或________，子表的索引类型是________。

二、选择题

1．在 Visual FoxPro 6.0 的项目管理器中不包括的选项卡是（　　）。

A．数据　　B．文档　　C．类　　D．表单

2．Visual FoxPro 6.0 中的一个关系对应一个（　　）。

A．字段　　B．记录　　C．表　　D．索引文件

3．数据库名为 ST，要想打开该数据库，应使用命令（　　）。

A．OPEN ST　　B．OPEN DATABASE ST

C．USE DATABASE ST　　D．USE ST

4．在 Visual FoxPro 6.0 的命令窗口中输入 CREATE people 命令并执行它，则（　　）。

A．打开 people.dbf 表　　B．建立 people.dbf 表

C．复制 people.dbf 表的记录　　D．追加记录到 people.dbf 表

5．在 Visual FoxPro 6.0 环境下已建立了一些表文件，若在命令窗口执行 use infor 命令，则打开的表文件是（　　）。

A．infor.idx　　B．infor.dbf　　C．infor.qpr　　D．infor.bas

6．在 Visual FoxPro 6.0 中，存储图像的字段类型应该是（　　）。

A．备注型　　B．通用型　　C．字符型　　D．日期型

7．要关闭已打开的表文件 fest.dbf，可以（　　）。

A．在命令窗口输入 Close 命令

B．在命令窗口输入 Clear 命令

C．选择“文件”菜单的“关闭”选项

D．在命令窗口输入 Use 命令

8．下列操作中，不能用 MODIFY STRUCTURE 命令实现的是（　　）。

A．为表增加字段　　B．删除表中的某些字段

C．对表的字段名进行修改　　D．对记录数据进行修改

9．在 Visual FoxPro 6.0 中，可对字段设置默认值的表（　　）。

A．必须是数据库表　　B．必须是自由表

C．是自由表或数据库表　　D．不能设置字段的默认值

10．要从表文件中物理删除一条记录，应使用命令（　　）。

A．先用 DELETE 命令，再用 ZAP 命令

B．直接用 ZAP 命令

C．先用 DELETE 命令，再用 PACK 命令

D．直接用 DELETE 命令

11．在表设计器的“字段”选项卡中，可以创建的索引是（　　）。

A．主索引　　B．候选索引　　C．唯一索引　　D．普通索引

12．命令 SELECT 0 的功能是（　　）。

A．选择区号最小的空闲工作区

B．选择区号最大的空闲工作区

C．选择当前工作的区号加 1 的工作区

D．随机选择一个工作区的区号

13．如果一个班只能有一个班主任，而且一个班主任不能同时担任其他班级的班主任，则班级和班主任两个实体之间的关系属于（　　）。

A．一对一关系　　B．一对二关系

C．一对多关系　　D．多对多关系

14．Visual FoxPro 6.0 中的 SET RELATION 关联操作是一种（　　）。

A．逻辑连接　　B．物理连接　　C．逻辑排序　　D．物理排序

15．在 Visual FoxPro 6.0 中要建立表之间的关联，应在“数据工作期”对话框中先选择主表，然后在选择的子表前单击（　　）。

A．“属性”按钮　　B．“关系”按钮

C．“一对多”按钮　　D．“浏览”按钮

16．参照性的规则不包括（　　）。

A．更新规则　B．删除规则　C．插入规则　D．索引规则

17．在 Visual FoxPro 6.0 中进行参照完整性设置时，要想设置成“当更改父表中的主关键字段或候选关键字段时，自动更改所有相关子表记录中的对应值”，应选择（　　）。

A．限制　B．忽略　C．级联　D．级联或限制

18．在创建索引时，不能作为索引表达式的字段是（　　）。

A．日期型字段　B．整型字段

C．逻辑型字段　D．备注型字段

19．以下关于主控索引和候选索引的叙述正确的是（　　）。

A．主控索引和候选索引都能保证表记录的唯一性

B．主控索引和候选索引都可以建立在数据库表和自由表上

C．主控索引可以保证表记录的唯一性，而候选索引不能

D．主控索引和候选索引是相同的概念

20．在工作区 1 中已打开表 AA.DBF，则在工作区 2 中再次打开该表的操作是（　　）。

A．USE IN 2 AGAIN　B．USE AA IN 2 AGAIN

C．USE AA IN 2　D．USE IN 2

三、问答题

1．数据库文件的扩展名是什么？

2．Visual FoxPro 6.0 中的表分为哪几种类型？

3．数据库表文件的扩展名是什么？

4．如何在表中输入备注型字段内容？

5．建立索引文件时，索引表达式与索引标识必须相同吗？

6．什么索引文件的名字与表文件名一定相同？

7．SELECT 0 命令的含义是什么？

8．一个表文件能否同时在多个工作区中打开？

9．什么是表间的一对一关系、一对多关系和多对多关系？

10．表间的参照完整性规则包括哪些？

操作练习 2

1．在自己的工作目录下建立一个数据库，文件名为“商品.dbc”。

2．建立“库存”表，表文件结构如表 2-11 所示。

表 2-11　“库存”表字段及其属性

字 段 名	数 据 类 型	宽　度	小 数 位 数
编号	字符型	6	
商品名	字符型	10	
型号	字符型	10	
入库日期	日期型	8	
数量	数值型	7	
单位	字符型	4	
单价	数值型	8	2

3．在“库存”表中输入如图 2-71 所示的数据。

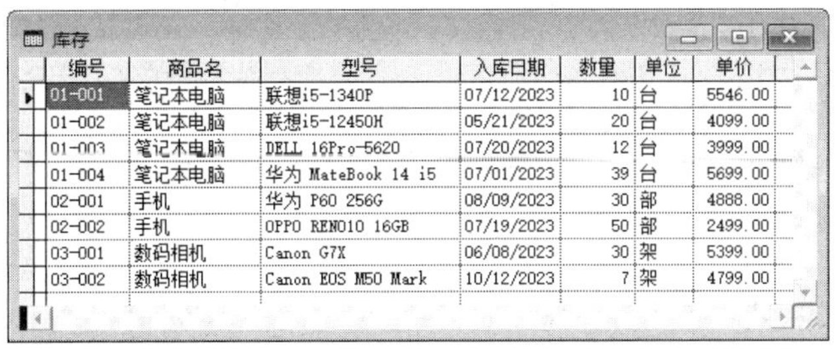
库存

编号	商品名	型号	入库日期	数量	单位	单价
01-001	笔记本电脑	联想i5-1340P	07/12/2023	10	台	5546.00
01-002	笔记本电脑	联想i5-12450H	05/21/2023	20	台	4099.00
01-003	笔记本电脑	DELL 16Pro-5620	07/20/2023	12	台	3999.00
01-004	笔记本电脑	华为 MateBook 14 i5	07/01/2023	39	台	5699.00
02-001	手机	华为 P60 256G	08/09/2023	30	部	4888.00
02-002	手机	OPPO RENO10 16GB	07/19/2023	50	部	2499.00
03-001	数码相机	Canon G7X	06/08/2023	30	架	5399.00
03-002	数码相机	Canon EOS M50 Mark	10/12/2023	7	架	4799.00

图 2-71　“库存”表记录

4．使用表设计器修改该表文件结构，分别增加“金额”（数值型,10,2）和“图片”（通用型）字段。

5．设置“数量”字段的输入值必须大于零，“编号”字段值非空。

6．给“编号”字段建立主索引，按“入库日期”建立候选索引。

7．在“库存”表的“图片”（通用型）字段中插入适当的图片，图片自选。

8．在“库存”表中分别按“型号”和“入库日期”字段升序建立索引，并查看索引后的结果。

9．在“库存”表中逻辑删除单价在 4000～10000 之间的记录。

10．在上题的基础上，恢复单价在 4000～6000 之间的记录，要求使用命令操作。

11．给“编号”字段设置标题“商品编号”，给“单价”字段添加注释“零售价”。

12．在“库存”表中将“金额”字段默认值设置为“数量*单价”，并浏览结果。

第3章 创建查询和视图

本章任务

- 了解创建查询的基本方法
- 掌握使用查询设计器创建查询的方法
- 掌握视图与查询的区别
- 了解参数视图的创建方法

查询是数据库管理系统的一项重要功能。用户可以根据需要建立查询，在数据库中检索一条或多条满足条件的记录，供用户查看、分析或进行报表打印。使用 Visual FoxPro 6.0 系统提供的查询功能可以从一个或多个表中检索用户需要的数据，而且还可以对查询结果进行分组和排序。查询结果将产生一个独立的数据文件，但它仅可以当作输出使用。

使用查询可以检索数据，但不能对查询数据进行修改。而在数据表操作中，有时用户希望对查询出来的数据进行更新，并将更新后的结果回存到源表中。为实现这一功能，Visual FoxPro 6.0 提供了视图操作。

3.1 创建查询

Visual FoxPro 6.0 系统为建立查询提供了两种方法：一种是使用查询向导，另一种是使用查询设计器。

3.1.1　使用查询向导创建查询

1. 创建查询

【任务 1】 使用查询向导在“学生”数据库“学籍”表中查询入学成绩在 450 分以上的记录，要求查询结果中只显示“学号”“姓名”“性别”“入学成绩”和“专业”字段内容。

分析：

启动查询向导有两种方法：一种是从“文件”菜单中单击“新建”命令，在“新建”对话框中选择“文件类型”中的“查询”，然后单击“向导”按钮，启动查询向导；另一种是在“项目管理器”中，选择“数据”选项卡中的“查询”选项，单击“新建”按钮。启动查询向导后，按照向导的提示逐步完成操作。

操作：

（1）打开“学生管理”项目文件，选中“数据”选项卡中的“查询”，单击“新建”按钮，出现如图 3-1 所示的对话框。

（2）单击“查询向导”按钮，打开“向导选取”对话框，如图 3-2 所示。

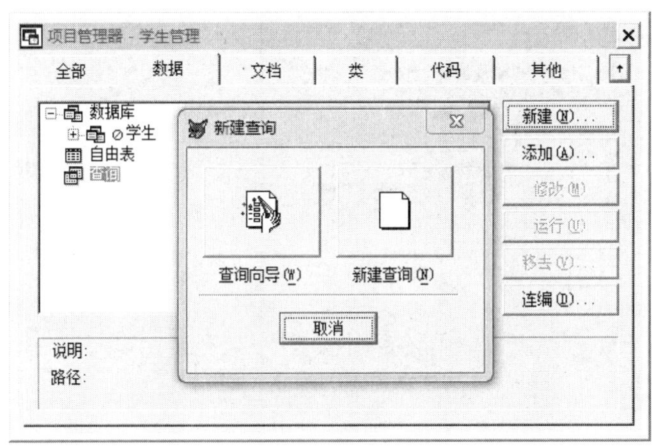

图 3-1　“新建查询”对话框

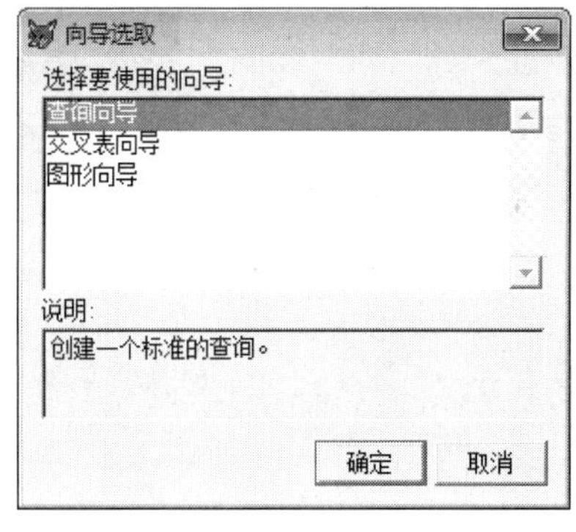

图 3-2　“向导选取”对话框

（3）在图 3-2 所示对话框中列出了 3 种向导：“查询向导”“交叉表向导”和“图形向导”。选择“查询向导”，再单击“确定”按钮，出现“字段选取”对话框，如图 3-3 所示。

（4）选择查询结果中所包含的字段。例如，选择“学生”库中的“学籍”表，在“可用字段”列表框中显示出它的全部字段，选取“学号”“姓名”“性别”“入学成绩”和“专业”字段到“选定字段”列表框中，单击“下一步”按钮，出现“筛选记录”对话框，如图 3-4 所示。

（5）设置查询条件。在“字段”框中选择“学籍.入学成绩”字段，在“操作符”框中选择“大于”，在“值”框中输入“450”，单击“下一步”按钮，出现“排序记录”对话框。

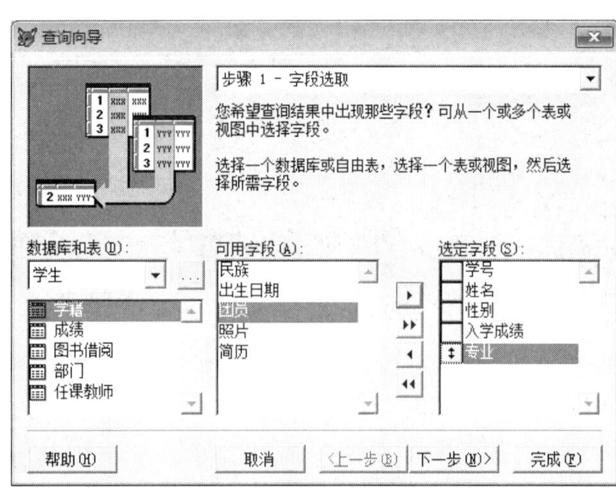

图 3-3　“字段选取”对话框

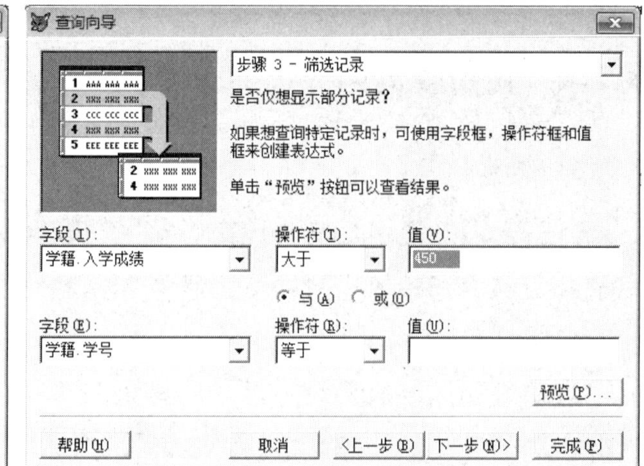

图 3-4　“筛选记录”对话框

（6）选择排序字段。字段可按升序或降序排序，它将直接影响查询结果中记录的排列次序，如按“姓名”字段升序排序，单击“下一步”按钮，出现“排序记录”对话框，如图 3-5 所示。

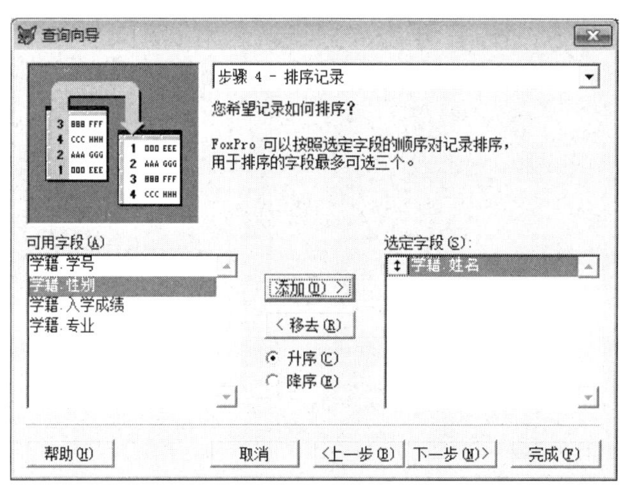

图 3-5　“排序记录”对话框

最多可选择 3 个排序字段，只有当第 1 个排序字段值相同时，才按第 2 个字段升序或降序排序，依次类推。

（7）确定查询结果中所包含的记录数。如果要显示符合条件的全部记录，可选择“数量”中的“所有记录”，这也是默认选择项，单击“下一步”按钮，出现“完成”对话框。

（8）在“完成”对话框中选择保存查询设置的类型。例如，选择“保存查询”，单击“完成”按钮，在出现的“另存为”对话框中保存建立的查询文件。本例中，查询文件名为“学籍_查询”，系统默认的扩展名为.qpr。

小结：

在如图 3-4 所示的设置查询记录对话框中，如果有两个查询条件，则需要确定它们之间“与”或“或”的运算关系，其中“与”是记录同时满足两个筛选条件，“或”是记录至少满足一个条件。

按上述操作步骤完成后，在“数据”选项卡的“查询”项中，可以观察到建立的查询“学籍_查询”。

2．运行查询

在“项目管理器”窗口中选择“数据”选项卡，在“查询”项中选择要运行的查询文件，单击“运行”按钮，屏幕显示查询结果。例如，运行“学籍_查询”，运行结果如图3-6所示。

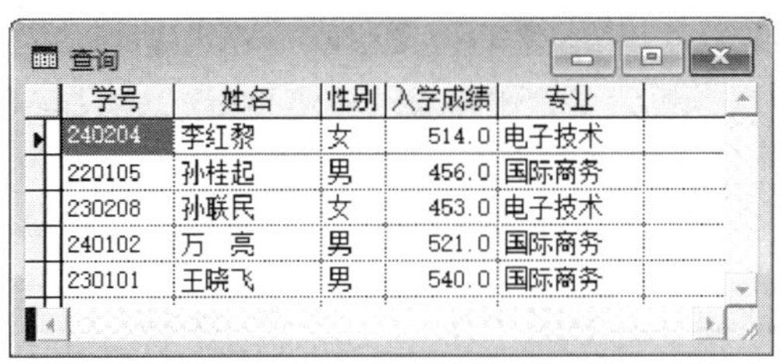

学号	姓名	性别	入学成绩	专业
240204	李红黎	女	514.0	电子技术
220105	孙桂起	男	456.0	国际商务
230208	孙联民	女	453.0	电子技术
240102	万 亮	男	521.0	国际商务
230101	王晓飞	男	540.0	国际商务

图3-6 “学籍_查询”运行结果

通过查询结果可以看到，满足条件的所有记录按“姓名”字段升序排序，全部显示在屏幕上。

另一种运行方法是在“程序”菜单中，单击“运行”命令，打开“运行”对话框，选择要运行的查询文件。

使用命令方式运行查询，命令格式如下：

```
DO 查询文件名.qpr
```

其中查询文件名必须给出扩展名.qpr。如运行上述查询，可以输入命令：

```
DO 学籍_查询.qpr
```

3.1.2 使用查询设计器创建查询

使用查询设计器可以根据用户的需求建立查询，既可以是简单条件的查询，也可以是复杂条件的查询；既可以创建计算字段，也可以设置查询结果的输出去向。

1．创建条件查询

【任务2】 在“学籍”表和“图书借阅”表中查询“电子技术”专业学生的图书借阅情况，并且只显示“学籍”表的“学号”“姓名”“专业”和“图书借阅”表的“学号”“书号”字段内容，其中“图书借阅”表的记录如图3-7所示。

（1）启动查询设计器。

在如图3-1所示的“新建查询”对话框中单击“新建查询”按钮，启动查询设计器，并打开“添加表或视图”对话框，如图3-8所示。

图书借阅

学号	姓名	书号	书名	作者	定价	借书日期	还书日期	备注
230102	李国华	18788	ERP沙盘模拟教程	宋洪安	29.50	03/08/2023	05/31/2023	memo
230207	连小胜	7683	单片机应用技术	覃奈新	13.80	07/02/2023	/ /	memo
240102	万 亮	21045	企业涉税业务办理	何 欣	20.00	10/15/2023	11/25/2023	memo
240204	李红黎	15788	数字电路	刘 勇	29.00	10/16/2023	/ /	memo
220102	赵明明	9261	金融营销	何马虚	15.00	11/12/2022	03/16/2023	memo
230102	李国华	34932	国际汇兑与结算	许宝良	18.50	05/12/2023	06/20/2023	memo
240102	万 亮	33868	报关实务	张艰伟	18.10	11/23/2023	/ /	memo
230101	王晓飞	22709	网络营销	杨云江	19.80	09/30/2022	10/25/2022	memo
230102	李国华	14373	管理会计	丁修平	23.80	04/26/2023	/ /	memo
240204	李红黎	22689	电子线路	姜有根	30.50	12/20/2023	/ /	memo
230101	王晓飞	14411	市场营销策划	王奕俊	39.80	05/15/2023	06/23/2023	memo
220105	孙桂起	14187	物流运输实务	李 冰	22.00	07/01/2022	03/20/2023	memo

图 3-7 “图书借阅”表记录

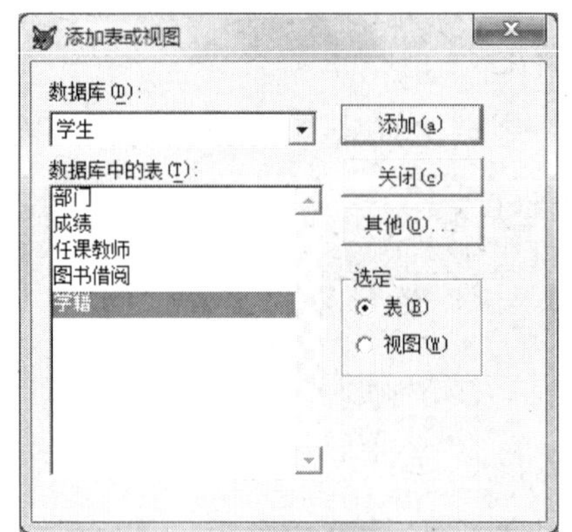

图 3-8 “添加表或视图”对话框

（2）添加表或视图。

在“添加表或视图”对话框中，选择“学生”库中的“学籍”表，单击“添加”按钮，“学籍”表被添加到“查询设计器”窗口中；再将“图书借阅”表添加到查询设计器中。关闭“添加表或视图”对话框，这时在“查询设计器”窗口中添加了“学籍”表和“图书借阅”表，如图 3-9 所示。

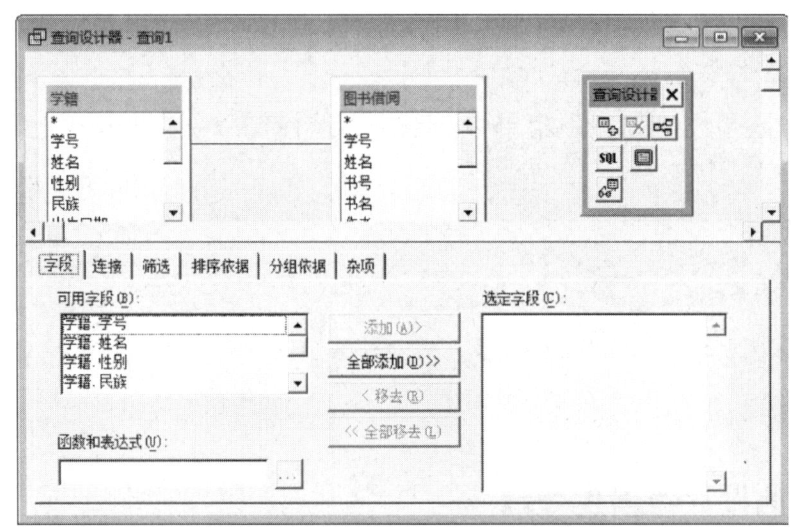

图 3-9 “查询设计器”窗口

📖提示

在关闭“添加表或视图”对话框后，若要继续添加表或视图，可单击查询设计器工具栏中的“添加表”按钮或“查询”菜单中的“添加表”命令，打开“添加表或视图”对话框。

如果添加的表或视图不是所需要的，可以将它从查询设计器窗口中移去。单击查询设计器工具栏中的“移去表”按钮或“查询”菜单中的“移去表”命令，将选定的表或视图从查询设计器窗口中移去。

（3）建立表间连接。

将“学籍”表和“图书借阅”表添加到查询设计器窗口后，它们之间有一条连线，这条连线表示两个表之间已经建立了关联。在添加表时，如果两个表之间没有建立关联，需要进行条件连接，出现如图 3-10 所示的“连接条件”对话框。

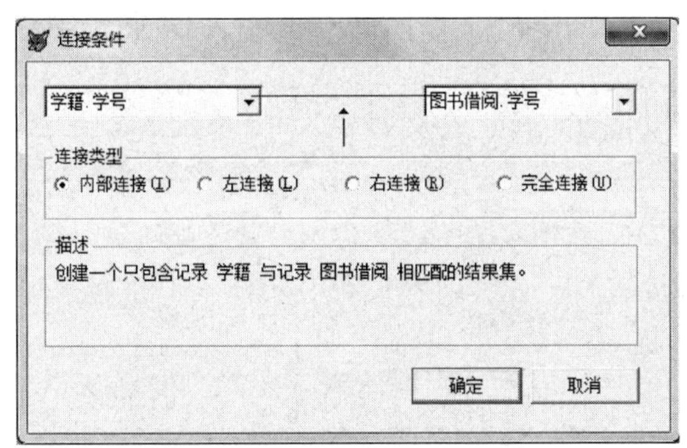

图 3-10 “连接条件”对话框

（4）选择输出字段。

在如图 3-9 所示的“可用字段”列表框中列出了“学籍”和“图书借阅”两个表文件中的所有字段。根据例题要求，将“学籍”表的“学号”“姓名”“专业”和“图书借阅”表的“学号”“书号”共 5 个字段添加到“选定字段”列表框中，如图 3-11 所示（“查询设计器”窗口下半部分）。

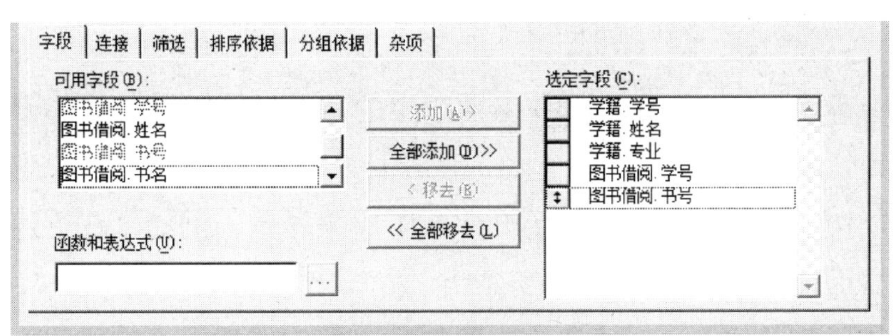

图 3-11 选定的字段

选择字段结束后，单击工具栏上的 ! 按钮，可以浏览查询结果。

📖提示

选定字段时，双击列表框中顶部的“*”，则将该表的全部字段添加到“选定字段”列表框中。字段框中字段的先后顺序，决定了字段显示的次序。

（5）设置查询条件。

选择“查询设计器”窗口中的“筛选”选项卡，设置筛选条件：学籍.专业="电子技术"，如图 3-12 所示。

对话框中的“大小写”是指在查询时是否区分大小写字母，单击“大小写”下面的按钮，出现“√”标记，则表明区分大小写。在“实例”框中，如果输入的是字符串，只要字符串与表的字段名不相同，就可以不用定界符；如果输入的是日期，则用花括号将日期型数据引起来；如果是逻辑型数据，则必须使用句点号，如.T.或.F.；如果是多个条件，根据要求使用逻辑运算符 AND 或 OR 将多个条件联系在一起。

如果要浏览查询结果，可单击工具栏上的 ! 按钮，结果如图 3-13 所示。

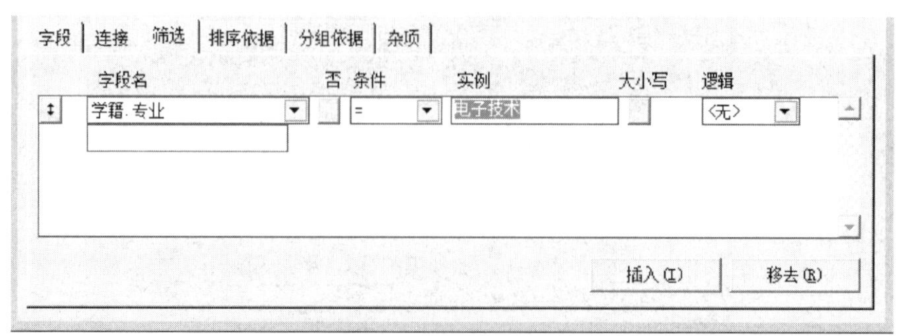

图 3-12 “筛选”选项卡

查询

学号_a	姓名	专业	学号_b	书号
230207	连小胜	电子技术	230207	7683
240204	李红黎	电子技术	240204	15788
240204	李红黎	电子技术	240204	22689
230202	王　虹	电子技术	230202	15788
240204	李红黎	电子技术	240204	18130
230208	孙联民	电子技术	230208	7683

图 3-13 筛选记录结果

从查询结果中可以看到“电子技术”专业学生的图书借阅情况被筛选出来。

（6）排序查询结果。

查询结果可以按一个或多个字段值的升序或降序来显示。例如，在上述操作的基础上，按“学号”升序显示查询结果。

选择“排序依据”选项卡，在“选定字段”列表框中选择用于排序的字段，如“学籍”表的“学号”字段，并添加到“排序条件”列表框中。“排序条件”列表框字段前的“↑”表示升序，“↓”表示降序，如图 3-14 所示。

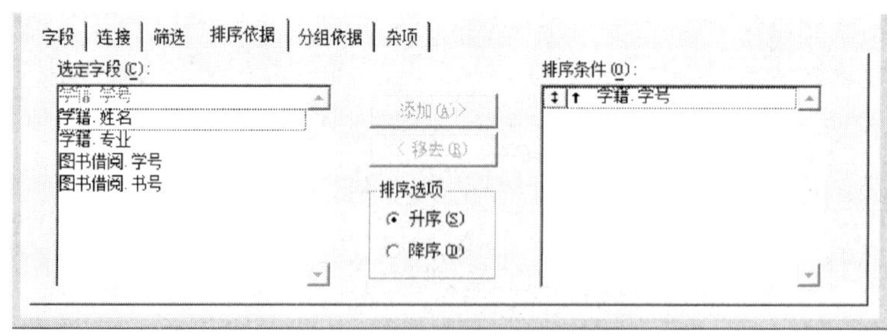

图 3-14 “排序依据”选项卡

单击工具栏上的 ! 按钮，浏览排序查询结果，如图 3-15 所示。

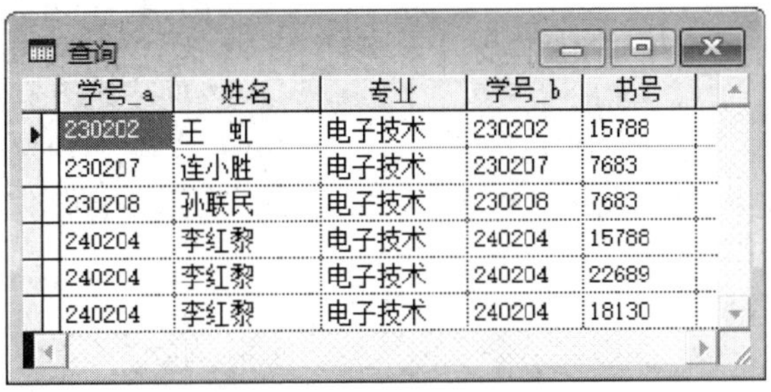

查询

学号_a	姓名	专业	学号_b	书号
230202	王　虹	电子技术	230202	15788
230207	连小胜	电子技术	230207	7683
230208	孙联民	电子技术	230208	7683
240204	李红黎	电子技术	240204	15788
240204	李红黎	电子技术	240204	22689
240204	李红黎	电子技术	240204	18130

图 3-15　排序查询结果

从查询结果中可以观察到，记录是按“学号”升序排列输出的。

（7）分组查询。

分组是指只输出关键字段相同的记录中的一条。例如，在上述查询结果中，由于学号相同的记录（“240204”）出现了 3 次，可以设置分组查询。单击“查询设计器”窗口中的“分组依据”选项卡，在“可用字段”框中选择用于分组的字段，如“学籍.学号”字段，并添加到“分组字段”列表框中。

单击工具栏上的!按钮，浏览分组的查询结果，如图 3-16 所示。关键字段相同的记录（“240204”）只显示了一条。

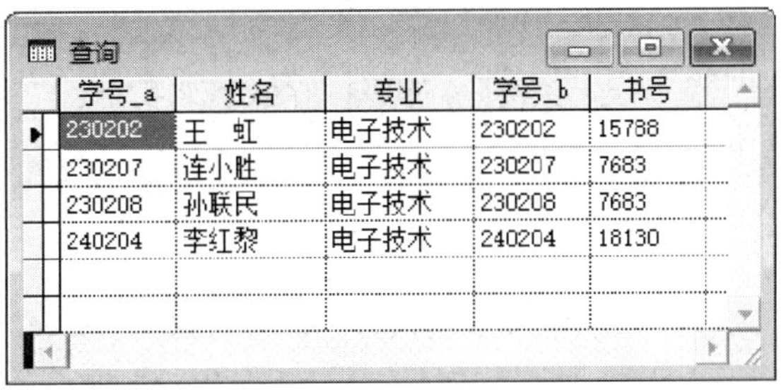

查询

学号_a	姓名	专业	学号_b	书号
230202	王　虹	电子技术	230202	15788
230207	连小胜	电子技术	230207	7683
230208	孙联民	电子技术	230208	7683
240204	李红黎	电子技术	240204	18130

图 3-16　分组查询结果

（8）保存查询。

单击工具栏上的“保存”按钮，以文件名“图书查询”保存上述创建的查询。

小结：

在如图 3-10 所示的“连接条件”对话框中，显示“学籍”表和“图书借阅”表通过“学号”字段建立了内部连接。Visual FoxPro 6.0 把表间的连接分为内部连接、左连接、右连接和完全连接 4 种类型。

- 内部连接（Inner Join）：在查询结果中，只列出左字段列表与右字段列表相匹配的记录，这是默认的设置。
- 左连接（Left Outer Join）：在查询结果中，列出左字段列表中的所有记录，以及右字段列表中与连接条件相匹配的记录。
- 右连接（Right Outer Join）：在查询结果中，列出右字段列表中的所有记录，以及左字段列表中与连接条件相匹配的记录。

● 完全连接（Full Join）：在查询结果中，列出两个表中的所有记录，而不考虑记录是否与连接条件相匹配。

两个表之间的连接关系还可以通过“查询设计器”窗口中的“连接”选项卡来查看或设置，如图 3-17 所示。

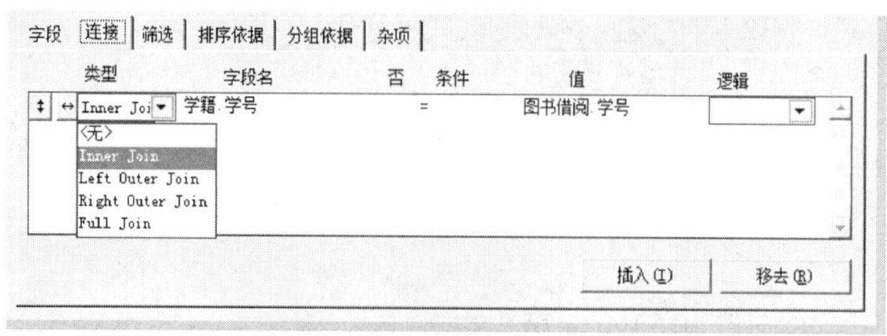

图 3-17 “连接”选项卡

运行查询时，根据连接条件来检索两个表中的记录。如果只设置一个数据表的查询，则不会出现表间的连接。

2. 创建计算字段查询

一个表中不可能涵盖用户需要的所有字段，有些数据可以通过现有表中的数据生成表达式来产生。在查询设计器的“字段”选项卡中，利用“函数和表达式”可以创建一个计算表达式。

【任务 3】 有一个学校图书征订表 Ds，如图 3-18 所示，创建计算表达式，计算各年级各种图书的“金额”值并求出各种图书的金额。

Ds

年级	书名	册数	定价
2022	电子技能实训	100	23.00
2022	电子装配与调试	80	26.80
2022	报关实务	60	20.00
2023	经济法	40	29.80
2023	国际商务礼仪	120	19.00
2024	国际贸易实务	60	18.00
2024	网络技术基础	200	19.00
2024	电子技能实训	220	23.00
2024	报关实务	150	20.00
2023	电子技能实训	80	23.00

图 3-18 Ds 表

分析：

该表没有“金额”字段，该数值可以由“定价”与“册数”来构建计算表达式：定价*册数。该计算表达式后面接 AS 和计算字段的名称，表示创建的计算字段名称。

操作：

（1）新建查询，将 Ds 表添加到“查询设计器”窗口中，在“字段”选项卡中，将全部字段都添加到“选定字段”列表中。

（2）在“字段”选项卡的“函数和表达式”栏中输入计算表达式“定价*册数 AS 金额”，

其中，“金额”是要创建的字段名，单击“添加”按钮，将计算表达式添加到“选定字段”列表框中，如图 3-19 所示。

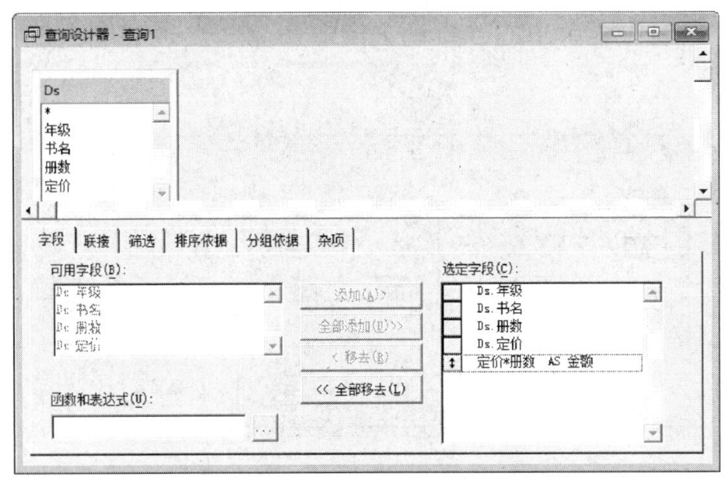

图 3-19　设置字段表达式

（3）单击工具栏上的 ! 按钮，浏览查询结果，计算出每个年级每种图书的金额，如图 3-20 所示。

（4）在“字段”选项卡中，将计算表达式“Ds.册数”修改为“SUM(册数) AS 册数”，“定价*册数 AS 金额”修改为“SUM(定价*册数) AS 金额”，在“分组依据”选项卡中把“书名”字段添加到“分组字段”列表框中。单击工具栏上的 ! 按钮，浏览查询结果，如图 3-21 所示。

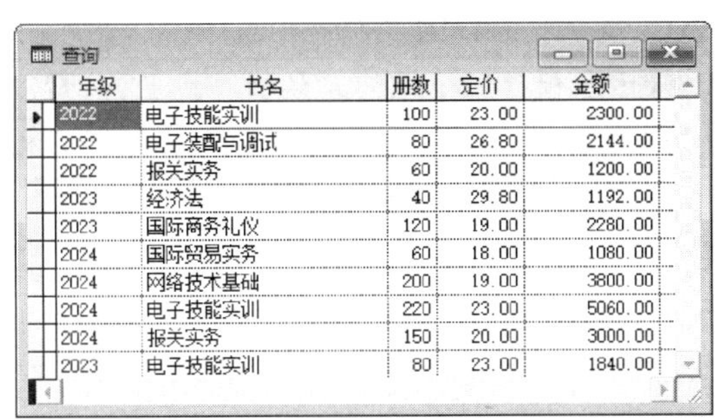

年级	书名	册数	定价	金额
2022	电子技能实训	100	23.00	2300.00
2022	电子装配与调试	80	26.80	2144.00
2022	报关实务	60	20.00	1200.00
2023	经济法	40	29.80	1192.00
2023	国际商务礼仪	120	19.00	2280.00
2024	国际贸易实务	60	18.00	1080.00
2024	网络技术基础	200	19.00	3800.00
2024	电子技能实训	220	23.00	5060.00
2024	报关实务	150	20.00	3000.00
2023	电子技能实训	80	23.00	1840.00

图 3-20　查询结果

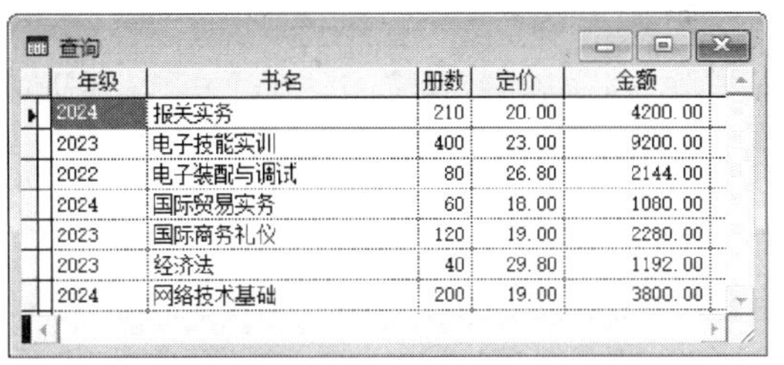

年级	书名	册数	定价	金额
2024	报关实务	210	20.00	4200.00
2023	电子技能实训	400	23.00	9200.00
2022	电子装配与调试	80	26.80	2144.00
2024	国际贸易实务	60	18.00	1080.00
2023	国际商务礼仪	120	19.00	2280.00
2023	经济法	40	29.80	1192.00
2024	网络技术基础	200	19.00	3800.00

图 3-21　分组后查询结果

从运行结果可以观察到，按“书名”分组后，将同名的“报关实务”和“电子技能实训”记录分别汇总成一条记录，并分别对“册数”和“金额”字段值进行累加。

（5）以“订书”为查询文件名保存该图书的查询。

小结：

统计每个年级每种图书的“金额”，创建计算字段“定价*册数 AS 金额”。而将同名图书金额进行汇总，则“金额”的计算字段为“SUM(定价*册数) AS 金额”，此时其他字段取表中最后一条记录值。

3. 设置查询去向

查询默认的输出为浏览记录，根据需要可以把查询结果设置为不同的输出。在“查询设计器”窗口，单击“查询”菜单中的“查询去向”命令，出现如图3-22所示的“查询去向”对话框。

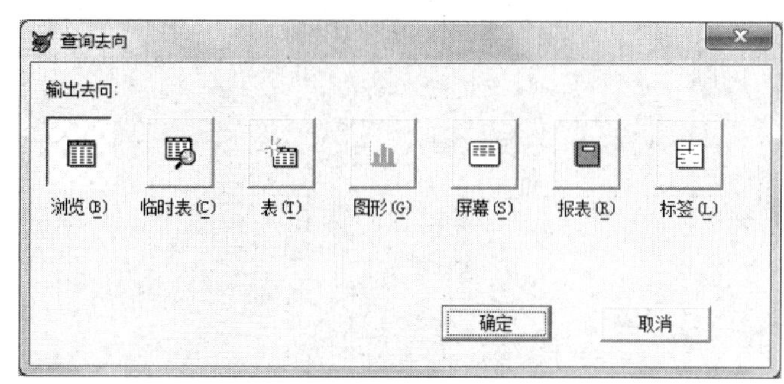

图3-22　“查询去向”对话框

各输出选项的含义如表3-1所示。

表3-1　查询去向各输出选项及其含义

查询去向	含　义
浏览	以浏览形式显示查询结果
临时表	将查询结果保存在一个临时表中，关闭表时自动清除
表	将查询结果保存在一个自由表中
图形	将查询结果保存在一个图形文件中
屏幕	将查询结果显示在主窗口或当前活动窗口中
报表	将查询结果保存在一个报表文件中
标签	将查询结果保存在一个标签文件中

对于使用查询向导建立的查询，可以在查询设计器中进行修改。

知识链接

交　叉　表

在查询中可以利用创建计算字段功能，对各字段进行求和、求平均值等，在浏览查询结果时，把计算字段也显示在一列中。但有时要把表中的某一字段值按行输出，另一字段值按列输出，它们的交叉处输出第3个字段的计算值（如总和、平均数、计数、最大值及最小值等），这时就需要建立交叉表。在如图3-2所示的“向导选取”对话框中，选择“交叉表向导”选项。将如图3-18所示的图书征订表Ds创建为一个交叉表，选定字段为“年级”“书名”和“册数”，其中，“年级”字段作为交叉表中的列，“书名”字段作为行，“册数”字段作为交叉数据，如图3-23所示。按向导的提示操作后，结果如图3-24所示。

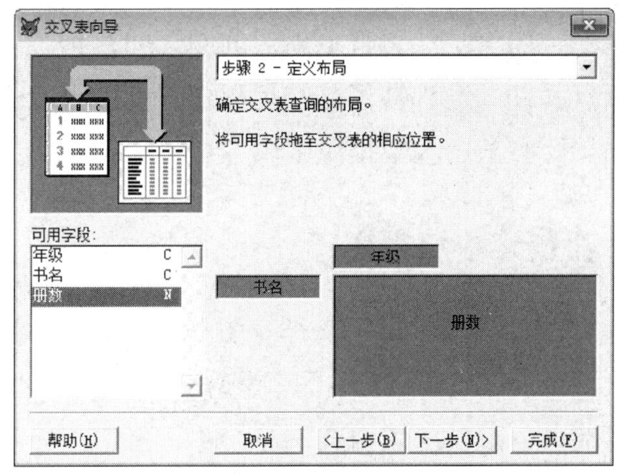

图 3-23　创建交叉表

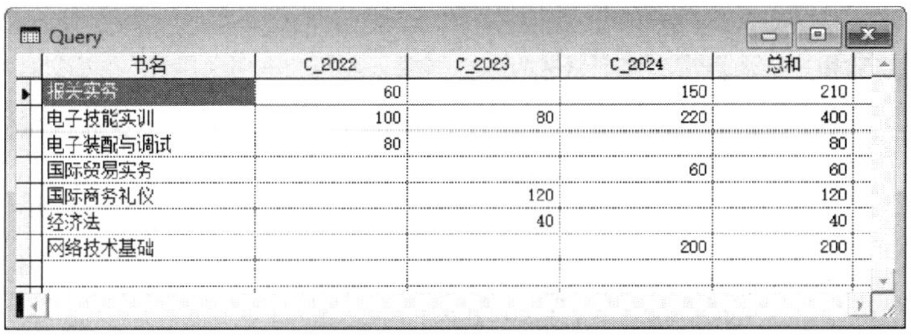

Query

书名	C_2022	C_2023	C_2024	总和
报关实务	60		150	210
电子技能实训	100	80	220	400
电子装配与调试	80			80
国际贸易实务			60	60
国际商务礼仪		120		120
经济法		40		40
网络技术基础			200	200

图 3-24　创建的交叉表

在使用向导建立交叉表时，它要求所使用的字段必须属于同一个表或视图。如果这些字段不在同一个表或视图中，可以先建立一个表或视图，并把查询结果输出到同一个表中，然后再以该表为数据源创建交叉表。

试一试

1. 创建一个查询，在“教师”表中查询所有教师姓名及其所属部门。
2. 修改上述创建查询中的列标题。
3. 修改任务 3 创建的查询，统计各个年级订购图书的总金额。
4. 在“成绩”表中查询 2024 级学生的语文与数学成绩之和、总成绩及平均成绩，按平均成绩从高到低排序，并且只列出前三名。

3.2 创建视图

查询是从一个或多个表或视图中检索符合条件的记录，以多种格式将查询结果存储起来，但它只能供用户使用，不能对其中的数据进行修改。为克服这种缺点，Visual FoxPro 6.0 系统提供了视图操作。视图分为两种类型：本地视图和远程视图。本地视图是从本地表或视图中提取一组记录，更新某些记录的值，然后把更新后的结果回存到源表或视图中，包括本地表文件和本地服务器上的所有文件。远程视图是从远程数据源中提取一组记录，更新某些记录的值，然后把更新后的结果回存到远程数据源中。

3.2.1 使用视图设计器创建本地视图

【任务 4】 创建本地视图，在“学籍”表和“图书借阅”表中检索“国际商务”专业学生的图书借阅情况，要求只显示“学籍”表中的“学号”“姓名”，“图书借阅”表中的“书号”“作者”“借书日期”和“还书日期”字段内容。

分析：

本地视图可以使用本地视图向导和视图设计器来创建。由于视图和查询有很多相似之处，因此创建视图与创建查询的步骤也很相似。

操作：

（1）启动视图设计器。在“项目管理器”窗口中选择“学生”库，在该数据库中选择“本地视图”选项，单击“新建”按钮，出现“新建本地视图”对话框，然后单击“新建视图”按钮，出现如图 3-25 所示的“视图设计器”窗口。

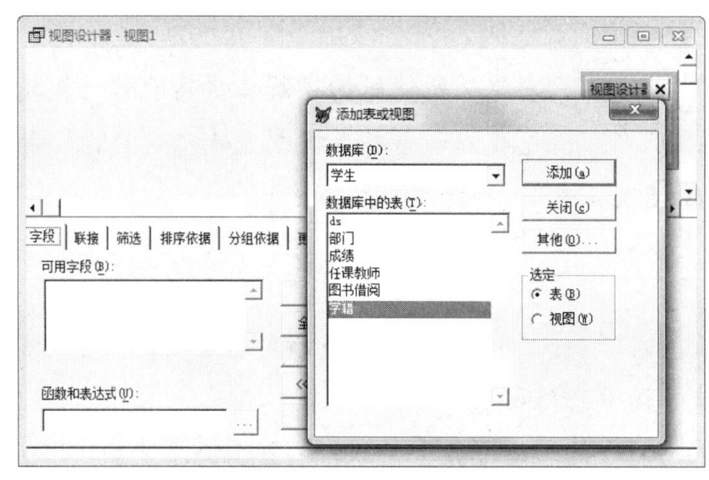

图 3-25 “视图设计器”窗口

（2）添加表或视图。在“添加表或视图”对话框中，选择要添加的表或视图。分别选择“学生”库中的“学籍”表和“图书借阅”表。

（3）建立表或视图之间的连接。当将“学籍”表和“图书借阅”表添加到“视图设计器”窗口后，如果这两个表之间没有显示一条关系连线，说明这两个表之间没有建立关联，应选择“学号”字段，建立两表之间的连接，设置方法参见在查询设计器中创建连接的方法。

提示

如果没有显示“添加表或视图”对话框，则在“视图设计器”窗口单击工具栏上的添加表按钮，出现“添加表或视图”对话框。

（4）选择显示字段。选择“视图设计器”窗口中的“字段”选项卡，分别将“学籍”表中的“学号”“姓名”和“图书借阅”表中的“书号”“作者”“借书日期”和“还书日期”字段添加到“选定字段”列表框中，如图 3-26 所示。

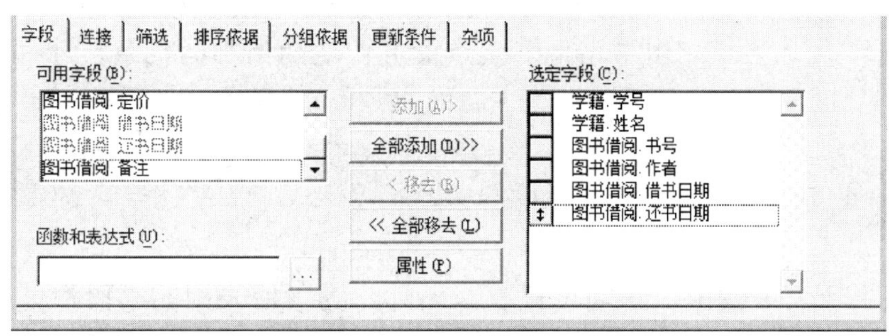

图 3-26　“字段”选项卡

（5）确定筛选记录。根据要求检索的是“国际商务”专业学生的借阅情况，因此在“视图设计器”窗口的“筛选”选项卡中输入：学籍.专业=国际商务。单击工具栏中的 ! 按钮，浏览结果如图 3-27 所示。

图书视图

学号	姓名	书号	作者	借书日期	还书日期
230102	李国华	18788	宋洪安	03/08/2023	05/31/2023
240102	万　亮	21045	何　欣	10/15/2023	11/25/2023
220102	赵明明	9261	何马虚	11/12/2022	03/16/2023
230102	李国华	34932	许宝良	05/12/2023	06/20/2023
240102	万　亮	33868	张艰伟	11/23/2023	/　/
230101	王晓飞	22709	杨云江	09/30/2022	10/25/2022
230102	李国华	14373	丁修平	04/26/2023	/　/
230101	王晓飞	14411	王奕俊	05/15/2023	06/23/2023
220105	孙桂起	14187	李　冰	07/01/2022	03/20/2023

图 3-27　视图运行结果

提示

在设置筛选条件表达式时，只要输入的字符串与字段名不相同，就可以不使用引号将字符串引起来。

（6）保存视图。以“图书视图”保存该视图。

分析：

与设计查询操作一样，还可以根据需要来设置排序条件和对记录进行分组计算等。

由于视图是数据库的一部分，不能单独存在，因此视图的运行结果只能浏览，不能保存为图表、报表、标签等文件。

视图和查询有很多相似的功能：包括创建视图所需要的表和字段，筛选符合条件的记录，用计算功能创建计算字段等。不同的是，视图的结果可以修改，并可以将修改后的结果回存到源表中，而查询的结果只供输出浏览；视图文件是数据库的一部分，保存在数据库中，而查询文件是一个独立的数据文件，不属于任何数据库。

试一试

1. 使用向导创建本地视图。要求在“成绩”表中，筛选出英语在 70 分以上、总分在 300 分以上的记录，要求只显示“学号”“姓名”“英语”“总分”和“平均分”字段内容。

2. 建立本地视图，显示“图书借阅”表中没有归还的图书的记录，即“还书日期”字段内容为空值。

3.2.2 更新视图

要利用视图更新表中数据，必须设置更新条件。为了使表中的字段值能被修改，首先需要定义一个关键字段，系统根据关键字段进行数据修改。

【任务 5】 修改任务 4 中创建的视图，更新“图书借阅”表中的“借书日期”和“还书日期”字段内容，选取“学籍.学号”和“图书借阅.书号”作为关键字段。

分析：

视图与查询的最大区别在于视图可以对源表中的数据进行更新，在设计视图中要更新字段数据，必须设置该字段为可更新字段。本任务中的可更新字段至少是“借书日期”和“还书日期”字段。

操作：

（1）设置关键字段。打开任务 4 创建的视图，在视图设计器的“更新条件”选项卡中，单击“字段名”左侧带有钥匙图标一列的按钮，在相应的字段前出现“√”标记，即设置了视图中的关键字段。

（2）设置可修改的字段。在“更新条件”选项卡中，单击“字段名”左侧带有铅笔图标列的复选按钮，在该字段前出现一个“√”标记，表示该字段为可更新字段。根据要求，将“借书日期”和“还书日期”两个字段设置为可更新的字段，如图 3-28 所示。

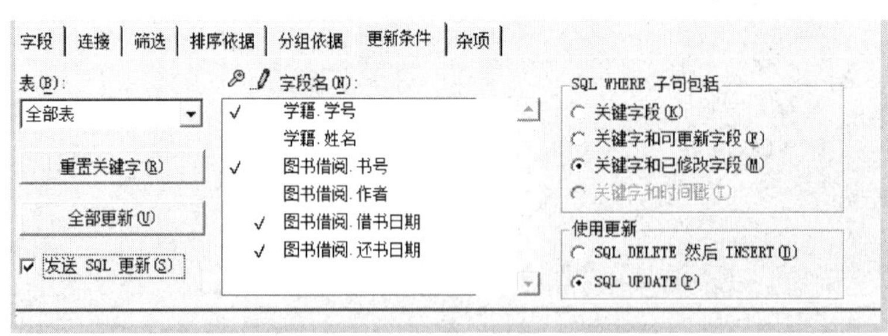

图 3-28 “更新条件”选项卡

如果字段未被标注为更新，虽然也可在表单或浏览窗口中修改这些字段内容，但修改的值不会回存到源表中。由于关键字段是用于唯一标识每一条记录的，所以最好不要使用关键字段作为更新的字段。

（3）发送 SQL 更新。如果要把表中修改的记录回存到源表中，则必须选择“发送 SQL

更新”选项。在使用此项前，必须至少设置一个关键字段和一个可修改的字段。

（4）检查更新冲突。在多用户环境下，远程服务器中的数据可以被多人同时访问。有必要检测在视图更新数据前源表数据是否被别人修改过，即比较视图中指定字段的值和原始表中该字段的当前值是否相同。

（5）选择更新方式。“使用更新”选项用来控制系统更新源表数据采用 SQL 命令的方法。

- SQL DELETE 然后 INSERT：先删除记录，然后以在视图中输入的新值取代源值。
- SQL UPDATE：使用 SQL UPDATE 命令来更新记录。

（6）在利用“更新条件”选项卡对字段进行更新设置后，可在浏览窗口中修改可更新的字段内容，并将更新后的结果回存到源表中。例如，在视图窗口中修改记录值，如图 3-29 所示，并将结果回存到“图书借阅”表中，如图 3-30 所示。

图书视图

学号	姓名	书号	作者	借书日期	还书日期
230102	李国华	18788	宋洪安	03/08/2023	05/31/2023
240102	万　亮	21045	何　欣	10/15/2023	11/25/2023
220102	赵明明	9261	何冯虚	11/12/2022	03/16/2023
230102	李国华	34932	许宝良	05/12/2023	10/17/2023
240102	万　亮	33868	张艰伟	11/23/2023	/　/
230101	王晓飞	22709	杨云江	09/30/2022	10/25/2022
230102	李国华	14373	丁修平	04/26/2023	/　/

图 3-29　在视图窗口中修改数据

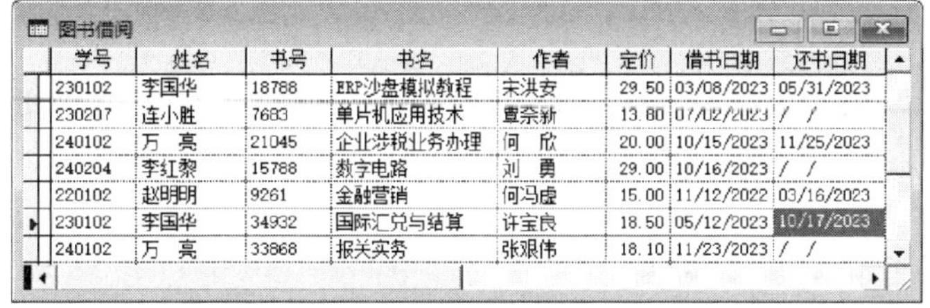

图书借阅

学号	姓名	书号	书名	作者	定价	借书日期	还书日期
230102	李国华	18788	ERP沙盘模拟教程	宋洪安	29.50	03/08/2023	05/31/2023
230207	连小胜	7683	单片机应用技术	覃奈新	13.80	07/02/2023	/　/
240102	万　亮	21045	企业涉税业务办理	何　欣	20.00	10/15/2023	11/25/2023
240204	李红黎	15788	数字电路	刘　勇	29.00	10/16/2023	/　/
220102	赵明明	9261	金融营销	何冯虚	15.00	11/12/2022	03/16/2023
230102	李国华	34932	国际汇兑与结算	许宝良	18.50	05/12/2023	10/17/2023
240102	万　亮	33868	报关实务	张艰伟	18.10	11/23/2023	/　/

图 3-30　回存到源表中的数据

小结：

更新条件中关键字段的设置必须是唯一的，若有重复值，则必须选取多个关键字来避免重复，否则系统将无法判断要更新的记录。本任务中“学号”字段不是唯一值，因此再选择“书号”字段，共同组成关键字段。

“更新条件”选项卡中的“SQL WHERE 子句包括”选项可以管理当多个用户访问同一数据时应如何更新记录。

- 关键字段：当源表中的关键字段被修改时，更新操作失败。
- 关键字和可更新字段：当修改了源表中的关键字段或任何可更新的字段时，更新操作失败。
- 关键字和已修改字段：从视图首次检索以后，如果关键字段或任何被用户本地修改过的字段在源表中又被改变，则更新操作失败。
- 关键字和时间戳：只有当远程表有时间戳列时，该选项才有效。当远程表记录的时间戳被检索以后，表中此记录的关键字段或时间戳已被修改，则更新操作失败。

试一试

1. 查询“教师”表中所有教师的编号、姓名和工资，并可更新工资字段。
2. 在“成绩”表中查询平均成绩在前三名的学生的平均成绩。

3.3 创建参数视图

前面创建的视图，每次运行时根据所设置的条件筛选出的记录都是固定的。如果希望每次运行视图时根据输入值的不同而检索到不同的结果，则需要建立参数视图。

【任务 6】 创建参数视图，每次运行该视图时，根据姓名检索该学生的图书借阅信息。

分析：

本任务检索学生图书借阅信息，数据源为“图书借阅”表。在参数视图中，设置查询参数前面加符号“?”，每次运行视图时，可以输入不同的值进行查询。

操作：

（1）使用“视图设计器”新建一个基于“图书借阅”表的视图，并在“字段”选项卡中选择输出的字段，如选择全部字段。

（2）在“筛选”选项卡中设置筛选条件，选择“姓名”字段查询，在“实例”框中输入一个问号（?），紧接一个参数名“要查询的姓名”，如图 3-31 所示。

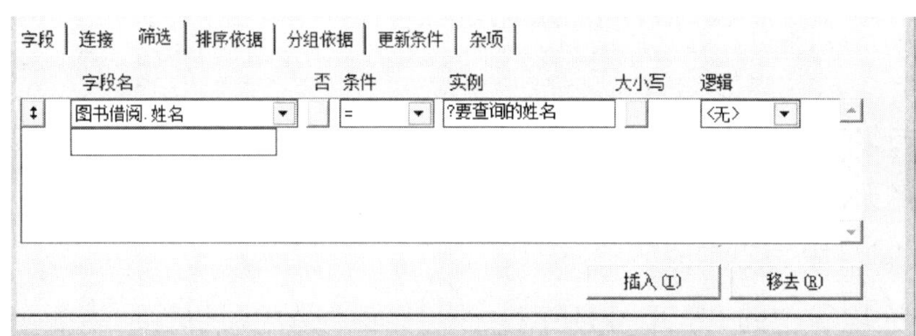

图 3-31 “筛选”选项卡

（3）单击工具栏上的运行按钮 !，出现如图 3-32 所示的“视图参数”对话框，提示用户输入参数值。例如，输入“王晓飞”，则系统检索出相应的记录，如图 3-33 所示。

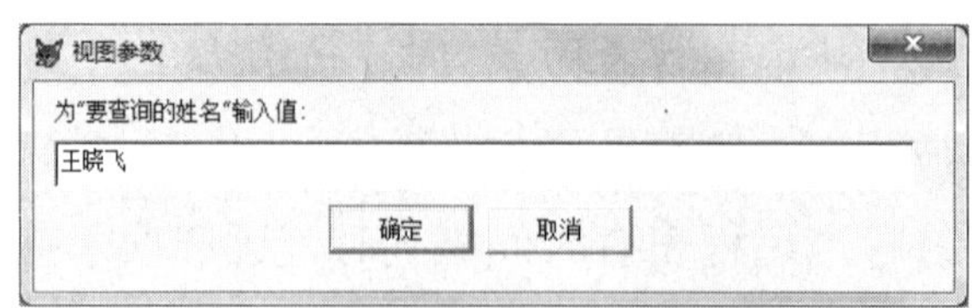

图 3-32 “视图参数”对话框

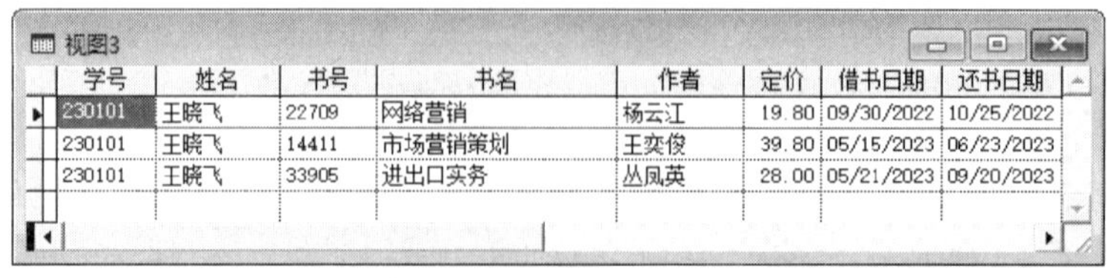

视图3

学号	姓名	书号	书名	作者	定价	借书日期	还书日期
230101	王晓飞	22709	网络营销	杨云江	19.80	09/30/2022	10/25/2022
230101	王晓飞	14411	市场营销策划	王奕俊	39.80	05/15/2023	06/23/2023
230101	王晓飞	33905	进出口实务	丛凤英	28.00	05/21/2023	09/20/2023

图 3-33 参数视图查询结果

小结：

每次运行该视图时，通过输入不同的姓名，查询不同的学生记录。

在“筛选”选项卡中，还可设置多个参数，根据输入的不同值检索出一组不同的记录。

知识链接

远 程 视 图

所谓远程视图，就是通过 ODBC（Open DataBase Connectivity，开放数据库互连，是微软公司开放服务结构中有关数据库的一个组成部分，它建立了一组规范，并提供了一组对数据库访问的标准 API——应用程序编程接口）从远程数据源建立的视图。通过使用远程视图，用户可以直接在远程 ODBC 服务器上抽取数据（而不必将所有的记录都调入本地计算机内），然后对抽取的记录在本地进行加工，并能将对记录的修改或增加返回到远程数据源，对远程数据源进行更新。

建立远程视图一般经过以下操作步骤。

1. 连接远程数据源

一个远程数据源通常是一个远程服务器，它应在本地安装 ODBC 驱动程序并设置 ODBC 数据源名称。为得到有效的数据源，必须在本地安装 ODBC，并从 Visual FoxPro 6.0 内部定义数据源和连接。

2. 建立连接

在 Visual FoxPro 中，用户可以在数据库中创建并保存一个命令连接的定义，以便在创建远程视图时按其名称进行引用，而且还可以通过设置命令连接的属性来优化 Visual FoxPro 与远程数据源的通信。建立连接时，选择“文件”菜单中的“新建”，打开“新建”对话框，然后选择“连接”并单击“新建文件”按钮，打开“连接设计器”对话框进行设置，如图 3-34 所示。单击“验证连接”按钮，开始连接。如果没有指定数据源，则要求选择数据源。然后指定一个数据库或自由表后，单击“OK”按钮。如果连接成功，可单击工具栏上的“保存”按钮将该连接进行保存，以备建立和使用远程视图时调用。默认的连接名为“连接 1”。

3. 建立远程视图

建立远程视图时，选择“文件”菜单中的“新建”，打开“新建”对话框，然后选择“远程视图”并单击“新建文件”按钮，打开“选择连接或数据源”对话框。选择“连接”或“可用的数据源”选项，选择用户所需要的连接或数据源，并单击“确定”按钮。建立了与远程数据源的连接后，出现“打开”对话框，选择远程服务器上的表文件，单击“确定”按钮，打开视图设计器。建立远程视图的方法与建立本地视图的方法基本一样。

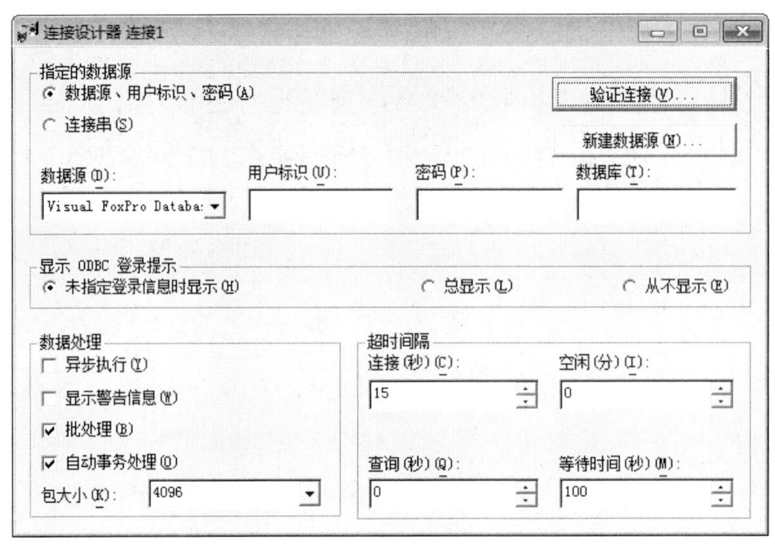

图 3-34 “连接设计器”对话框

基础练习 3

一、填空题

1．视图与查询的根本区别是查询只能查阅指定的数据，而视图不但可以查阅数据，还可以________，并把________回存到源表中。

2．视图是在数据表的基础上创建的一种虚拟表，它存在于________中。

3．Visual FoxPro 6.0 中的视图分为________视图和________视图两种。

4．创建查询可以基于数据库表、自由表或________。

5．创建查询时，最多可以设置________个排序字段。

6．查询文件的扩展名是________。

7．如果要把表中修改的记录回存到源表中，必须在视图设计器中选择______________选项。

8．如果要运行 CX.qpr 文件，则应在命令窗口中输入命令________。

9．在 Visual FoxPro 6.0 查询设计器的________选项卡中对应的 SQL 短语是 WHERE。

10．查询的定义保存在独立的________中，而视图的定义保存在所属的________中。

二、选择题

1．建立查询后，可以从表中提取符合条件的记录，（　　）。

A．但不能修改记录

B．同时又能更新数据

C．但不能设定输出字段

D．同时可以修改数据，但不能将修改的内容回写到源表

2. 不能作为查询目标输出的是（　　）。

A. 临时表　　B. 视图　　C. 标签　　D. 图形

3. 下列关于查询的描述，正确的是（　　）。

A. 只能由自由表创建查询

B. 不能由自由表创建查询

C. 只能由数据库表创建查询

D. 可以根据数据库表和自由表创建查询

4. 下列关于视图的描述，正确的是（　　）。

A. 只能由自由表创建视图

B. 不能由自由表创建视图

C. 只能由数据库表创建视图

D. 可以根据数据库表和自由表创建视图

5. 查询设计器中的“筛选”选项卡的作用是（　　）。

A. 增加或删除查询的表　　B. 设置两个表的连接

C. 指定查询记录的条件　　D. 选择查询结果中输出的字段

6. 关于查询与视图的说法，错误的是（　　）。

A. 查询和视图都可以从一个或多个表中提取数据

B. 查询是作为文本文件、以扩展名.qpr 存储的

C. 可以通过视图更改源表的数据

D. 视图是完全独立的，它不依赖于数据库的存在而存在

7. 在查询设计器中不包括的选项卡是（　　）。

A. 字段　　B. 筛选　　C. 更新条件　　D. 排序依据

8. 下列关于视图的叙述，正确的是（　　）。

A. 视图与数据库表相同，用来存储数据

B. 视图不能同数据库表进行连接操作

C. 在视图上不能进行更新操作

D. 视图是从一个或多个数据库表导出的虚拟表

9. 下列关于视图的操作，错误的说法是（　　）。

A. 利用视图可以实现多表查询

B. 视图可以产生表

C. 利用视图可以更新源表数据

D. 视图可以作为查询的数据源

10. 在“视图设计器”中创建计算表达式使用的选项卡是（　　）。

A. 字段　　B. 筛选　　C. 分组依据　　D. 更新条件

三、问答题

1．Visual FoxPro 6.0 中的表间连接分为哪几种类型？

2．在使用查询设计器创建查询时，在哪个选项卡中设置筛选记录的条件？

3．视图与查询的主要区别是什么？

4．参数视图与一般视图的主要区别是什么？

操作练习 3

1．利用查询向导创建一个查询，从“成绩”表中筛选出平均分在 70 分以上且语文在 60 分以上的所有记录。

2．利用查询向导创建一个查询，从“学籍”表中筛选出性别是男并且出生日期在 2008 年 1 月 1 日以后的所有记录，输出结果只包含“学号”“姓名”“性别”“入学成绩”和“专业”字段。

注：日期 2008 年 1 月 1 日表示为{^2008/01/01}。

3．利用查询向导创建一个查询，分别在“学籍”表和“图书借阅”表中筛选出专业是“电子技术”、借书还没有归还的读者，输出结果中只含有“学号”“姓名”“专业”“借书日期”和“还书日期”字段。

注：空的日期型常量用{}或{/}表示。

4．利用查询设计器创建一个查询，在“图书借阅”表中筛选出书名是“单片机应用技术”的记录，生成一个临时表“TS”。

5．分别将“学籍”表、“成绩”表和“图书借阅”表按“学号”字段进行内部连接，要求检索出团员且总分在 280 分以上的记录，只包含“学号”“姓名”“专业”“总分”“书号”和“书名”字段内容，并按“总分”字段降序输出。

6．创建一个视图，从“学籍”表中筛选出少数民族的学生。

7．创建一个视图，设置“成绩”表中的“语文”“数学”“英语”和“网络技术”为可修改的字段，并对这些字段值进行适当的修改，再重新计算总分和平均分字段值，注意观察修改后的表记录有无变化。

8．创建一个参数视图，在“学籍”表和“图书借阅”表中能随机检索出借阅指定图书名称的学生信息。

第 4 章 SQL 语言的应用

本章任务

- 掌握使用 SELECT 语句创建条件查询的方法
- 掌握使用 SELECT 语句创建排序查询的方法
- 掌握使用 SELECT 语句创建分组查询的方法
- 了解查询结果的不同输出
- 能使用 SQL 语句定义表、修改表结构
- 能使用 SQL 语句在表中插入、更新和删除记录

SQL（Structured Query Language）结构化查询语言，是一种数据库查询和程序设计语言，用于存取数据，以及查询、更新和管理关系数据库系统。SQL 是高级的非过程化编程语言，是沟通数据库服务器和客户端的重要工具，允许用户在高层数据结构上工作。它不要求用户指定对数据的存放方法，也不需要用户了解具体的数据存放方式，所以，具有完全不同底层结构的不同数据库系统，可以使用相同的 SQL 语言作为数据输入与管理的接口。如今，无论是像 Oracle、Sybase、DB2、Informix、SQL Server 这些大型的数据库管理系统，还是像 Visual FoxPro、PowerBuilder 这些微机上常用的数据库应用系统，都支持 SQL 语言。

4.1 SQL 数据查询

SQL 的核心是查询。SELECT 命令是 SQL 的一条查询命令，它具有使用灵活、简便、功能强大等优点。由于 SELECT 命令的功能非常强大，它的语法结构也比较复杂，为便于学习，下面按功能分类分别进行介绍。

4.1.1 简单查询

使用 SQL SELECT 命令可以对表进行简单查询，查询表中全部或部分记录，命令格式如下：

```
SELECT [DISTINCT]
    <查询项 1> [AS <列标题 1>] [,<查询项 2> [AS <列标题 2>]…]   FROM <表名>
```

说明：

（1）该命令的功能是从表中查询满足条件的记录。

（2）FROM <表名>：必选项，<表名>是指要查询数据的表文件名，可以是多个表。

（3）<查询项>：指要查询输出的内容，可以是字段名或表达式，还可以使用通配符“*”，通配符“*”表示表中的全部字段。如果有多项，各项之间用逗号间隔。如果是别名表的字段名，则需要在该字段名前加<别名>。

（4）AS <列标题>：为查询项指定显示的列标题，如果省略该项，系统自动给定一个列标题。

（5）DISTINCT：该选项是指在查询结果中，相同的查询结果只出现一条。

【任务 1】 使用 SELECT 命令查询并显示“学籍”表中全部记录的“学号”“姓名”“出生日期”和“入学成绩”字段内容。

分析：

这是对一个表进行数据查询，使用 SELECT 命令，需要指定查询的表和输出的字段。

操作：

（1）启动 Visual FoxPro，在命令窗口输入命令，如图 4-1 所示。

```
OPEN DATABASE 学生
SELECT 学号,姓名,出生日期,入学成绩   FROM   学籍
```

（2）查询结果如图 4-2 所示。

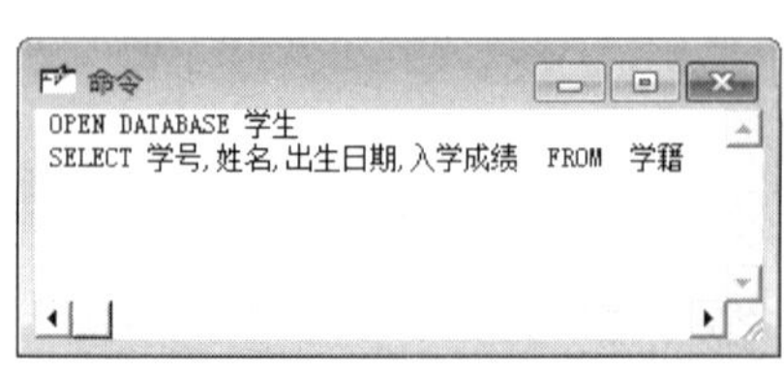

图 4-1 SELECT 查询命令

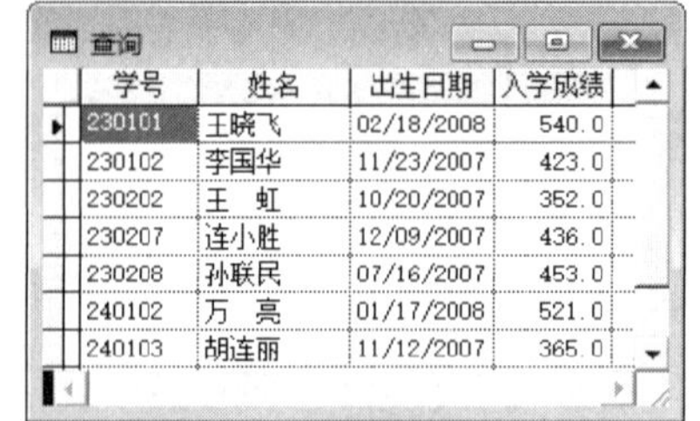
查询

学号	姓名	出生日期	入学成绩
230101	王晓飞	02/18/2008	540.0
230102	李国华	11/23/2007	423.0
230202	王 虹	10/20/2007	352.0
230207	连小胜	12/09/2007	436.0
230208	孙联民	07/16/2007	453.0
240102	万 亮	01/17/2008	521.0
240103	胡连丽	11/12/2007	365.0

图 4-2 部分字段的 SELECT 查询结果

小结：

命令中的第一行是打开“学生”数据库，使用 SELECT 命令可以不打开数据库，直接进

行查询。命令中的“FROM　学籍”不能省略。

查询输出表的全部记录，输出字段的排列顺序由命令中查询项的排列次序决定。

如果用 SELECT 命令查询输出表中的全部字段，除了在命令中将全部字段名一一列举出外，还可以用通配符“*”，表示表中的全部字段。

例如，输入命令：

```
SELECT  *  FROM  学籍
```

命令执行结果是将“学籍”表中记录的全部字段输出，与 BROWSE 命令所完成的功能相同。

【任务 2】 在“成绩”表中查询全部记录的姓名，以及语文、数学、英语 3 门课的成绩之和，并指定成绩项的列标题为“ZF”。

分析：

语文、数学、英语 3 门课的成绩之和用表达式“语文+数学+英语”来表示，指定列标题使用 AS 选项。

操作：

（1）在命令窗口输入命令：

```
SELECT 姓名,语文,数学,英语, 语文+数学+英语 AS  ZF  FROM 成绩
```

（2）查询结果如图 4-3 所示。

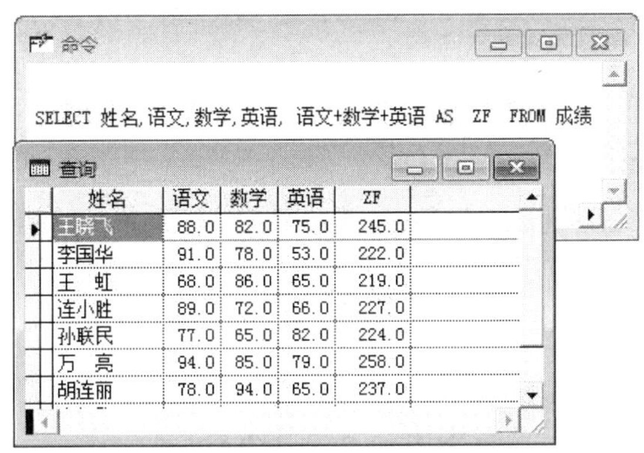

图 4-3　指定表达式的 SELECT 查询结果

小结：

命令中使用 AS 选项将表达式“语文+数学+英语”的列标题指定为 ZF。

在 SELECT 命令的查询项中可以使用 Visual FoxPro 6.0 提供的标准函数，也可以使用系统提供的 COUNT()、SUM()、AVG()、MIN()和 MAX()等函数，这些函数又称为聚合函数。其含义分别如下。

- COUNT([DISTINCT]<表达式>)：统计表中记录的个数。<表达式>可以是字段名或由字段名组成。如果选择 DISTINCT 选项，统计记录时表达式值相同的记录，只统计一条。
- SUM([DISTINCT]<数值表达式>)：计算数值表达式的和。如果选择 DISTINCT 选项，

计算函数值时，数值表达式值相同的记录只有一条参加求和运算。

- AVG([DISTINCT]<数值表达式>)：计算数值表达式的平均值。如果选择 DISTINCT 选项，计算函数值时，数值表达式值相同的记录只有一条参加求平均值运算。
- MIN(<表达式>)：计算表达式的最小值。表达式可以是数值型、字符型、逻辑型或日期型数据。
- MAX(<表达式>)：计算表达式的最大值。表达式可以是数值型、字符型、逻辑型或日期型数据。

【任务 3】 查询统计“成绩”表中的记录数、数学和 ZF（语文+数学+英语）中的最高分、最低分。

分析：

统计记录数使用 COUNT()函数、最高分使用 MAX()函数、最低分使用 MIN()函数。

操作：

（1）在命令窗口输入命令：

```
SELECT COUNT(*),MAX(数学),MIN(数学),MAX(语文+数学+英语)  AS  ZF 最高分, ;
MIN(语文+数学+英语)  FROM  成绩
```

（2）查询结果如图 4-4 所示。

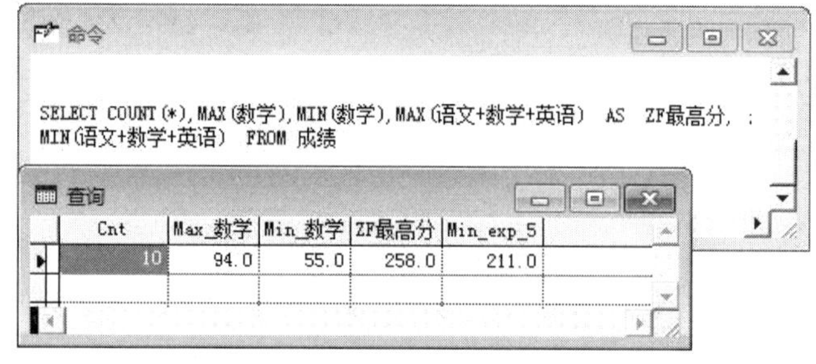

图 4-4　带函数的 SELECT 查询结果

📖提示

当操作命令在命令窗口一行写不下时，则在该行的末尾添加逗号，并在下一行续写该命令，下一行表示是上一行的续行。

小结：

在 SELECT 命令中函数的自变量如果是字段名，结果的列标题在该字段名前加“函数名_”，例如，Max_数学；如果函数的自变量是一个表达式，则列标题为“函数名_exp_n”，n 为列标题的序号，例如，Min_exp_5，表示第 5 列表达式；也可以直接使用 AS 选项定义一个列标题。

如果在查询的字段中有相同的值，且只保留其中的一条记录时，使用 DISTINCT 选项。

【任务 4】 通过“学籍”表查询所有的不同专业。

分析：

在“学籍”表中有“专业”字段，通过显示不同的专业，可以查询所有的专业，在 SELECT 命令中使用 DISTINCT 选项。

操作：

（1）在命令窗口输入命令：

```
SELECT DISTINCT 专业  FROM 学籍 TO SCREEN
```

（2）在系统窗口显示：

```
专业
电子技术
国际商务
```

小结：

每条 SELECT 命令只能使用一个 DISTINCT 选项，命令中的 TO SCREEN 含义是在系统窗口中显示查询结果。如果命令中不带 TO SCREEN 选项，则在查询窗口显示结果。

4.1.2 条件查询

使用 SQL SELECT 命令可以有条件地查询记录，命令格式如下：

```
SELECT [DISTINCT]
    <查询项 1> [AS <列标题 1>] [,<查询项 2> [AS <列标题 2>]…]
    FROM <表名>
    WHERE <条件>
```

说明：

（1）该命令的功能是查询满足条件的记录。

（2）WHERE <条件>：指定要查询的条件，与 Visual FoxPro 命令中的 FOR 条件选项的用法相同。

【任务 5】 在“学籍”表中查询入学成绩在 400～450 之间的记录，只显示“姓名”“性别”“出生日期”“专业”“入学成绩”和“团员”字段内容。

分析：

该查询是条件查询，使用 WHERE 短语，查询条件是：入学成绩>=400 AND 入学成绩<=450。

操作：

（1）在命令窗口输入命令：

```
SELECT 姓名,性别,出生日期,专业,入学成绩,团员 FROM 学籍 ;
WHERE 入学成绩>=400 AND 入学成绩<=450
```

（2）查询结果如图 4-5 所示。

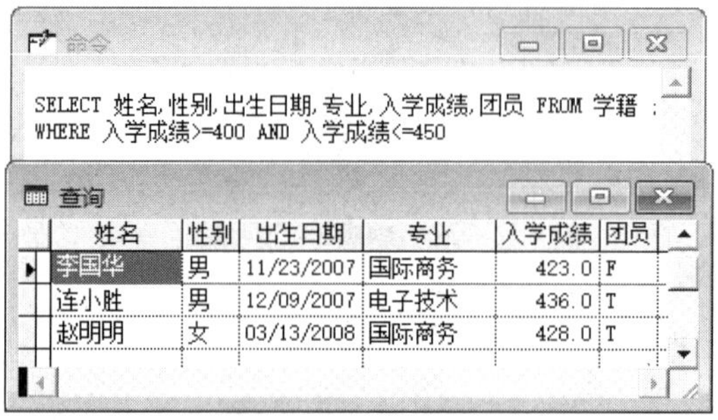

命令

```
SELECT 姓名,性别,出生日期,专业,入学成绩,团员 FROM 学籍 ;
WHERE 入学成绩>=400 AND 入学成绩<=450
```

查询

姓名	性别	出生日期	专业	入学成绩	团员
李国华	男	11/23/2007	国际商务	423.0	F
连小胜	男	12/09/2007	电子技术	436.0	T
赵明明	女	03/13/2008	国际商务	428.0	T

图 4-5　带条件的 SELECT 查询结果

小结：

在 SELECT 命令中使用 WHERE 指定的条件，除了是单条件外还可以是多条件，条件中可以使用下列运算符。

- 关系运算符：=、<>、>、>=、<、<=
- 逻辑运算符：NOT、AND、OR
- 指定区间：BETWEEN … AND …

BETWEEN … AND … 用来判断数据是否在 BETWEEN 指定的范围内。

例如，上述任务 SELECT 命令中的“入学成绩>=400 AND 入学成绩<=450”也可以用“入学成绩 BETWEEN 400 AND 450”来表示。

- 格式匹配：LIKE

LIKE 用来判断数据是否符合 LIKE 指定的字符串格式。LIKE 格式中的字符串可以使用通配符%或_。%代表多个字符，_代表一个字符。

例如，WHERE 姓名 LIKE "王%"，表示查找“王”姓的记录。

- 包含：IN()、NOT IN()

IN()用来判断是否是 IN()列表中的一个。例如，WHERE nl IN(5,30,15,20)，判断 nl 是否是 5、30、15、20 中的一个。

- 空值：IS NULL、IS NOT NULL

IS NULL 用来判断某字段值是否为空值。

【任务 6】 查询显示“学籍”表中“李”姓学生中男生的记录信息。

分析：

这是一个模糊条件查询，查询“李”姓记录，可以设置条件：姓名 LIKE "李%"。

操作：

（1）在命令窗口输入命令：

```
SELECT * FROM 学籍 WHERE 姓名 LIKE "李%" AND 性别= "男" TO SCREEN
```

（2）屏幕显示：

学号	姓名	性别	民族	出生日期	入学成绩	专业	团员	照片	简历
230102	李国华	男	汉	11/23/2007	423.0	国际商务	.F.	gen	memo

小结：

命令中去掉 TO SCREEN 选项，则在查询窗口显示查询结果。

在 SELECT 命令中，利用 WHERE <条件>选项可以建立多个表之间的连接。

【任务 7】 查询“学籍”表中每个学生的“学号”“姓名”“专业”“出生日期”“入学成绩”和“成绩”表中对应记录的“英语”“总分”字段值。

分析：

这是在“成绩”表与“学籍”表两个表中查询数据，查询前两个表应该按共有的“学号”字段建立关联，在 SELECT 命令的 WHERE 选项表示为：WHERE 成绩.学号=学籍.学号。

操作：

（1）在命令窗口输入命令：

```
SELECT 学籍.学号, 学籍.姓名, 专业, 出生日期,入学成绩,英语,总分 ;
FROM 成绩,学籍 WHERE 成绩.学号=学籍.学号
```

（2）查询结果如图 4-6 所示。

查询

学号	姓名	专业	出生日期	入学成绩	英语	总分
230101	王晓飞	国际商务	02/18/2008	540.0	75.0	323.0
230102	李国华	国际商务	11/23/2007	423.0	53.0	296.0
230202	王　虹	电子技术	10/20/2007	352.0	65.0	295.0
230207	连小胜	电子技术	12/09/2007	436.0	66.0	314.0
230208	孙联民	电子技术	07/16/2007	453.0	82.0	304.0
240102	万　亮	国际商务	01/17/2008	521.0	79.0	345.0
240103	胡连丽	国际商务	11/12/2007	365.0	65.0	311.0
240204	李红黎	电子技术	09/11/2008	514.0	87.0	263.5

图 4-6　两个表的连接查询结果

小结：

由于“成绩”表与“学籍”表两个表中都含有“学号”和“姓名”同名字段，因此在命令中需注明它所隶属的表，在字段前添加表别名；而“专业”“出生日期”“入学成绩”“英语”“总分”字段在两个表中不是重名字段，因此不用加别名。

如果要显示表中的全部字段内容，可以使用通配符“*”。

例如，输入命令：

```
SELECT 学籍.*,英语,总分 FROM 成绩,学籍 WHERE 成绩.学号=学籍.学号
```

则查询结果中包含“学籍”表中的全部字段和“成绩”表中的“英语”“总分”字段内容。

试一试

1. 执行命令:

```
SELECT * FROM 成绩,学籍 WHERE 成绩.学号=学籍.学号
```

观察输出结果中所包含的字段。

2. 在任务 7 的查询中，只输出女生的记录信息。

4.1.3 查询排序

使用 SQL SELECT 命令可以对查询结果排序，命令格式如下：

```
SELECT [DISTINCT]
    <查询项 1> [AS <列标题 1>] [,<查询项 2> [AS <列标题 2>]…]
    FROM <表名> [WHERE <条件> ]
    ORDER BY <排序项 1> [ASC | DESC] [, <排序项 2> [ASC | DESC]  …]
```

说明：

（1）该命令对查询结果按指定的排序项进行升序或降序排序。

（2）ASC 项表示按<排序项>升序排序记录，DESC 项表示按<排序项>降序排序记录。如果省略 ASC 或 DESC 项，则系统默认对查询结果按<排序项>升序排序。

【任务 8】 在“学籍”表中显示“姓名”“性别”“出生日期”和“专业”字段内容，并按“出生日期”字段降序输出。

分析：

本任务是限定性输出表中字段，可以使用 SELECT 命令，指定排序项使用 ORDER BY 选项：ORDER BY 出生日期 DESC。

操作：

（1）在命令窗口输入命令：

```
SELECT 姓名,性别,出生日期,专业 FROM 学籍 ORDER BY 出生日期 DESC
```

（2）查询结果如图 4-7 所示。

查询

姓名	性别	出生日期	专业
孙桂起	男	12/29/2008	国际商务
李红黎	女	09/11/2008	电子技术
赵明明	女	03/13/2008	国际商务
王晓飞	男	02/18/2008	国际商务
万　亮	男	01/17/2008	国际商务
连小胜	男	12/09/2007	电子技术
李国华	男	11/23/2007	国际商务
胡连丽	女	11/12/2007	国际商务

图 4-7　SELECT 查询结果按出生日期排序

小结：

从查询结果可以看出，全部记录已按“出生日期”字段内容降序排列。

上述查询命令等价于：

```
SELECT 姓名,性别,出生日期,专业 FROM 学籍  ORDER BY 3 DESC
```

在 ORDER BY 中，排序项可以用输出字段或表达式的排列序号来表示。在输出的“姓名”“性别”“出生日期”和“专业”字段中，“出生日期”字段的排列序号为 3。

ORDER BY 中的排序项不允许是表达式，如果要按表达式的值进行排序，需用该表达式顺序排列的序号。

【任务 9】 查询“学籍”表中“学号”“姓名”“性别”“出生日期”“年龄”和“专业”字段内容，按年龄升序输出。

分析：

计算年龄可以用表达式 year(date())-year(出生日期)来实现，其中，date()函数值为当前系统日期，year()为年份函数，year(date())的值为年份。

操作：

（1）在命令窗口输入命令：

```
SELECT 学号,姓名,性别,出生日期, year(date())-year(出生日期),专业 ;
FROM 学籍 ORDER BY 5
```

（2）查询结果如图 4-8 所示。

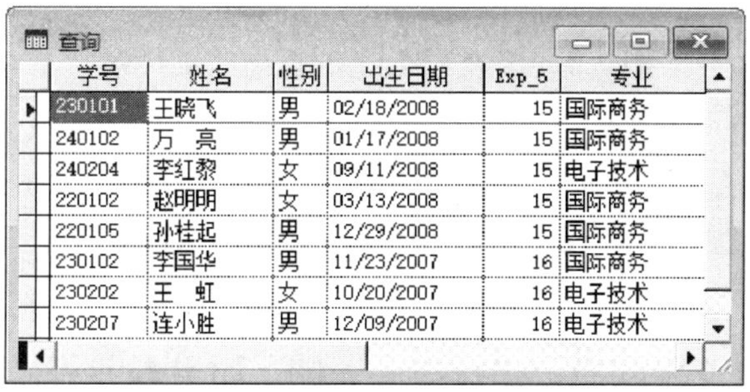

查询

学号	姓名	性别	出生日期	Exp_5	专业
230101	王晓飞	男	02/18/2008	15	国际商务
240102	万　亮	男	01/17/2008	15	国际商务
240204	李红黎	女	09/11/2008	15	电子技术
220102	赵明明	女	03/13/2008	15	国际商务
220105	孙桂起	男	12/29/2008	15	国际商务
230102	李国华	男	11/23/2007	16	国际商务
230202	王　虹	女	10/20/2007	16	电子技术
230207	连小胜	男	12/09/2007	16	电子技术

图 4-8　SELECT 查询结果排序

小结：

在上述操作命令中，由于 year(date())-year(出生日期)是一个计算表达式，且输出序号排列第 5 位，因此排序选项为：ORDER BY 5。

上述操作中，还可以给 SELECT 命令中的表达式 year(date())-year(出生日期)指定一个列标题，然后按列标题进行排序，例如：

```
SELECT 学号,姓名,性别,出生日期, year(date())-year(出生日期) AS 年龄,专业 ;
FROM 学籍 ORDER BY 年龄
```

其中，“年龄”是列标题。

如果 ORDER BY 选项中有多个排序项，排序时先按第一个排序项排序，如果第一个排序项的值相同，再按第二个排序项排序，其余依次类推。

【任务 10】 输出“学籍”表中每个学生的“学号”“姓名”“专业”“出生日期”字段内容和“成绩”表中对应记录的“学号”“总分”字段内容，并按“专业”字段升序、“出生日期”字段降序排序。

分析：

这是一个在两个表中进行的查询结果排序输出，在 SELECT 命令中使用 WHERE 成绩.学号=学籍.学号建立关联，排序选项为：ORDER BY 专业 ASC,出生日期 DESC。

操作：

（1）在命令窗口输入命令：

```
SELECT 学籍.学号, 学籍.姓名,专业,出生日期, 成绩.学号,总分 ;
FROM 成绩,学籍 WHERE 成绩.学号=学籍.学号 ;
ORDER BY 专业 ASC,出生日期 DESC
```

（2）查询结果如图 4-9 所示。

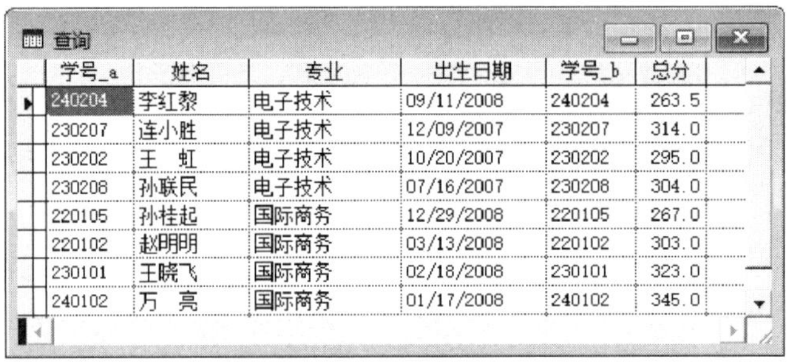

查询

学号_a	姓名	专业	出生日期	学号_b	总分
240204	李红黎	电子技术	09/11/2008	240204	263.5
230207	连小胜	电子技术	12/09/2007	230207	314.0
230202	王　虹	电子技术	10/20/2007	230202	295.0
230208	孙联民	电子技术	07/16/2007	230208	304.0
220105	孙桂起	国际商务	12/29/2008	220105	267.0
220102	赵明明	国际商务	03/13/2008	220102	303.0
230101	王晓飞	国际商务	02/18/2008	230101	323.0
240102	万　亮	国际商务	01/17/2008	240102	345.0

图 4-9　多表 SELECT 查询结果排序

小结：

从上述操作结果可以看到，“学籍”表和“成绩”表按学号建立了连接，显示两个表相对应的字段内容，如“学籍”表中学号为“240204”的记录，在“成绩”表中对应“学号”为“240204”的记录，并且专业相同的记录排在了一起。如果专业相同，再按出生日期降序排列记录。

4.1.4　查询分组

使用 SQL SELECT 命令可以对查询结果进行分组，命令格式如下：

```
SELECT [DISTINCT]
    <查询项 1> [AS <列标题 1>] [,<查询项 2> [AS <列标题 2>]…]
    FROM <表名> [WHERE <条件> ]
    GROUP BY <分组项 1>[, <分组项 2>] [HAVING <条件>]
```

说明：

（1）该命令对查询结果进行分组操作。

（2）HAVING <条件>选项表示在分组结果中，对满足条件的组进行操作。HAVING <条件>选项总是跟在 GROUP BY 之后，不能单独使用。

（3）在分组查询中可以使用 COUNT()、SUM()、AVG()、MAX()、MIN()等聚合函数，计算每组的汇总值。

【任务 11】 统计“学籍”表中 2024 级（学号前两位为“24”）每个专业学生入学成绩的最高分和平均成绩，其中年级显示“2024”。

分析：

根据题目要求，需要对“学籍”表按“专业”字段进行分组，参加分组的记录必须符合 2024 级的条件，“学号”字段前两位表示年级，可用 LEFT(学号,2)= "24"来筛选 2024 级，最高分和平均成绩使用 MAX()函数和 AVG()函数。

操作：

（1）在命令窗口输入命令：

```
SELECT "20"+LEFT(学号,2)   AS 年级, 专业,MAX(入学成绩),AVG(入学成绩) ;
FROM 学籍 GROUP BY 专业 WHERE LEFT(学号,2)= "24"
```

（2）查询结果如图 4-10 所示。

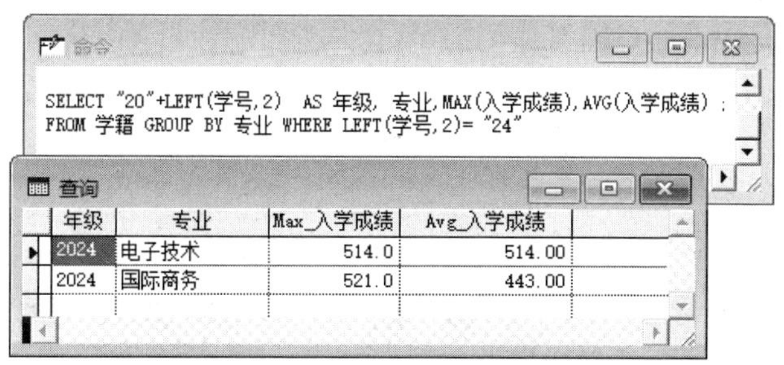

图 4-10　SELECT 查询结果分组（1）

小结：

GROUP BY 中的分组项不允许是表达式，如果要按表达式的值进行分组，可以使用该表达式的列标题或排列序号。

【任务 12】 统计“学籍”表中每个年级（用 4 位数来表示）学生入学成绩的最高分和平均成绩。

分析：

本任务需要从“学号”字段中分解出前两位数，前面再加上“20”，构成 4 位年份，然后按年级进行分组统计。

操作：

（1）在命令窗口输入命令：

```
SELECT "20"+LEFT(学号,2) AS 年级, MAX(入学成绩),AVG(入学成绩) ;
FROM 学籍  GROUP BY 年级
```

（2）查询结果如图 4-11 所示。

小结：

上述操作命令等价于：

```
SELECT "20"+LEFT(学号,2) AS 年级, MAX(入学成绩),AVG(入学成绩) ;
```

```
FROM 学籍  GROUP BY  1
```

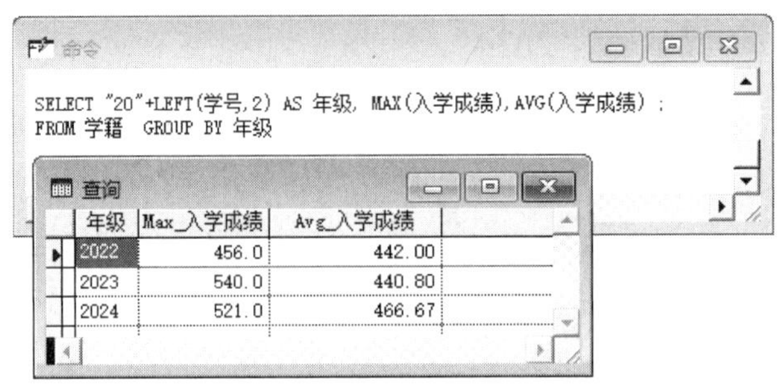

图 4-11　SELECT 查询结果分组（2）

命令中的 HAVING <条件>选项总是跟在 GROUP BY 之后，不能单独使用。

【任务 13】 在任务 12 的分组统计中，只显示 2024 级的统计结果。

分析：

这是一个条件分组统计，在 GROUP BY 选项后应使用 HAVING <条件>选项，即 HAVING LEFT(学号,2)= "24"。

操作：

（1）在命令窗口输入命令：

```
SELECT "20"+LEFT(学号,2) AS 年级, MAX(入学成绩),AVG(入学成绩) ;
FROM 学籍  GROUP BY 年级  HAVING  LEFT(学号,2)= "24"
```

（2）查询结果如图 4-12 所示。

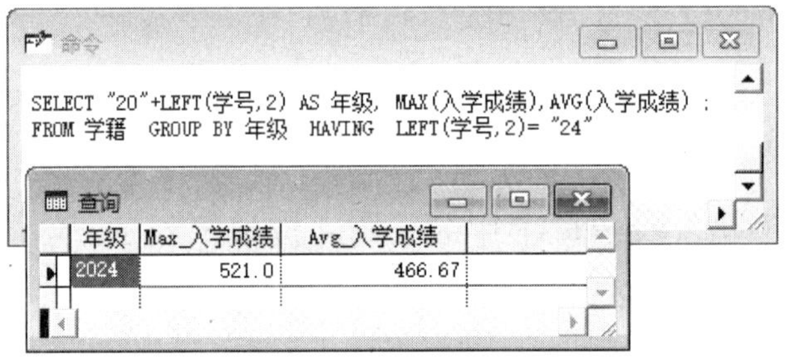

图 4-12　SELECT 查询结果分组（3）

小结：

上述操作如果不使用分组统计，也可以用 WHERE<条件>来统计。代码如下：

```
SELECT "20"+LEFT(学号,2) AS 年级, MAX(入学成绩),AVG(入学成绩) ;
FROM 学籍  WHERE LEFT(学号,2)= "24"
```

SELECT 命令中可同时使用 HAVING <条件>和 WHERE <条件>选项，HAVING <条件>和 WHERE <条件>不矛盾，在查询中先用 WHERE 筛选记录，然后进行分组，最后再用 HAVING <条件>限定分组。

4.1.5　合并查询

合并查询是将两个或两个以上 SELECT 查询结果合并成一个结果。使用 UNION 运算符组合两个查询，其基本条件是所有查询中的字段个数和字段的顺序必须相同，对应字段的数据类型必须兼容。

【任务 14】 在“学生”表中查找“李”姓和“王”姓学生的信息。

分析：

使用合并查询，先从“学籍”表中查找“李”姓的记录信息，再查找“王”姓的记录信息，然后使用 UNION 运算符将查找的结果合并起来。

操作：

（1）在命令窗口输入命令：

```
SELECT 学号,姓名,专业 FROM 学籍 WHERE 姓名 LIKE "李%"  ;
UNION ;
SELECT 学号,姓名,专业 FROM 学籍 WHERE 姓名 LIKE "王%"
```

（2）查询结果如图 4-13 所示。

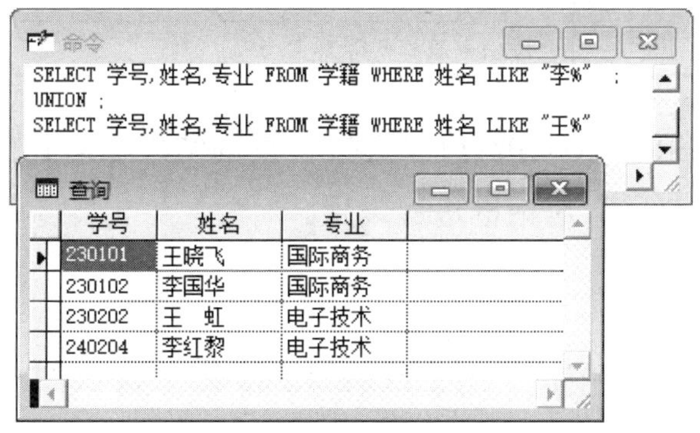

图 4-13　合并查询结果

小结：

上述操作用 OR 运算符来连接查询条件更为简洁。命令如下：

```
SELECT 学号,姓名,专业 FROM 学籍 ;
    WHERE 姓名 LIKE "李%" OR 姓名 LIKE "王%"
```

使用 UNION 将多个查询结果集合并起来时，系统会自动去掉重复的记录。

4.1.6　查询结果输出

SELECT 查询操作结果不仅可以输出到屏幕或浏览窗口，还可以保存到一个表、文本文件、数组或在打印机上打印出来。

命令格式如下：

```
SELECT [DISTINCT] <查询项 1> [AS <列标题 1>] [,<查询项 2> [AS <列标题 2>]…]
TOP n [PERCENT]
FROM <表名>
INTO <目标> | TO FILE <文件名> [ADDITIVE] | TO PRINTER [PROMPT]| TO SCREEN
```

说明：

该命令将查询结果保存到指定的文件或数组中。

命令中各输出选项的含义如表 4-1 所示。

表 4-1　各输出选项的含义

输出选项		含　义
INTO	ARRAY <数组名>	将结果存储到一个二维数组中
	CURSOR <表名>	将结果保存到临时表中
	DBF <表名>	将结果保存到表中
	TABLE <表名>	
TO	FILE <文本文件名> [ADDITIVE]	将结果保存到指定的文本文件中。选择 ADDITIVE 选项，不覆盖原文件内容，将结果追加到原文件的末尾
	PRINTER	将结果从打印机上打印出来
	SCREEN	将结果显示在屏幕上

使用选项 TO PRINTER [PROMPT]可以直接将查询结果输出到打印机。选择 PROMPT 选项，可在打印之前打开“打印”对话框进行设置。

1．保存到数据表

【任务 15】 在“学籍”表中按“出生日期”字段降序输出“姓名”“性别”“出生日期”和“专业”字段内容，并将结果保存到数据表 WJ 中。

分析：

将查询结果保存到表中，在 SELECT 命令中使用 INTO DBF 选项。

操作：

（1）在命令窗口输入命令：

```
SELECT 姓名,性别,出生日期,专业 ;
FROM 学籍 ORDER BY 出生日期 DESC  INTO DBF  WJ
```

（2）打开 WJ 表，浏览结果如图 4-14 所示。

小结：

系统自动将查询结果保存到 WJ 表中。命令中的 INTO DBF 与 INTO TABLE 是等价的。如果使用 AS 选项指定了列标题，则该列标题成为新生成表的字段名。

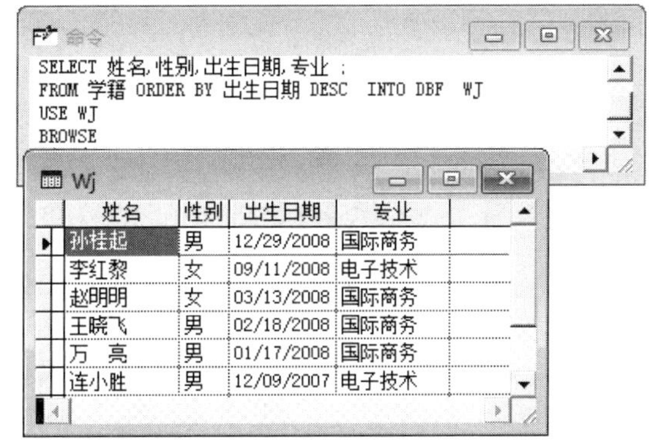

图 4-14　生成的 WJ 表中的记录

2. 存放到临时表

【任务 16】 将任务 15 的查询结果保存到临时表 LS 中。

分析：

查询结果保存到临时表，在 SELECT 命令中使用 INTO CURSOR 选项。

操作：

（1）在命令窗口输入命令：

```
SELECT 姓名,性别,出生日期,专业 ;
FROM 学籍 ORDER BY 出生日期 DESC  INTO CURSOR LS
```

（2）浏览结果如图 4-15 所示。

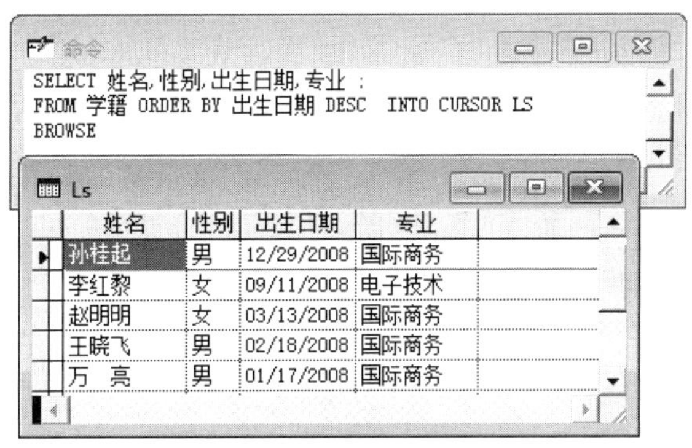

图 4-15　临时表 LS 中的记录

小结：

建立临时表后系统自动将其打开，该表中的数据是只读的，因此不能对它进行修改或删除操作。临时表一旦关闭，系统自动将它删除。

3. 保存到文本文件

【任务 17】 将任务 15 的查询结果保存到文本文件 WB.txt 中。

分析：

查询结果保存到文本文件，在 SELECT 命令中使用 TO FILE 选项。

操作：

（1）在命令窗口输入命令：

```
SELECT 姓名,性别,出生日期,专业 ;
FROM 学籍 ORDER BY 出生日期 DESC TO FILE WB
```

（2）结果如图 4-16 所示。

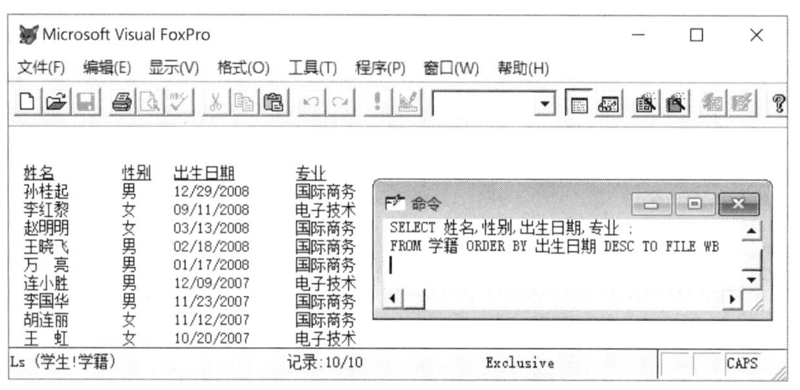

图 4-16　生成的文本文件内容

小结：

通过记事本等也可以打开 WB 文本文件，如果使用 ADDITIVE 选项，则将结果追加到原文件的末尾，否则将覆盖原文件。

知识链接

结构化查询语言 SQL

结构化查询语言 SQL（Structured Query Language）是最重要的关系数据库操作语言，并且它的影响已经超出数据库领域，得到其他领域的重视和采用，如人工智能领域的数据检索，第四代软件开发工具中嵌入 SQL 的语言等。

1. 结构化查询语言的组成

（1）数据查询语言（DQL）。

其语句也称为“数据检索语句”，用于从表中获得数据，确定数据如何在应用程序中给出。保留字 SELECT 是 DQL（也是所有 SQL）用得最多的动词，其他 DQL 常用的保留字有 WHERE、ORDER BY、GROUP BY 和 HAVING。这些 DQL 保留字常与其他类型的 SQL 语句一起使用。

（2）数据操作语言（DML）。

其语句包括动词 INSERT、UPDATE 和 DELETE。它们分别用于添加、修改和删除表中的行，也称为动作查询语言。

（3）事务处理语言（TPL）。

它的语句能确保被 DML 语句影响的表的所有行及时得到更新。TPL 语句包括 BEGIN TRANSACTION、COMMIT 和 ROLLBACK。

（4）数据控制语言（DCL）。

它的语句通过 GRANT 或 REVOKE 获得许可，确定单个用户和用户组对数据库对象的访问。某些 RDBMS 可用 GRANT 或 REVOKE 控制对表中单个列的访问。

（5）数据定义语言（DDL）。

其语句包括动词 CREATE 和 DROP。用于在数据库中创建新表或删除表（CREATE TABLE 或 DROP TABLE）、为表加入索引等。DDL 包括许多与数据库目录中获得数据有关的保留字。它也是动作查询的一部分。

（6）指针控制语言（CCL）。

它的语句，像 DECLARE CURSOR、FETCH INTO 和 UPDATE WHERE CURRENT 等，用于对一个或多个表中单独行的操作。

2. 结构化查询语言的特点

（1）一体化：SQL 集数据定义（DDL）、数据操作（DML）和数据控制（DCL）于一体，可以完成数据库中的全部工作。

（2）使用方式灵活：它具有两种使用方式，既可以直接以命令方式交互使用，也可以嵌入使用，如嵌入 C、C++、COBOL、JAVA 等主语言中使用。

（3）非过程化：只提操作要求，不必描述操作步骤，也不需要导航。

（4）语言简洁，语法简单，好学好用：在 ANSI 标准中，只包含了 94 个英文单词，核心功能只用 6 个动词，语法接近英语口语。

试一试

1. 查询“部门”表的所有字段及所有记录。
2. 查询“教师”表中所有记录的教师编号、部门编号、姓名和性别字段值。
3. 查询“教师”表中所有教师的姓名和出生年份。
4. 查询“教师”表中所有职称为讲师的教师姓名、性别和所属部门编号。
5. 查询“教师”表中所有工资在 8000 ~ 12000 元之间的教师姓名和工资。
6. 查询所有男教师的姓名和工资，按工资升序排序。
7. 利用“教师”表，统计各部门教师人数和平均工资。
8. 查询每个教师的姓名、职称、所在部门和教授过的课程。

4.2　SQL 数据定义

SQL 的数据定义包括数据库的定义、数据表的定义、视图的定义、规则的定义等。

4.2.1 定义表

除了使用Visual FoxPro 6.0的菜单方式或命令创建数据表外，还可以使用SQL的CREATE TABLE命令来创建数据表。其命令格式如下：

```
CREATE TABLE <表名 1>
    [FREE](<字段名 1> <字段类型>[(宽度[,小数位])]
    [PRIMARY KEY | UNIQUE]
    [,<字段名 2> …] …)
```

说明：

（1）该命令的功能是建立数据表。

（2）命令中各选项的含义如下。

FREE：创建自由表。

PRIMARY KEY：设置该字段为主索引。

UNIQUE：设置该字段为候选索引。

（3）字段的数据类型、宽度及小数位的说明如表4-2所示。

表4-2　字段数据类型等的说明

字段类型	宽　度	小数位	说　明
C	n	–	字符型
Y	–	–	货币型
N	n	d	数值型
F	n	d	浮动型
D	–	–	日期型
T	–	–	日期时间型
B	–	d	双精度型
I	–	–	整型
L	–	–	逻辑型
M	–	–	备注型
G	–	–	通用型

注：表格中的n表示字段宽度；d表示小数位；–表示系统指定默认值，用户无须指定。

1. 创建表

【任务18】 用SQL命令建立“考试管理”数据库，再在该数据库中建立“课程”表（课程号(C,4)，课程名(C,8)），并设置“课程号”字段为主索引。

分析：

在2.2节中学习了使用CREATE DATABASE命令建立数据库，此处结合SQL的CREATE TABLE命令建立表。

操作：

在命令窗口输入命令：

```
CREATE DATABASE 考试管理
CREATE TABLE 课程 (课程号 C(4) PRIMARY KEY,课程名 C(8))
```

小结：

上述 CREATE DATABASE 命令建立了“考试管理”数据库，CREATE TABLE 命令在“考试管理”库中建立了“课程”表，该表有“课程号”和“课程名”两个字段，都是字符类型，并设置“课程号”字段为主索引关键字。

🕮提示

使用 SQL 命令建立的数据库和表，可以通过数据库设计器和表设计器来打开并验证操作的正确性，如图 4-17 所示。

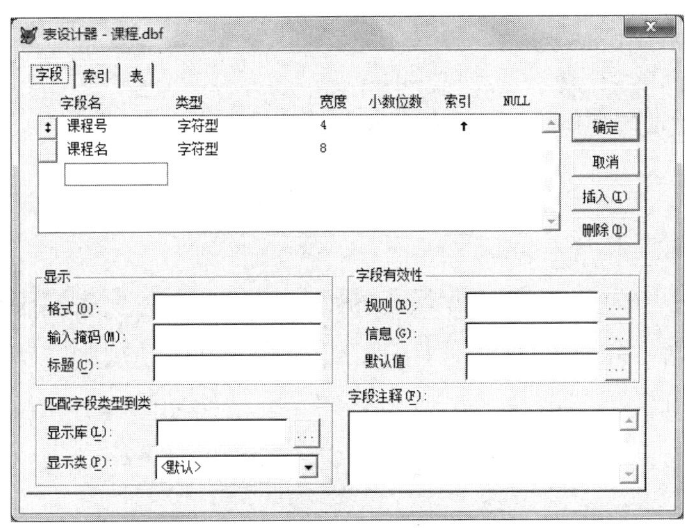

图 4-17 “课程”表设计器

使用 CREATE TABLE FREE 命令可以建立自由表。对于自由表，可以使用 ADD TABLE 命令将其添加到数据库中，使其成为数据库表。例如，将自由表 CJ.dbf 添加到当前数据库中，输入命令：

```
ADD TABLE CJ.dbf
```

在使用 FREE 短语建立自由表时，不能使用 CHECK、DEFAULT、FOREIGN KEY、PRIMARY KEY、REFERENCES 等短语。

2. 设置有效性规则

建立表时设置有效性规则的命令格式如下：

```
CREATE TABLE <表名 1> (<字段名 1> <字段类型>[(宽度[,小数位])]
     [PRIMARY KEY | UNIQUE]
     [CHECK <表达式>[ERROR <提示信息>]]
```

```
        [DEFAULT <表达式>]
        [,<字段名 2> …] …)
```

说明：

CHECK <表达式>：定义字段有效性规则。

ERROR <提示信息>：为字段的有效性规则设置出错提示信息。

DEFAULT <表达式>：为字段指定默认值。

【任务 19】 建立“考生”表（考试号(C,5)，姓名(C,8)，年龄(I)），设置“考试号”字段为主索引，并对“年龄”字段设置有效性规则。

分析：

使用 SQL 的 CREATE TABLE 命令在创建表的同时可以设置有效性规则，其中选项“考试号 C(5) PRIMARY KEY”设置字段为主索引，CHECK 选项设置有效性规则。

操作：

在命令窗口输入命令：

```
CREATE TABLE 考生 (考试号 C(5) PRIMARY KEY,姓名 C(8), ;
年龄 I CHECK 年龄>=16 ERROR "年龄太小！")
```

小结：

该命令在“考试管理”库中建立了“考生”表，该表有“考试号”“姓名”和“年龄”3 个字段，其中前两个字段为字符型，“年龄”为整型字段，不需要指定字段宽度。按“考试号”字段建立了主索引，对“年龄”字段用 CHECK 设置了有效性规则“年龄>=16”，用 ERROR 设置了违反有效性规则的提示信息“年龄太小！”，表结构如图 4-18 所示。

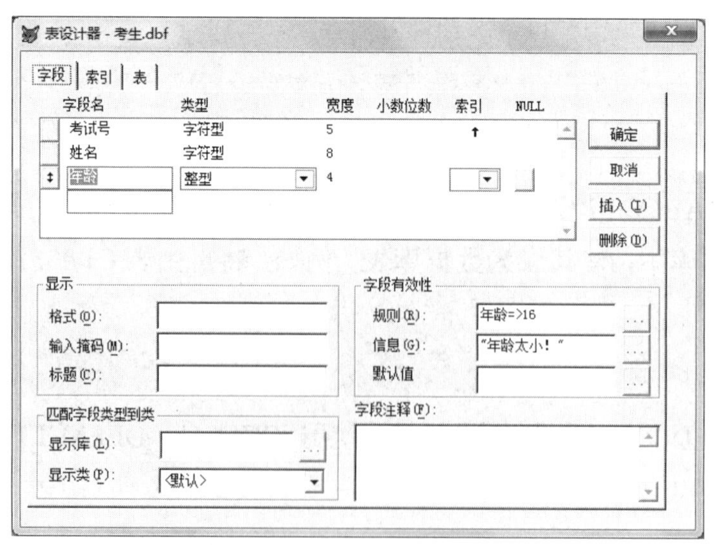

图 4-18 “考生”表设计器

3. 建立表间的关联

建立表间关联的命令格式如下：

```
CREATE TABLE <表名 1> (<字段名 1> <字段类型>[(宽度[,小数位])]
    [PRIMARY KEY | UNIQUE]
    [REFERENCES <表名 2> [TAG <索引标记>]]
    [,<字段名 2> …]
    [,FOREIGN KEY <表达式> TAG <索引标记> REFERENCES <表名 3>[TAG <标记>]])
```

说明：

REFERENCES <表名 2>：表示与<表名 2>建立关联。

FOREIGN KEY … REFERENCES …：FOREIGN KEY 建立普通索引，REFERENCES 建立两个表之间的关联。

【任务 20】 建立“考试成绩”表（考试号(C,5)，课程号(C,4)，成绩(I)），并分别与“考生”表和“课程”表建立关联。

分析：

使用 SQL 的 CREATE TABLE 命令建立表的同时，可以与已创建的表建立关联，如与“考生”表建立关联，使用“FOREIGN KEY 考试号 TAG 考试号 REFERENCES 考生”选项。

操作：

输入命令：

```
CREATE TABLE 考试成绩 (考试号 C(5),课程号 C(4), ;成绩 I, ;
FOREIGN KEY 考试号 TAG 考试号 REFERENCES 考生, ;
FOREIGN KEY 课程号 TAG 课程号 REFERENCES 课程)
```

命令中分别用“FOREIGN KEY 考试号 TAG 考试号”设置了“考试号”字段为普通索引，并且与“考生”表（主关键字为“考试号”）建立了关联；用“FOREIGN KEY 课程号 TAG 课程号”设置了“课程号”字段为普通索引，并且与“课程”表（主关键字为“课程号”）建立了关联。打开数据库设计器可以查看表间的关联，如图 4-19 所示。

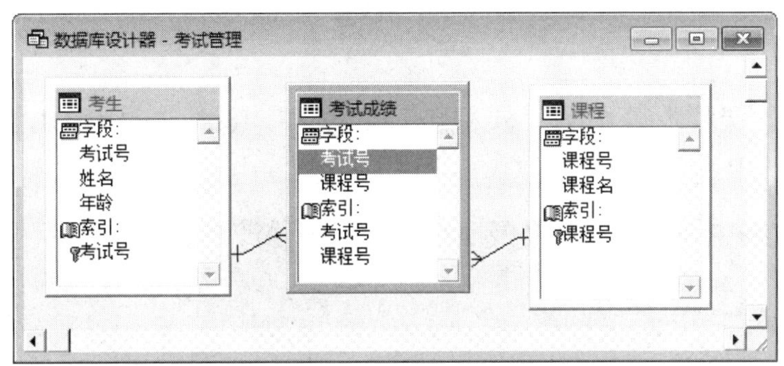

图 4-19 “数据库设计器”窗口

上述命令也可改写为：

```
CREATE TABLE 考试成绩 (考试号 C(5) REFERENCES 考生 ,;
课程号 C(4) REFERENCES 课程,成绩 I)
```

或

```
CREATE TABLE 考试成绩 (考试号 C(5) REFERENCES 考生 TAG 考试号,;
课程号 C(4) REFERENCES 课程,成绩 I)
```

4.2.2 修改表结构

使用 SQL 的 ALTER TABLE 命令可以对表中的字段类型、宽度、有效性规则、默认值、主关键字、表间关系等进行修改。

1. 增加或修改字段

增加或修改字段的命令格式如下：

```
ALTER TABLE <表名>
    ADD | ALTER [COLUMN]<字段名> <字段类型>[(宽度[,小数位])]
```

说明：

（1）该命令的功能是增加字段或修改现有的字段。

（2）使用 ADD 短语增加新的字段，使用 ALTER 短语则修改原有的字段。

【任务 21】 在“考生”表中增加一个“职业”字段(C,8)。

分析：

使用 SQL 的 ALTER TABLE 命令及 ADD 短语增加字段。

操作：

在命令窗口输入命令：

```
OPEN DATABASE 考试管理
ALTER TABLE 考生 ADD 职业 C(8)
```

小结：

执行该命令，则在“考生”表中增加了“职业”字段，打开“考生”表设计器可以观察操作结果。

【任务 22】 将“课程”表中的“课程名”字段的宽度由 8 改为 10。

分析：

使用 SQL 的 ALTER TABLE 命令及 ALTER 短语修改字段。

操作：

在命令窗口输入命令：

```
ALTER TABLE 课程 ALTER 课程名 C(10)
```

小结：

执行该命令，则在“课程”表中将“课程名”字段的宽度由 8 改为 10，打开“课程”表设计器可以观察操作结果，如图 4-20 所示。

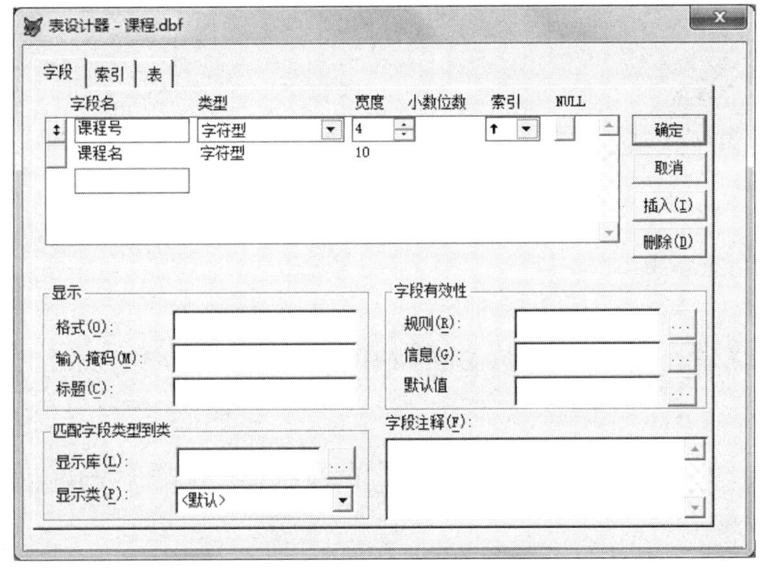

图 4-20　“课程”表设计器

2. 设置字段属性

设置字段属性，命令格式如下：

```
ALTER TABLE <表名>
    ALTER | DROP [COLUMN] [COLUMN]<字段名 1> <字段类型>[(宽度[,小数位])]
    [CHECK <表达式>[ERROR <提示信息>]]
    [SET DEFAULT <表达式>]
    [DROP DEFAULT]
    [DROP CHECK]
    [RENAME [COLUMN] <字段名 2> TO <字段名 3>]
```

说明：

（1）该命令的功能是定义、修改、删除字段及有效性规则和默认值。

（2）CHECK 修改指定字段的有效性规则，SET DEFAULT 修改指定字段的默认值。

（3）DROP 短语是删除字段，DROP DEFAULT 短语为删除指定字段的默认值，DROP CHECK 短语是删除指定字段的有效性规则。

（4）RENAME COLUMN <字段名 2> TO <字段名 3>是将<字段名 2>改名为<字段名 3>。

【任务 23】 修改“考试成绩”表中的“课程号”的默认值为“KJ01”。

分析：

使用 SQL 的 ALTER TABLE 命令及 ALTER…SET DEFAULT 短语设置字段默认值。

操作：

在命令窗口输入命令：

```
ALTER TABLE 考试成绩 ALTER 课程号 SET DEFAULT "KJ01"
```

小结：

执行该命令，则在“考试成绩”表中将“课程号”字段的默认值设置为“KJ01”。

【任务 24】 删除“考生”表中“年龄”字段的有效性规则。

分析：

在任务 19 中设置了年龄的有效性规则为“年龄>=16”，本任务是删除该规则，使用 DROP CHECK 选项。

操作：

在命令窗口输入命令：

```
ALTER TABLE 考生 ALTER 年龄 DROP CHECK
```

小结：

执行该命令后，打开“考生”表设计器，可以观察到“年龄”字段的有效性规则被删除，同时提示信息也被删除。

【任务 25】 删除“考生”表中的“职业”字段。

分析：

使用 SQL 的 ALTER TABLE 命令及 DROP 短语删除字段。

操作：

在命令窗口输入命令：

```
ALTER TABLE 考生 DROP 职业
```

小结：

执行该命令后，打开“考生”表设计器，可以观察到“职业”字段被删除。要删除多个字段，除了多次执行 ALTER TABLE…DROP 命令外，还可以一次执行该命令，如要删除“职业”和“年龄”字段，可执行命令：

```
ALTER TABLE 考生 DROP 职业 DROP 年龄
```

【任务 26】 将“考生”表中的“姓名”字段名改为“考生姓名”。

分析：

使用 SQL 的 ALTER TABLE 命令及 RENAME 短语修改字段名。

操作：

在命令窗口输入命令：

```
ALTER TABLE 考生 RENAME 姓名 TO 考生姓名
```

小结：

执行该命令后，打开“考生”表设计器，可以观察到“姓名”字段名修改为“考生姓名”。

4.2.3 删除表

删除表可以使用 SQL 的 DROP TABLE 命令，命令格式如下：

```
DROP TABLE <表名> | ?
```

说明：

（1）该命令从磁盘上删除当前数据库中指定的表，或从磁盘上删除指定的自由表。

（2）使用“?”，系统打开“移去”对话框，让用户选择要删除的表。

【任务 27】 从“考试管理”数据库中删除 CJ 表。

分析：

删除当前数据库中的表时，必须先打开数据库，否则在数据库中仍保留该表的一些信息，不利于数据库的维护。

操作：

在命令窗口输入命令：

```
OPEN DATABASE 考试管理
DROP TABLE CJ
```

小结：

一次只能删除一个表文件，不能使用通配符。

试一试

1. 创建数据库“学生 1”，并在其中创建两个表“部门 1”和“教师 1”，表结构参见“部门”表和“教师”表。

2. 在上述创建“教师 1”表时，以“部门”字段为关联字段，建立它和父表“部门 1”的多对一关系，并设置“性别”字段的默认值为“男”，“姓名”字段不能为空。

3. 在“教师 1”表中增加“籍贯”字段，字符型，宽度为 20。

4. 将“工资”字段更改为 N(7,2)。

5. 将“工资”字段名更改为“月工资”。

6. 删除“部门 1”表、“教师 1”表及“学生 1”数据库。

4.3 SQL 数据操作

SQL 的数据操作主要包括数据的插入、更新和删除三部分。

4.3.1 插入记录

SQL 插入记录的命令格式如下：

```
INSERT INTO <表名> [(<字段名 1>[,<字段名 2>,…])]
    VALUES (<表达式 1>[,<表达式 2>,…])
```

说明：

在指定的<表名>数据表中插入记录。<字段名 1>的值为<表达式 1>的值，<字段名 2>的值为<表达式 2>的值，其余依次类推。如果命令中省略字段名，则将表达式的值依次赋给各字段。

【任务 28】 在“考试管理”库的“课程”表中插入一条记录，课程号为“K001”、课程名为“3D 打印技术”。

分析：

使用 Visual FoxPro 的 INSERT 命令可以插入记录，使用 SQL 的 INSERT INTO 命令及 VALUES 短语也可以插入记录。

操作：

在命令窗口输入命令：

```
INSERT INTO 课程 VALUES ("K001","3D 打印技术")
```

小结：

由于“课程”表中只有“课程号”和“课程名”两个字段，因此，在上述操作命令中可以省略这两个字段，将表达式的值按顺序填写到这两个字段中。

通过浏览窗口可以观察到，已将 VALUES ("K001","3D 打印技术")指定的值插入数据表中，如图 4-21 所示。

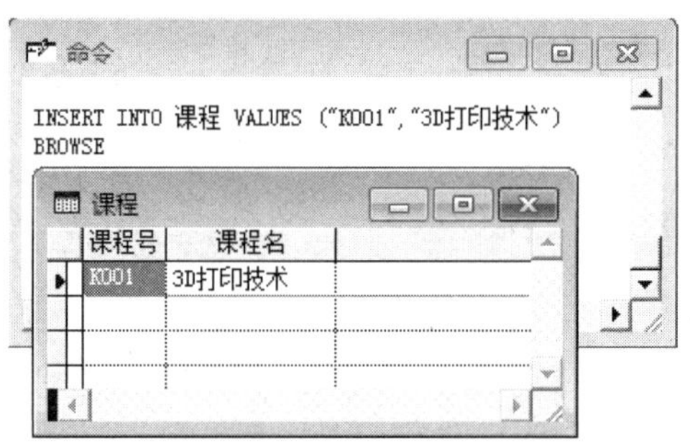

图 4-21　插入的记录

一条 INSERT INTO 命令只能插入一条记录，使用连续的 INSERT INTO 命令可以插入多条记录。

📖提示

在使用 INSERT INTO 命令插入记录时，VALUES 短语中各表达式值的类型要与对应字段的数据类型一致。

4.3.2　更新记录

SQL 更新记录的命令格式如下：

```
UPDATE <表名> SET <字段名 1>=<表达式 1>[, <字段名 2>=<表达式 2>…]
    WHERE <条件>
```

说明：

该命令的功能是更新满足条件的记录，用<表达式 1>的值更新<字段名 1>，用<表达式 2>的值更新<字段名 2>，其余依次类推。

【任务 29】 将“考生”表中全部记录的“年龄”字段值加 1。

分析：

使用 Visual FoxPro 的 REPLACE 命令可以修改字段值，使用 SQL 的 UPDATE SET 命令也可以修改字段值。

操作：

在命令窗口输入命令：

```
UPDATE 考生 SET 年龄=年龄+1
```

小结：

“年龄”字段值的变化可以通过浏览记录窗口来观察。但要注意的是，每执行一次该命令，表中所有记录的年龄都增加 1。

4.3.3 删除记录

SQL 删除记录的命令格式如下：

```
DELETE FROM <表名> [WHERE <条件>]
```

说明：

该命令的功能是逻辑删除表中满足条件的记录。

【任务 30】 删除“考生”表中“年龄”大于 60 的全部记录。

分析：

使用 Visual FoxPro 的 DELETE 命令可以逻辑删除表中记录，使用 SQL 的 DELETE FROM 命令也可以逻辑删除指定表中的记录。

操作：

在命令窗口输入命令：

```
DELETE FROM 考生 WHERE 年龄>60
```

小结：

如果命令中省略默认的 WHERE <条件>，则逻辑删除表中的全部记录。

使用 DELETE FROM 命令删除的记录是逻辑删除，要物理删除记录，还需要继续使用 PACK 命令。

试一试

1. 在“教师”表中插入一条记录。
2. 更新“教师”表，将职称为讲师的人员工资每人增加500元。
3. 删除“教师”表中姓名为“刘明”的记录。

基础练习 4

一、填空题

1．查询命令“SELECT * FROM 成绩”中的“*”表示____________________；查询命令“SELECT * FROM 学籍,成绩”中的“*”表示____________________________。

2．在SQL-SELECT命令中，将查询结果存入数据表的短语是____________________。

3．在SQL-SELECT命令的ORDER BY子句中，DECS表示按_________输出，省略DECS表示按_________输出。

4．在SQL-SELECT命令中可以使用一些统计函数，这些函数包括_________、_________、AVG()、MAX()和MIN()等。

5．用来创建表结构的SQL命令是___________________。

6．用来向表中输入记录的SQL命令是_______________。

7．删除表中记录的SQL命令是_____________，从数据库中删除表的SQL命令是______________。

8．用来修改表结构的SQL命令是___________，修改记录的SQL命令是____________。

9．删除“考生”表中的“年龄”字段，使用SQL语句：

```
________TABLE 考生 ________ 年龄
```

10．使用CREATE TABLE命令定义表结构时，设置字段的有效性规则使用_________选项，设置字段的默认值使用_________选项，设置主关键字段使用_________选项。

二、选择题

1．在SQL-SELECT查询命令中，使用WHERE子句指出的是（　　）。

A．查询目标　　B．查询结果
C．查询条件　　D．查询视图

2．下面有关HAVING子句描述错误的是（　　）。

A．HAVING子句必须与GROUP BY子句同时使用，不能单独使用
B．使用HAVING子句的同时不能使用WHERE子句
C．使用HAVING子句的同时可以使用WHERE子句

D．使用 HAVING 子句的作用是限定分组的条件

3．SQL-SELECT 查询的 HAVING 子句通常出现在短语（　　）。

A．ORDER BY 中　　B．GROUP BY 中

C．SORT 中　　D．INDEX 中

4．SQL-SELECT 查询中的条件短语是（　　）。

A．WHERE　　B．WHILE

C．FOR　　D．CONDITION

5．SQL-INSERT 命令的功能是（　　）。

A．在表头插入一条记录

B．在表尾插入一条记录

C．在表中指定位置插入一条记录

D．在表中指定位置插入若干条记录

6．SQL-UPDATE 命令的功能是（　　）。

A．数据定义　　B．数据查询

C．更新表中字段的属性　　D．更新表中字段的内容

7．假定“商品”表中有 6 条记录，数量字段的值分别为 100、200、100、300、100、200，查询命令为“SELECT SUM(数量), SUM(DISTINCT 数量) FROM 商品”，则命令中的函数 SUM(数量)和 SUM(DISTINCT 数量)的值分别是（　　）。

A．1000，1000　　B．600，600

C．600，1000　　D．1000，600

8．与查询命令“SELECT 姓名,专业 FROM 学籍”等价的命令是（　　）。

A．LIST OFF　FIELDS　姓名,专业

B．DISPLAY　FIELDS　姓名,专业

C．BROWSE　FIELDS　姓名,专业

D．CHANGE　FIELDS　姓名,专业

9．在 SQL-SELECT 查询命令中，能够实现数据表之间关联的选项是（　　）。

A．HAVING　　B．GROUP BY

C．WHERE　　D．ORDER BY

10．当前盘、当前目录下有数据库 db_stock，其中有数据库表 stock.dbf，该数据库表的内容如下：

股票代码	股票名称	单　价	交易所
600600	青岛啤酒	36.10	上海
600601	方正科技	2.76	上海
600602	广电电子	4.69	上海
600605	汇通能源	8.09	上海

续表

股票代码	股票名称	单　价	交易所
600606	金丰投资	8.08	上海
600612	老凤祥	26.88	上海
000001	深发展A	15.76	深圳
000002	万科A	8.70	深圳
002094	青岛金王	10.78	深圳

执行下列SQL语句后的结果是（　　）。

```
SELECT * FROM stock INTO DBF stock ORDER BY 单价
```

A．系统将会提示出错信息

B．会生成一个按“单价”升序排列的表文件，覆盖原来的stock.dbf文件

C．会生成一个按“单价”降序排列的表文件，覆盖原来的stock.dbf文件

D．不会生成排序文件，只能在屏幕上显示一个按“单价”排序的结果

11．有如下SQL-SELECT语句：

```
SELECT * FROM stock WHERE 单价 BETWEEN 8.00 AND 20.00
```

与该语句等价的是（　　）。

A．SELECT * FROM stock WHERE 单价<=20.00 AND 单价>= 8.00

B．SELECT * FROM stock WHERE 单价< 20.00 AND 单价>8.00

C．SELECT * FROM stock WHERE 单价>= 20.00 AND 单价<=8.00

D．SELECT * FROM stock WHERE 单价>20.00 AND 单价< 8.00

12．如果在建立数据库表stock.dbf时，将“单价”字段的有效性规则设为“单价>0”，通过该设置，能保证数据的（　　）。

A．实体完整性　　B．域完整性

C．参照完整性　　D．表完整性

13．求每个交易所的平均单价的语句是（　　）。

A．SELECT 交易所, AVG(单价) FROM stock GROUP BY 单价

B．SELECT 交易所, AVG(单价) FROM stock ORDER BY 单价

C．SELECT 交易所, AVG(单价) FROM stock ORDER BY 交易所

D．SELECT 交易所, AVG(单价) FROM stock GROUP BY 交易所

14．在当前盘、当前目录下删除表stock的命令是（　　）。

A．DROP stock　　B．DELETE TABLE stock

C．DROP TABLE stock　　D．DELETE stock

15．有如下3个表：

部门.dbf：部门号(C,8)，部门名(C,12)，负责人(C,6)，电话(C,16)

职工.dbf：部门号(C,8)，职工号(C,10)，姓名(C,8)，性别(C,2)，出生日期(D)

工资.dbf：职工号(C,10)，基本工资(N,8,2)，津贴(N,8,2)，奖金(N,8,2)，扣除(N,8,2)

查询职工实发工资的正确命令是（　　）。

A．SELECT 姓名,(基本工资+津贴+奖金-扣除)AS 实发工资 FROM 工资

B．SELECT 姓名,(基本工资+津贴+奖金-扣除)AS 实发工资 FROM 工资;
　WHERE 职工.职工号=工资.职工号

C．SELECT 姓名,(基本工资+津贴+奖金-扣除)AS 实发工资;
　FROM 工资,职工 WHERE 职工.职工号=工资.职工号

D．SELECT 姓名,(基本工资+津贴+奖金-扣除)AS 实发工资;
　FROM 工资 JOIN 职工 WHERE 职工.职工号=工资.职工号

16. 查询每个部门年龄最长者的信息，要求得到的信息包括部门名和最长者的出生日期，正确的命令是（　　）。

A．SELECT 部门名,MIN(出生日期)FROM 部门 JOIN 职工;
　ON 部门.部门号=职工.部门号 GROUP BY 部门名

B．SELECT 部门名,MAX(出生日期)FROM 部门 JOIN 职工;
　ON 部门.部门号=职工.部门号 GROUP BY 部门名

C．SELECT 部门名,MIN(出生日期)FROM 部门 JOIN 职工;
　WHERE 部门.部门号=职工.部门号 GROUP BY 部门名

D．SELECT 部门名,MAX(出生日期)FROM 部门 JOIN 职工;
　WHERE 部门.部门号=职工.部门号 GROUP BY 部门名

17. 查询有 10 名以上（含 10 名）职工的部门信息（部门名和职工人数），并按职工人数降序排列，正确的命令是（　　）。

A．SELECT 部门名,COUNT(职工号)AS 职工人数;
　FROM 部门,职工 WHERE 部门.部门号=职工.部门号;
　GROUP BY 部门名 HAVING COUNT(*)>=10;
　ORDER BY COUNT(职工号)ASC

B．SELECT 部门名,COUNT(职工号)AS 职工人数;
　FROM 部门,职工 WHERE 部门.部门号=职工.部门号;
　GROUP BY 部门名 HAVING COUNT(*)>=10;
　ORDER BY COUNT(职工号)DESC

C．SELECT 部门名,COUNT(职工号)AS 职工人数;
　FROM 部门,职工 WHERE 部门.部门号=职工.部门号;
　GROUP BY 部门名 HAVING COUNT(*)>=10;
　ORDER BY 职工人数 ASC

D．SELECT 部门名,COUNT(职工号)AS 职工人数;
FROM 部门,职工 WHERE 部门.部门号=职工.部门号;
GROUP BY 部门名 HAVING COUNT(*)>=10;
ORDER BY 职工人数 DESC

18．为“工资”表增加一个“实发工资”字段的正确命令是（　　）。

A．MODIFY TABLE 工资 ADD COLUMN 实发工资 N(9,2)

B．MODIFY TABLE 工资 ADD FIELD 实发工资 N(9,2)

C．ALTER TABLE 工资 ADD COLUMN 实发工资 N(9,2)

D．ALTER TABLE 工资 ADD FIELD 实发工资 N(9,2)

19．下列插入记录命令正确的是（　　）。

A．INSERT INTO 工资 (职工号,基本工资) VALUES ("A40", 12000)

B．INSERT INTO 工资 (职工号, 基本工资) VALUES ("A40", "12000")

C．INSERT INTO 工资 VALUES ("A40", "12000")

D．INSERT INTO 工资 VALUES ("A40", 12000)

20．将“工资”表中全部记录的“基本工资”在原来的基础上提高 20%，正确的命令是（　　）。

A．UPDATE 基本工资 SET 基本工资*1.2

B．UPDATE 基本工资 SET 基本工资*1.2=基本工资

C．UPDATE 基本工资 SET 基本工资=基本工资*1.2

D．UPDATE 基本工资 SET 基本工资 WITH 基本工资*1.2

三、问答题

1．简要叙述 SQL 结构化查询语言。

2．在 SELECT … ORDER BY 查询命令中，能否直接使用表达式进行排序或分组？如果不能，应如何设置才能进行操作？

3．字段输出函数 SUM(DISTINCT AA)中的 DISTINCT 的含义是什么？字段 AA 是什么数据类型？

4．使用 SQL 的 CREATE TABLE 命令能否建立自由表？

5．使用 INSERT INTO 命令一次可以插入多少条记录？

操作练习 4

假设“图书管理”数据库中有“图书”“读者”和“借阅”3 个表，它们的结构分别如下：

图书(总编号(C,6),分类号(C,8),书名(C,16),作者(C,6),出版单位(C,20))

读者(借书证号(C,4),单位(C,8),姓名(C,6),性别(C,2))
借阅(借书证号(C,4),总编号(C,6),借书日期 D)

1．建立“图书管理”数据库。

2．使用 CREATE TABLE 命令分别建立这 3 个数据库表，并分别设置“图书”表的主索引是“总编号”，“读者”表的主索引是“借书证号”，“借阅”表的主索引是“总编号+借书证号”。

3．分别在“图书”表中增加“单价”N(6,2)字段，在“读者”表中增加“职称”(C,6)和“地址”(C,8)字段。

4．将“读者”表中的“地址”字段宽度由 8 更改为 20。

5．将“图书”表中的“出版单位”字段的默认值设置为“电子工业出版社”。

6．使用 SQL-INSERT 命令分别在 3 个表中各插入 5 条记录，内容自定。

7．分别查询 3 个表中的全部记录的全部字段内容。

8．在“图书”表中查询“出版单位”为“高等教育出版社”和“电子工业出版社”的图书。

9．查询所藏图书中，各个出版社的图书最高单价、平均单价和册数。

10．查询借阅了两本及两本以上图书的读者姓名和单位。

第 5 章 表单设计

本章任务

- 了解对象、类的基本概念
- 了解使用向导创建表单的方法
- 掌握使用设计器创建表单的方法
- 能在表单中添加常见的控件
- 能设置常见的表单及其控件属性

Visual FoxPro 不仅是一个功能强大的交互式数据管理工具，而且还是一个可以通过程序代码全面管理数据的语言系统。它不仅支持传统的面向过程的编程方法，而且全面引入面向对象的程序设计方法。为了方便用户对数据记录的控制，Visual FoxPro 6.0 提供了表单（Form）对象。表单是 Visual FoxPro 中最常见的界面，由一个或多个页面组成，类似于标准的窗口。用户可以按照自己需要的方式进行设计，使显示、编辑和修改数据等操作更加简便。

5.1 面向对象程序设计基础

Visual FoxPro 6.0 支持面向对象的程序设计技术，它与可视化程序设计方法结合起来，是当前程序设计的主流。所谓可视化，就是利用窗口和菜单等可以看见的部件，来完成用户的操作，并在信息输出方面支持所见即所得的功能，而对象则是程序设计和运行的核心部件。下面介绍一个面向对象程序设计的实例。

【任务 1】 设计一个表单，包含两个文本框和一个命令按钮，文本框用于输入数值，单击命令按钮可以将两个文本框中的数值相减，并在等号右侧显示计算结果，如图 5-1 所示。

分析：

该表单中包含文本框、标签、命令按钮对象，利用表单设计器建立一个空白表单，通过在“表单控件”工具栏上单击控件按钮，在表单上拖动的方式添加这些对象，并对这些控件对象设置相关属性，然后在命令按钮的 Click 事件中书写代码，运行表单，即可得到相应的结果。

操作：

（1）新建表单。启动 Visual FoxPro 6.0，单击“文件”菜单中的“新建”按钮，在出现的“新建”对话框中选择“表单”选项，单击“新建文件”按钮，打开“表单设计器”窗口，弹出一个空白表单，然后打开“表单控件”工具栏。

（2）添加文本框控件。单击“表单控件”工具栏上的“文本框”按钮abl，在空白表单的适当位置拖动，添加一个文本框对象，名字为 Text1，如图 5-2 所示。

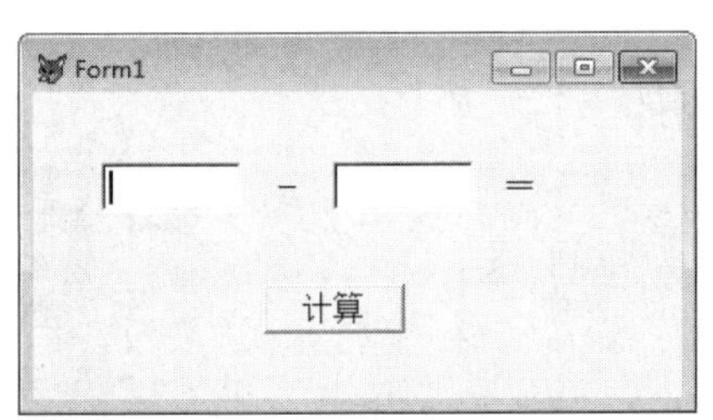

图 5-1　计算表单

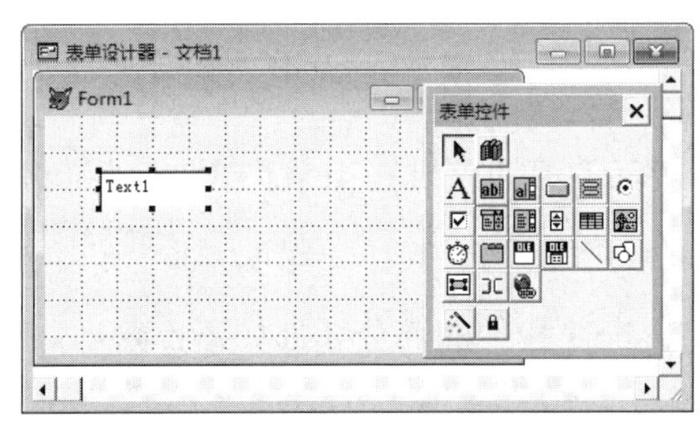

图 5-2　添加第一个文本框对象

（3）采用同样的方法，单击“表单控件”工具栏上的“文本框”按钮abl，在表单第一个文本框右侧拖动添加另一个文本框对象 Text2。

（4）添加标签控件。单击“表单控件”工具栏上的“标签”按钮A，在表单上两个文本框之间拖动，添加一个标签对象，名字为 Label1，如图 5-3 所示。

（5）采用同样的方法，在文本框 Text2 右侧分别添加另外两个标签对象 Label2 和 Label3。

（6）添加命令按钮控件。单击“表单控件”工具栏上的“命令按钮”图标，在表单的适当位置拖动，添加一个命令按钮对象，名字为 Command1，如图 5-4 所示。在添加的过程中，通过拖动的方法，可以调整各控件的位置。此外，还可以使用键盘上的方向键进行微调。

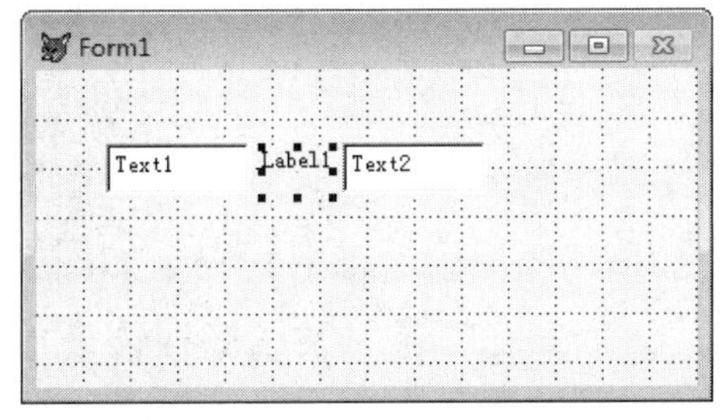

图 5-3　添加标签对象

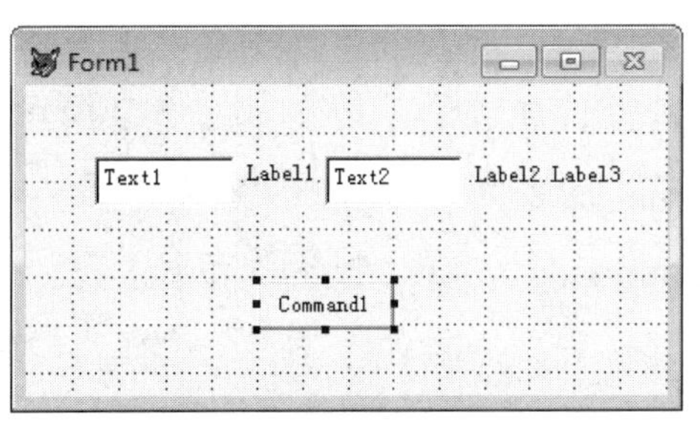

图 5-4　添加命令按钮对象

（7）设置控件属性。设置该命令按钮的属性，右击Command1控件对象，从快捷菜单中选择“属性”命令，打开“属性”对话框，将其Caption属性设置为“计算”，如图5-5所示。

单击Text1控件，使其处于选中状态，在其“属性”窗口中设置字体大小属性FontSize值为“14”，如图5-6所示。

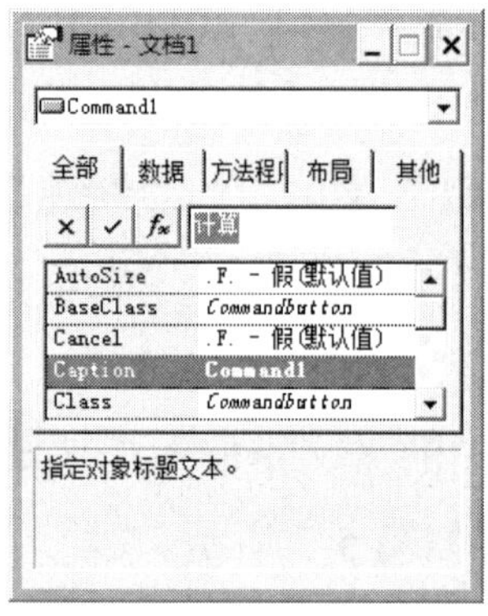

图5-5　设置Command1控件属性

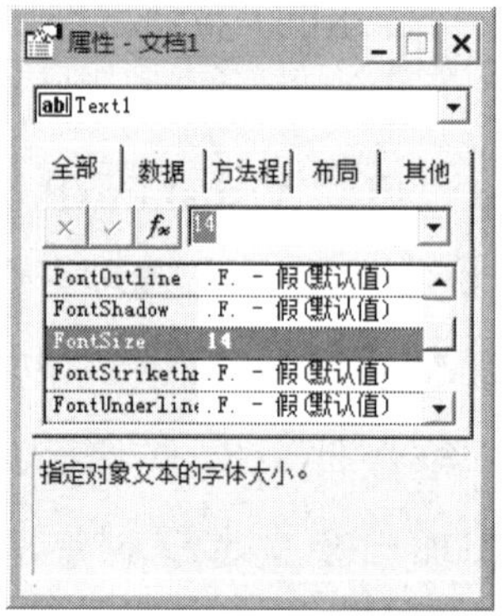

图5-6　设置Text1控件属性

采用同样的方法，设置Text2控件的FontSize属性如下：

```
FontSize:14
```

设置Label1控件的部分属性如下：

```
Caption：—
FontSize：16
Alignment：2-中央
```

设置Label2控件的部分属性如下：

```
Caption：=                    &&全角"="
FontSize：14
Alignment：2-中央
```

设置Label3控件的部分属性如下：

```
Caption：空
FontSize：14
Alignment：0-左(默认)
```

设置Command1命令按钮控件的属性如下：

```
FontSize：12
```

设置各控件属性后的表单如图5-7所示。

（8）编写命令代码。双击“计算”命令按钮，打开代码编辑窗口，在“对象”下拉列表中选择“Command1”，在“过程”下拉列表中选择“Click”，并输入以下代码，如图5-8所示。

（9）运行表单。单击工具栏上的运行按钮 **!**，保存该表单后，系统运行该表单。在表单的两个文本框中输入整数数字，单击“计算”按钮，系统就会在等号右侧显示运行结果，如图5-9所示。

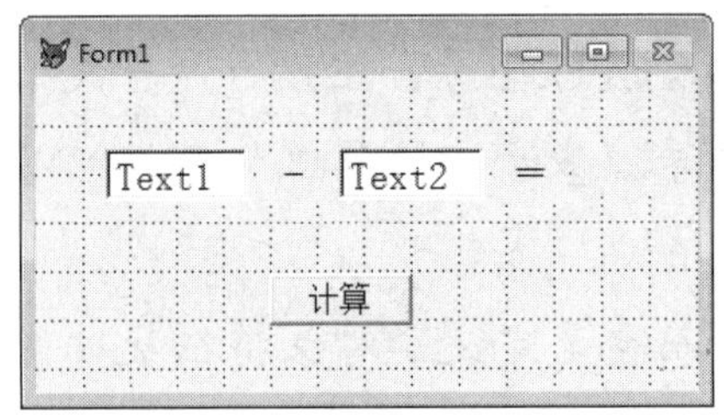

图 5-7　设置控件属性后的表单

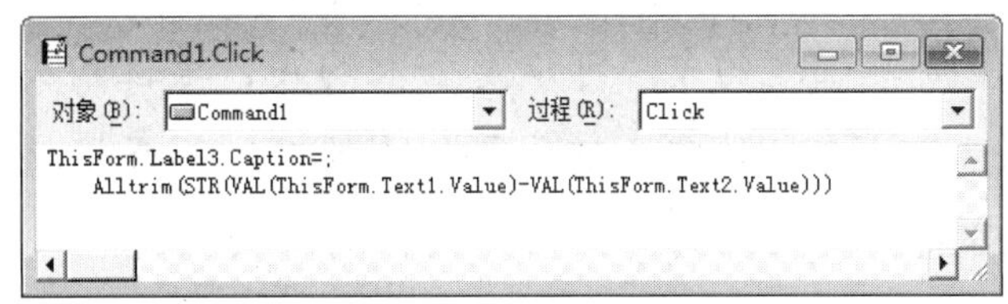

图 5-8　设置“计算”按钮事件代码

图 5-9　运行结果

小结：

这是一个表单应用的实例，据此可以了解创建表单、添加表单控件及设置属性的一般方法，有关表单控件的具体使用方法，将在后面的章节中详细介绍。

面向对象的基本概念

进行 Visual FoxPro 6.0 的表单设计时，首先考虑的是如何创建对象，用对象来简化程序设计，通过对象的属性、事件和方法程序来处理对象。

1. 对象

对象（Object）是一个独立存在的实体，可以是一个具体的实物，也可以看作某些概念。例如，一个窗口、一个按钮、一个菜单、一台计算机等，都可以看作对象。

属性（Property）是用来描述对象特征的。例如，一个“窗口”对象是否最大化、标题名字、字体、字号等，都是该窗口对象所拥有的属性。用户可以对其进行设置，定义对象的特征或某一方面的行为。每个对象都有属性。

事件（Event）指对象所发生的特定事件。用户可以编写相应的代码对此动作进行响应。例如，“按钮”对象被按下是一个事件，弹出式菜单的选项被选中也是一个事件。

方法（Method）是描述对象行为的过程，是对某个对象接受某个调用（也称过程调用）后所采取的一系列操作的描述。它可以接收参数，也可以返回数据。方法与对象紧密联系。

2. 类

类（Class）是具有相同特征的对象的集合，这些对象具有相同种类的属性及方法。例如，笔记本电脑、台式计算机、服务器等，可以归为“计算机”类。定义类后，基于该类就可以生成这类对象中的任何一个对象。这些对象可以用相同的属性来描述，但它们的属性取值可以完全不同。例如，在“计算机”类中，属性描述可以包括 CPU 型号、主频、内存大小、硬盘容量等，描述的方法可以是个人购买、单位购买、捐助等。基于“计算机”类，可以生成任何一个计算机对象。对于每台计算机，都有相应的属性值。

对象和类之间的相互关系是：对象是类的具体实例，而类是定义了对象特征及对象外观和行为的模板。在面向对象的理论中，类具有继承性、封装性和多态性三大特性。其中继承就是一个类可以在另一个类的基础上建立，继承该类的所有属性和事件。被继承的类称为父类（Parent Class），继承父类建立的类称为子类（Subclass）。在子类中，不仅可以继承父类的所有特性，而且还可以增加自己的属性和方法程序。如果有一个类，所有其他的类都是由它直接派生出来的，这个类就称为基类（Base Class）。

如果按类能否放置其他类的对象来划分类，可以分为容器类和非容器类，非容器类又叫控件类。

当新建或修改一个表单时，会打开“表单设计器”，其工具栏会自动打开，工具栏上的每个按钮都对应一个系统基类，即若单击该工具栏上的某个按钮，就会在表单上画出一个控件，实际上就是依据该基类创建了一个对象。表 5-1 给出了基类工具栏按钮名称及基类名称。

表 5-1　基类工具栏按钮名称及基类名称

按钮名称	基类名	是否为容器	按钮名称	基类名	是否为容器
表单	Form	是	表格	Grid	是
标签	Label	否	图像	Image	否
文本框	TextBox	否	计时器	Timer	否
编辑框	EditBox	否	页框	PageFrame	是
命令按钮	CommandButton	否	ActiveX 控件	OleControl	否
命令按钮组	CommandGroup	是	ActiveX 绑定控件	OleBoundControl	否
选项按钮组	OptionGroup	是	线条	Line	否
复选框	CheckBox	否	形状	Shape	否
组合框	ComboBox	否	容器	Container	是
列表框	ListBox	否	超级链接	HyperLink	否
微调控件	Spinner	否			

5.2　使用表单向导创建表单

使用表单向导可以快速地创建一个表单，表单的数据源可以是单个表或视图。

5.2.1　创建单一表单

【任务 2】 使用表单向导创建一个基于“学籍”表并显示全部字段的表单。

分析：

本任务是学习使用表单向导创建表单的基本方法，按向导提示逐步操作即可。

操作：

（1）打开“学生管理”项目文件，选择“文档”选项卡中的“表单”选项，单击“新建”按钮，出现“新建表单”对话框，再单击“表单向导”按钮，打开“向导选取”对话框，如图 5-10 所示。

（2）选择“表单向导”选项，单击“确定”按钮，启动“表单向导”，出现“表单向导”中的“字段选取”对话框，如图 5-11 所示。

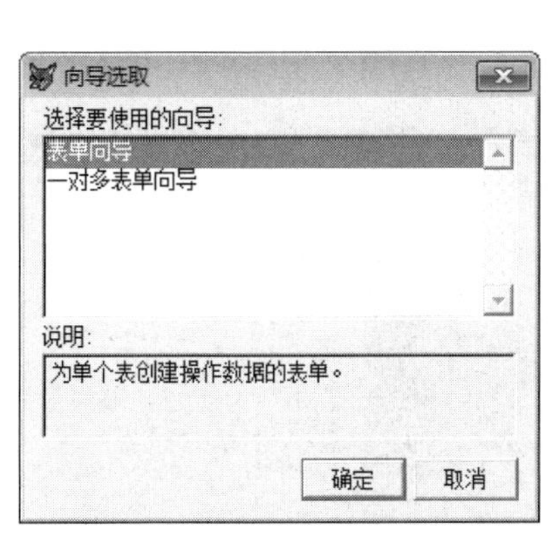

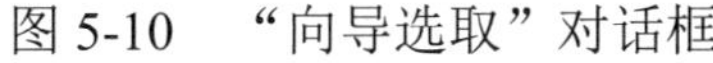
图 5-10　“向导选取”对话框

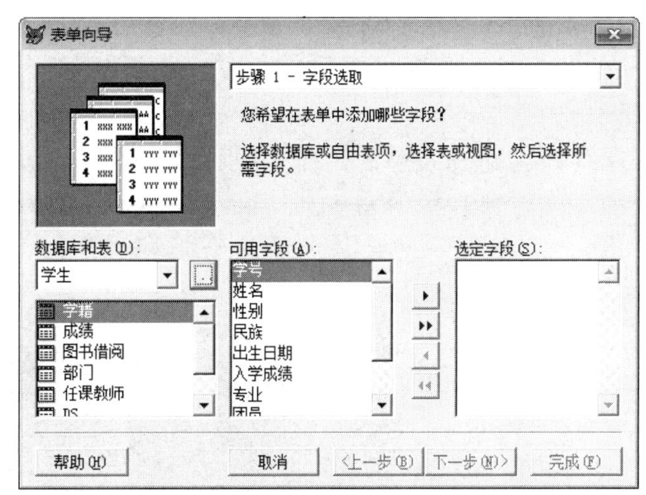

图 5-11　“字段选取”对话框

（3）在“字段选取”对话框中，选择“学生”库中的“学籍”表，将“可用字段”列表框中的全部字段都添加到“选定字段”列表框中。

📖提示

“表单向导”只能创建基于一个表或视图的表单，所以在选定字段后，如果再选取其他表，则原来选定的字段将全部取消。

（4）单击“下一步”按钮，出现“选择表单样式”对话框，如图 5-12 所示。选择表单样式为“新奇式”，按钮类型为“文本按钮”。

（5）单击“下一步”按钮，出现“排序次序”对话框，选择“学号”字段，并按升序排列记录。最多可选择 3 个字段或一个索引标识来排序记录。

（6）单击“下一步”按钮，出现“完成”对话框，如图 5-13 所示。在单击“完成”按钮前，可以先单击“预览”按钮，预览以上所创建的表单是否满意。

输入表单的标题，如“学生学籍信息”，单击“完成”按钮，在“另存为”对话框中为新创建的表单输入文件名，如“学籍”，保存该文件，表单文件默认的扩展名为.scx。

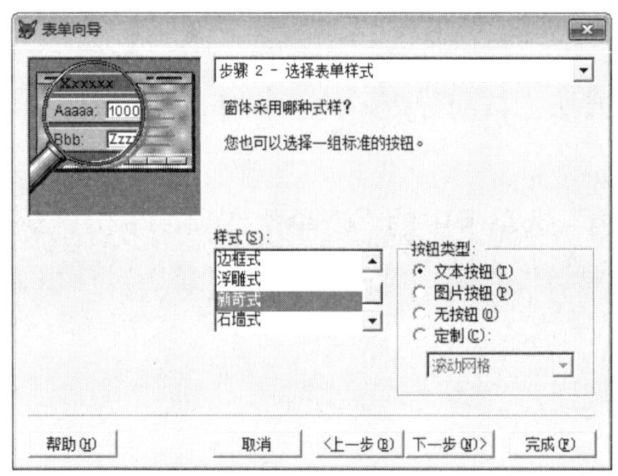

图 5-12 “选择表单样式”对话框

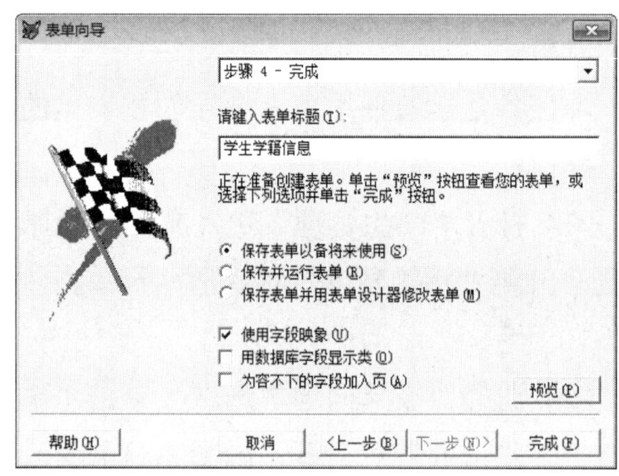

图 5-13 “完成”对话框

小结：

在保存新创建的表单后，在“项目管理器”窗口的“文档”选项卡中展开“表单”选项，选择新创建的“学籍”表单文件，并单击“运行”按钮，运行“学籍”表单，结果如图 5-14 所示。

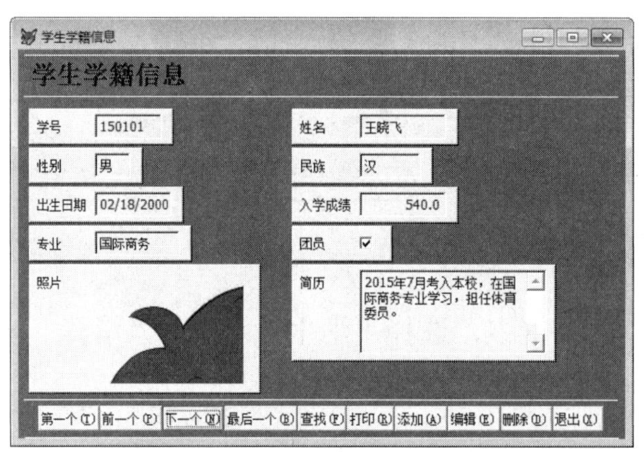

图 5-14 “学籍”表单运行结果

由运行结果可以看到，表单中除了显示所有的字段外，还创建了一组命令按钮，可以通过命令按钮实现相应的功能。

另外，在命令窗口中输入命令也可以运行表单，命令格式如下：

```
DO FORM <表单名>
```

例如，在命令窗口输入：

```
DO FORM 学籍
```

运行“学籍”表单，运行结果如图 5-14 所示。

5.2.2 创建多表表单

创建单一表单是基于一个表或视图创建简单表单。在实际应用中，表与表之间往往存在多种关系，其中最常见的是一对多的表间关系，它们之间通过关键字段相关联。

【任务3】 使用表单向导创建表单，数据来源于“学籍”表和“图书借阅”表。

分析：

本任务要求使用向导创建的表单数据来自“学籍”表和“图书借阅”表，这两个表通过“学号”字段建立了一对多的关联。

操作：

（1）在如图5-10所示的“向导选取”对话框中选择“一对多表单向导”选项，单击“确定”按钮，出现“从父表中选定字段”对话框，如图5-15所示。

（2）选择父表，如“学籍”表，并将“学号”“姓名”“性别”“出生日期”“入学成绩”和“专业”字段添加到“选定字段”列表框中；单击“下一步”按钮，出现“从子表中选定字段”对话框，将“图书借阅”表的全部字段都添加到“选定字段”列表框中。单击“下一步”按钮，出现“建立表之间的关系”对话框，如图5-16所示。

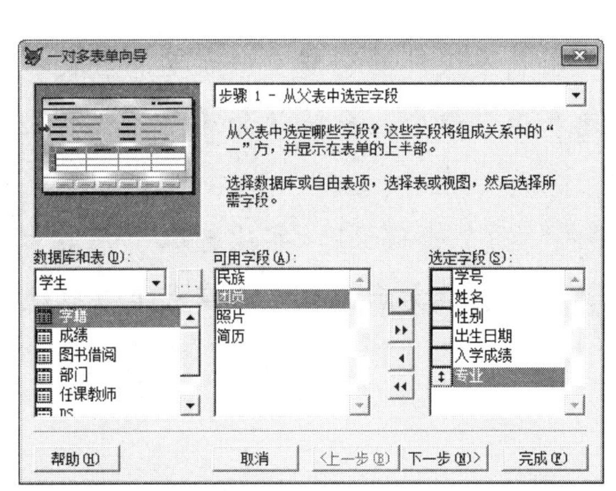

图5-15 “从父表中选定字段”对话框

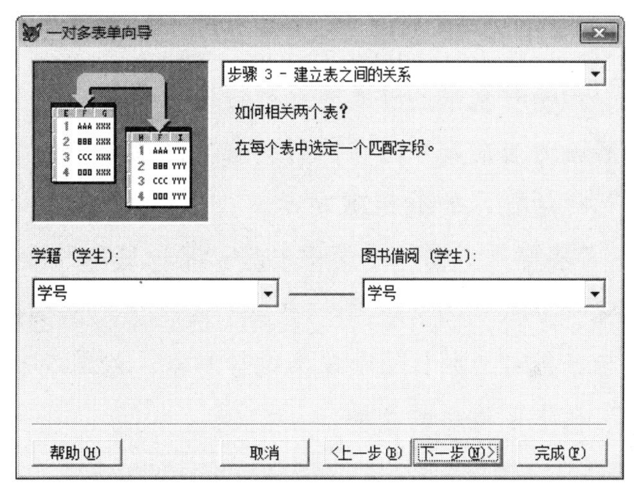

图5-16 “建立表之间的关系”对话框

（3）建立父表和子表的关联。分别选取“学籍”表和“图书借阅”表中的“学号”字段，单击“下一步”按钮，出现“选择表单样式”对话框，选择“浮雕式”样式。

（4）单击“下一步”按钮，出现“排序次序”对话框，选择“学号”字段，并按升序排序。单击“下一步”按钮，出现“完成”对话框，在表单标题栏中输入“学籍-图书借阅”，并以文件名“借书”保存新创建的一对多表单。

（5）运行创建的“借书”表单，结果如图5-17所示。

小结：

由运行结果可以看到，表单上半部分是父表“学籍”表中的记录，下半部分是子表“图书借阅”表中与父表相匹配的记录。当父表中的记录变化时，子表中的记录也随之产生相应的变化。

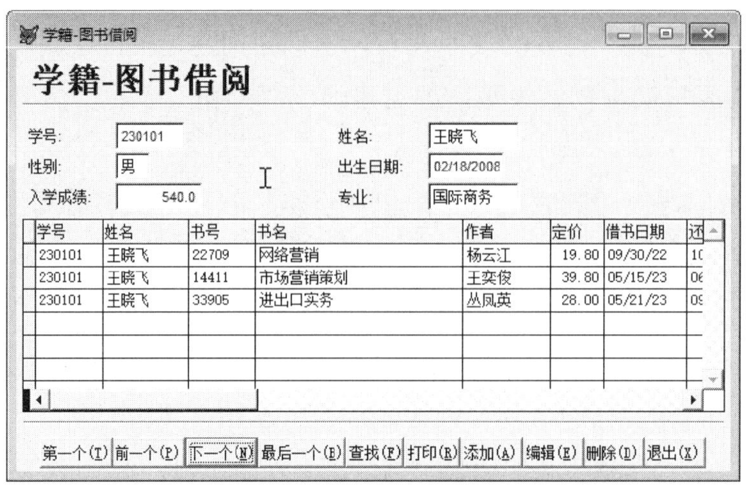

图 5-17 “借书”表单运行结果

快速生成表单

如果对表单的样式等没有特别的要求，可以先使用表单设计器创建空白表单，当表单设计器成为当前窗口时，执行“表单”菜单中的“快速表单”命令，系统就会弹出“表单生成器”对话框，如图 5-18 所示。

“表单生成器”对话框中有“字段选取”和“样式”两个选项卡，“字段选取”选项卡用于从一个表中选取字段，“样式”选项卡用来选择表单样式，确定后系统就会在表单中自动添加与字段对应的标签和文本框等对象。如图 5-19 所示是在表单中以“阴影式”样式添加“学籍”表中字段后的表单。

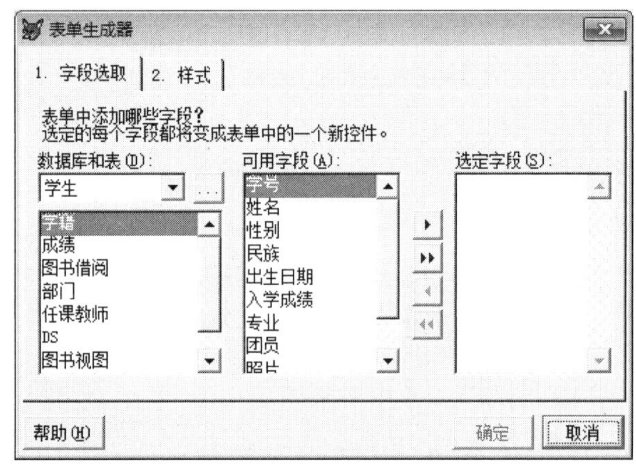

图 5-18 “表单生成器”对话框

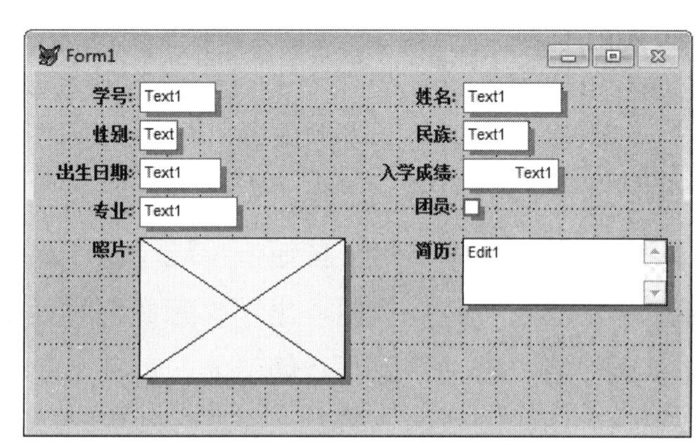

图 5-19 快速生成的表单

用“快速表单”命令添加的控件已经预先排列好，但可以随意调整它们的属性、大小和位置。利用快速表单功能可以帮助用户快速地将与字段对应的相关空间添加到表单中，然后自己再增加、修改和删除控件。

试一试

1. 利用表单向导，创建基于“学生”库中“部门”表的表单。
2. 创建基于“学生”库中的“部门”表和“教师”表的一对多表单。

5.3　使用表单设计器创建表单

在使用表单向导创建单一表单或多表表单时，操作比较简单，只要按照向导提供的步骤操作，就能比较顺利地创建一个表单。但使用向导创建的表单格式单一，命令按钮统一。有时用户希望根据需要自行设计表单，这就需要用到表单设计器。使用表单设计器，用户可以按照自己的要求，在一张空白表上，设计出外表美观、功能齐全且实用的表单。使用表单设计器，不仅可以创建基于一个表或视图的表单，还可以创建基于多个表或视图的表单，这些表或视图之间必须建立一种关联。

【任务 4】 以“学籍”表和“成绩”表为数据源设计一个表单，表单中含有两个表的部分字段，如图 5-20 所示。

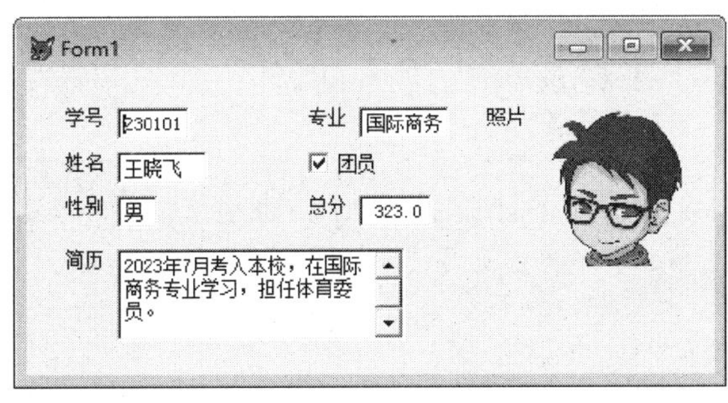

图 5-20　设计的表单

分析：

这是使用表单设计器创建以两个表为数据源的表单，两个表之间要以关键字段进行关联，保持数据协同运行。

操作：

（1）打开“学生管理”项目文件，选择“文档”选项卡中的“表单”选项，单击“新建”按钮，出现“新建表单”对话框，再单击“新建表单”按钮，打开“表单设计器”对话框，同时打开“表单控件”工具栏，如图 5-21 所示。

（2）“表单设计器”对话框中有一个标题为 Form1 的空白表单（其大小可以调整），执行菜单“显示”中的“数据环境”命令或单击表单设计工具栏中的“数据环境”按钮，启动数据环境设计器，并打开“添加表或视图”对话框，如图 5-22 所示。

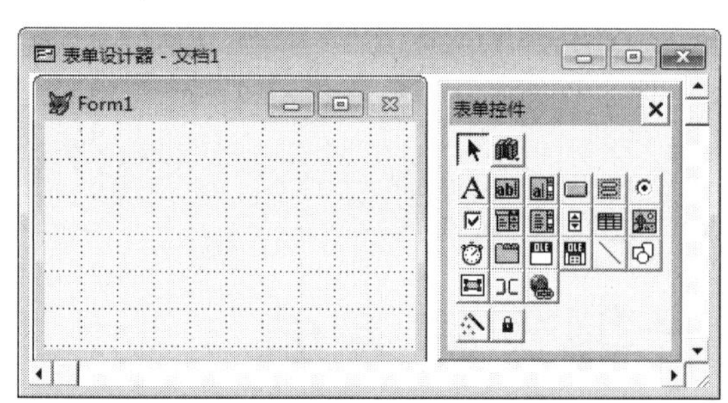

图 5-21 “表单设计器”对话框

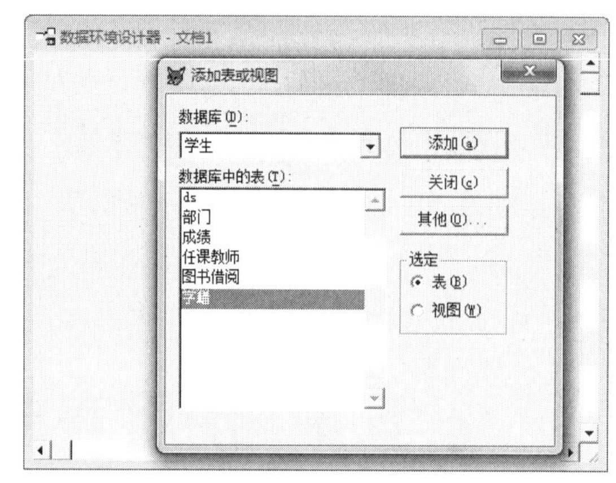

图 5-22 “添加表或视图”对话框

📖提示

如果“添加表或视图”对话框已关闭，执行菜单命令“数据环境”→“添加”可以将它打开。

数据环境是 Visual FoxPro 6.0 中的一种对象，它定义了表单使用的数据源。通常情况下，数据环境中的表或视图会随着表单的打开或运行而打开，并随着表单的关闭或释放而关闭。数据环境与表单一起存放，并可使用表单设计器进行修改。

（3）将“学籍”表和“成绩”表分别添加到“数据环境设计器”窗口中，将“学籍”表中的主关键字段“学号”拖到“成绩”表中的“学号”字段上，建立两个表之间的关联（如果没有建立关联），结果如图 5-23 所示。

除了在数据环境设计器中添加表或视图外，同样，还可以将表或视图从数据环境设计器中移去。

（4）将“数据环境设计器”窗口中数据表的字段分别拖到“表单设计器”空白表格中，并做相应的布局，如图 5-24 所示。

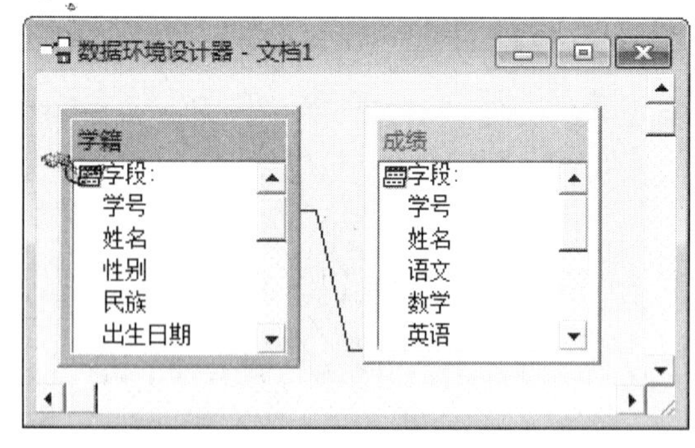

图 5-23 添加数据源的“数据环境设计器”窗口

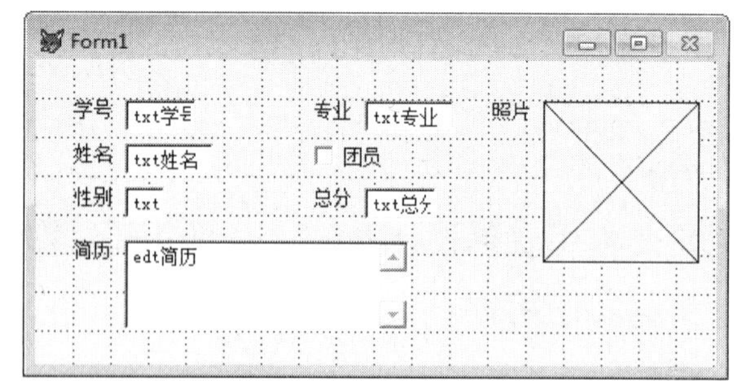

图 5-24 在表单中添加字段控件

（5）以“XJ1”为文件名保存该表单，运行该表单，结果如图 5-20 所示。

小结：

在添加字段控件时，可以一次拖动多个字段（按住 Ctrl 键，依次单击要拖动的字段，再把字段拖到表单相应的位置上），这些字段内容以表格的形式显示出来。对于拖到表单中的字段，右击鼠标，通过快捷菜单可以对其进行剪切或复制等操作。

添加到表单中的字段都有一个标签，显示了字段的名字。如果添加的是字符型、数值型、日期型等字段，则系统生成一个文本框，逻辑型字段生成一个复选框，备注型字段生成一个编辑框，通用型字段生成一个 OLE 绑定型控件。这种字段的映像关系是系统默认的关系，用户可以执行菜单命令“工具”→“选项”→“字段映像”，设置映像字段的类型，改变这种映像关系，创建指定类型的控件。

通过表单设计器，可以修改和完善使用表单向导创建的表单。

知识链接

控 件 修 饰

创建表单后，需要对表单中的控件进行修饰，如调整控件的大小、重新编排位置、设置字体和颜色等，从而达到美化表单的目的。

1. 调整控件大小

单击表单控件，周边出现 8 个控点，通过拖动控点可以调整其大小。调整控件大小还可以通过设置该控件“属性”窗口“布局”选项卡中的 Height 和 Width 属性值来完成，这特别适合于对控件进行微调。

2. 调整位置

单击表单控件，把控件移到一个合适的位置上，或用键盘上的方向键来移动。移动控件前，先选择多个要移动的控件，然后拖动其中任意一个控件，其他控件都随之相应移动。

在移动控件前，如果执行菜单命令“显示”→“显示位置”，则在移动控件时，在系统状态栏将移动控件的坐标精确地显示出来。

另外，在移动控件时，还可以通过设置该控件“属性”窗口“布局”选项卡中的 Left 和 Top 属性值，对控件进行精确移动。

3. 设置控件字体和字号

在表单中，可以给不同的表单控件设置不同的字体和字号。设置字体和字号分别使用“属性”窗口“布局”选项卡中的 FontName 和 FontSize 选项，通过属性设置框右侧的下拉列表来选择合适的字体和字号。

4. 设置控件颜色

在“属性”窗口“布局”选项卡中，ForeColor 属性用于设置控件中文本和图形的前景色，BackColor 属性用于设置控件中文本和图形的背景色。设置颜色时，可以单击属性设置框右侧的颜色选择按钮，打开“颜色”对话框，选择所需要的颜色。

5. 控件布局排列

在创建表单时，需要设置多个控件的对齐方式。首先选中要进行布局排列的多个控件，然后执行菜单命令“格式”→“对齐”，选择一种对齐方式，也可以打开表单的“布局”工具栏，选择适当的布局方式。

试一试

使用表单设计器，修改任务1中使用向导创建的表单，在该表单中添加一组命令按钮。

5.4 表单控件的使用

启动表单设计器后，在系统主窗口中出现“表单设计器”窗口、“属性”窗口、“表单控件”工具栏（如图5-25所示）、“表单设计器”工具栏等。

图5-25 “表单控件”工具栏

使用“表单控件”工具栏，可以在表单上添加标准的Visual FoxPro 6.0控件，如标签、文本框、组合框、列表框、编辑框、复选框、命令按钮、图像、超级链接、ActiveX控件、ActiveX绑定控件及线条、形状等。

在使用“表单控件”工具栏添加控件时，如果系统为该控件提供了生成器，则在按下生成器锁定按钮后添加控件时，打开相应的生成器对话框，系统要求设置一些与控件有关的属性。如添加列表框时，列表框生成器要求用户选择表和字段，显示样式、布局等内容。如果没有按下生成器锁定按钮，则在添加控件时，系统不显示生成器对话框。

5.4.1 标签控件

标签是用于显示文本的控件，它可以单独使用，也可以与其他控件结合使用，一般用来描述固定的信息。

控件属性的设置可以在“属性”窗口的“全部”选项卡或“数据”选项卡中进行。添加标签控件后，还需要设置标签控件的属性、布局等。

【任务5】 在空白表单上设置一个标题为“学生学籍管理”的标签，以及与学生信息有关的标签：“学生学号”“学生姓名”“入学成绩”“个人简历”。

分析：

本任务是在表单中添加5个标签控件，需要使用标签控件按钮，添加后需要设置标签控件的属性，常见的属性分别是标题Caption、名称Name、对齐方式Alignment、字体FontName、

字号 FontSize 等。

操作：

（1）启动表单设计器，按下“表单控件”工具栏中的“标签”按钮A，再将鼠标移到表单设计区中上部，指针变成“十”时单击鼠标，在表单上产生一个默认大小的标签。按下鼠标左键并拖动鼠标，可产生任意大小的标签，标签自动命名为 Label1。

（2）右击该标签，打开“属性”对话框，在 Caption 属性框中输入标签标题，如“学生学籍管理”，如图 5-26 所示。

（3）采用同样的方法添加其他标签，在控件的“属性”窗口中分别设置标签属性，标签 Label1 和标签 Label2 的部分属性如下。

- 标签 Label1

  AutoSize：.T.

  Caption：学生学籍管理

  Name：Label1

  FontName：隶书

  FontSize：18

- 标签 Label2

  AutoSize：.T.

  Caption：学生学号

  Name：Label2

  FontName：宋体

  FontSize：9

标签 Label3、Label4 和 Label5 的属性如同标签 Label2 的属性，Caption 属性各不相同。

（4）单击标签出现 8 个控点，可以移动标签的位置、设置对齐方式等。添加标签后的表单如图 5-27 所示。

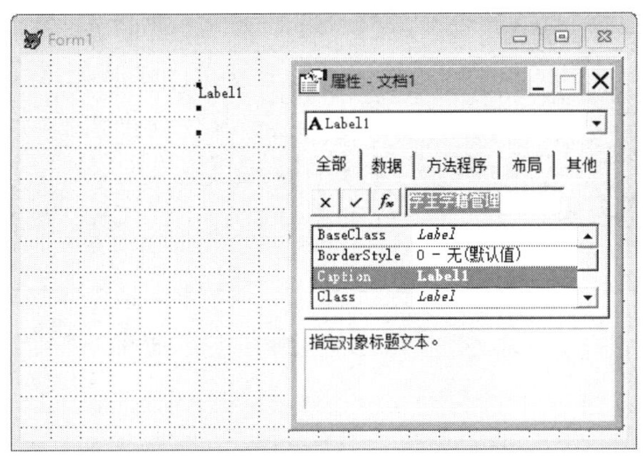

图 5-26　设置 Caption 属性

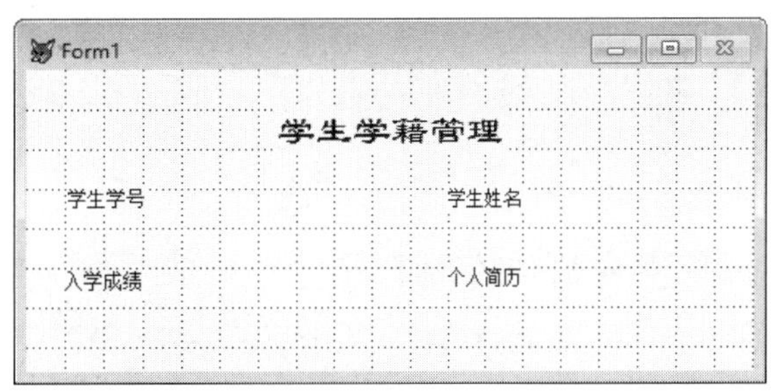

图 5-27　添加标签后的表单

（5）以“学籍管理”为表单名保存该表单。

小结：

在表单中插入控件后，应了解常见的控件属性及其设置方法。常用的标签控件属性有 Caption、Name、Alignment、FontSize、FontName 等。

- Caption：控件的标题。
- Name：控件名，该属性值是唯一标识控件的标记，在编程时使用该属性值来识别控件。
- Alignment：指定文本在控件中显示的对齐方式。有 3 种选择：0—左（默认），1—右，

2—中央。Alignment 属性适用于标签、文本框、复选框、选项按钮等控件。

- FontSize：设置标签控件文字的大小。使用 FontName 属性可以设置标签控件中文字所使用的字体，如宋体、黑体、楷体等。
- Top 和 Left：设置控件在表单中的位置。
- Height 和 Width：设置控件的尺寸。

知识链接

表单及控件属性设置

表单上可以插入许多控件（又称对象），这些控件彼此独立，具有各自的属性，如颜色、尺寸、标题、名字、在屏幕上的位置等，可以通过“属性”窗口来定义或修改对象的各种属性。

在启动表单设计器后，如果表单“属性”窗口没有出现，可执行“显示”菜单中的“属性”命令，或单击“表单设计器”工具栏中的按钮，屏幕出现“属性”窗口，如图 5-28 所示。

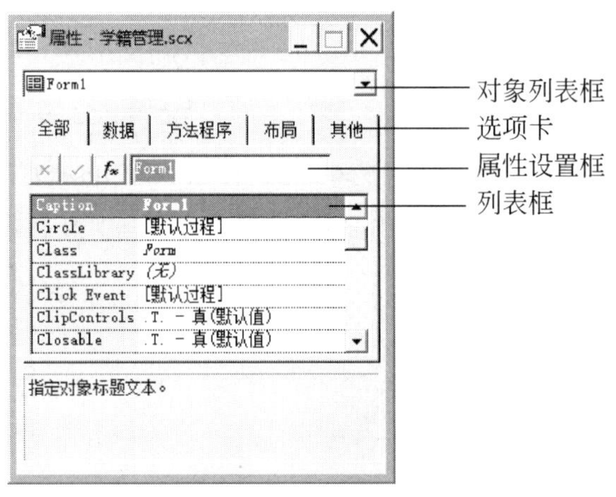

图 5-28 “属性”窗口

“属性”窗口由对象列表框、选项卡、属性设置框，以及属性、方法、事件列表框组成，各组成部分的含义如下。

（1）对象列表框。显示当前被选定对象的名称。

（2）选项卡。由“全部”“数据”“方法程序”“布局”和“其他”5 个选项卡组成。其中，“全部”选项卡中包含了其他 4 个选项卡中的全部属性、方法和事件。

- 数据：显示对象的数据属性。
- 方法程序：显示对象的方法程序。
- 布局：显示对象的外观属性。
- 其他：用户自定义对象属性。

（3）属性设置框。设置或更新所选定属性列表的属性值。✓按钮表示确认所更改的属性值；×按钮表示取消更改，返回原来的属性值；*fx*按钮表示打开“表达式生成器”对话框，生成一个表达式。

（4）列表框。显示当前所选对象的所有属性、方法和事件，用户可以从中选择一个。如果选择的是属性项，窗口内将出现属性设置框，用户可以在此对选定的属性进行设置。

表单及对象属性的数据类型大部分是固定的。如果要设置一个字符型的值，可以在属性设置框中直接输入，不需要加定界符。但对那些既可以接收数值型数据又可以接收字符型数据的属性，如果在属性设置框中直接输入数字，系统会把它作为数值型数据，如果要设置数字格式的字符串，则需要用定界符引起来。如果要为属性设置一个表达式，可以单击 按钮打开“表达式生成器”对话框，给属性指定一个表达式。

有些属性在设计时是只读的，用户不能修改，这些属性的默认值在列表框中以斜体显示。

5.4.2　文本框和编辑框控件

文本框控件可以用来显示和编辑数据，数据类型有字符型、数值型、逻辑型、日期型或日期时间型。所有标准的编辑功能，如剪切、复制和粘贴都可以在文本框控件中使用。

【任务 6】 在任务 5 创建的表单中，添加相应的文本框和编辑框控件，如图 5-29 所示。

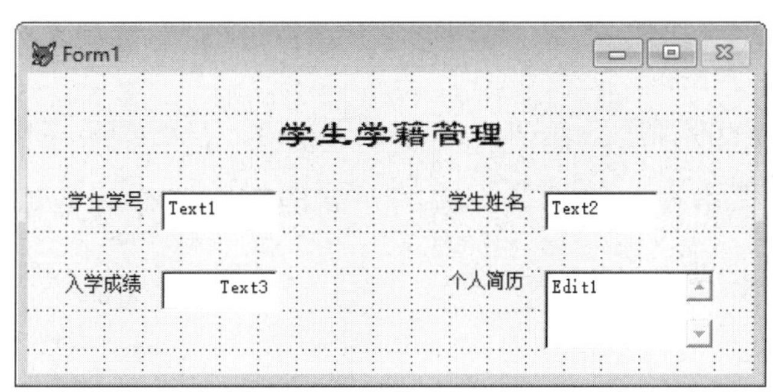

图 5-29　添加文本框和编辑框的表单

分析：

本任务是在表单中添加 3 个文本框控件和 1 个编辑框控件，可以通过文本框控件生成器和编辑框控件生成器来设置。

操作：

（1）打开“学籍管理”表单，按下“表单控件”工具栏中的生成器锁定按钮，再按下文本框按钮。

（2）将指针移到“学生学号”标签右侧，单击拖动添加一个文本框 Text1，并启动“文本框生成器”对话框，如图 5-30 所示。

（3）“文本框生成器”对话框中包括“格式”“样式”和“值”3 个选项卡。

- 格式：设计文本框格式界面。例如，“数据类型”选择“字符型”，“输入掩码”为“999999”。
- 样式：设计文本框排列方式。
- 值：选择一个字段保存文本框的值，对应“属性”窗口中的 ControlSource 属性。这里选择“学籍”表中的“学号”字段，如图 5-31 所示。

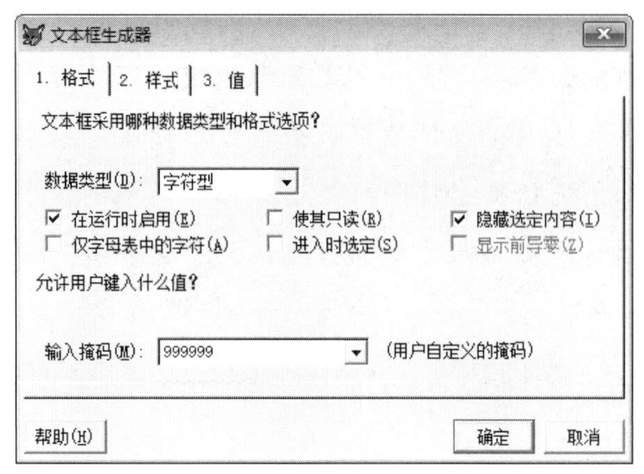

图 5-30　“文本框生成器”对话框

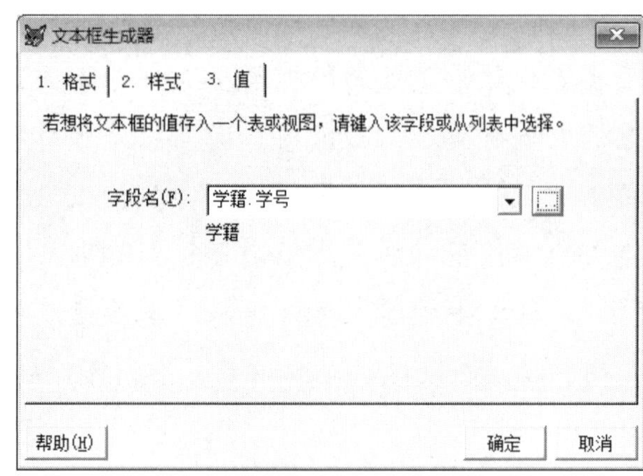

图 5-31　设置存储文本框值的字段

（4）单击“确定”按钮，完成文本框控件的添加操作。

采用同样的方法可以在“学生姓名”和“入学成绩”的右侧添加文本框，并设置对应的数据类型为“字符型”和“数值型”，对应的字段分别是“姓名”和“入学成绩”，其中，“入学成绩”是数值型。

（5）类似添加文本框的方法，在“个人简历”标签右侧添加一个编辑框，并在“编辑框生成器”的“值”选项卡中设置“学籍”表的“简历”字段作为数据来源。添加了文本框和编辑框的表单如图 5-29 所示。

部分控件属性如下。

- 文本框 Text1

  Name：Text1

  ControlSource：学籍.学号

- 编辑框 Edit1

  Name：Edit1

  ControlSource：学籍.简历

小结：

编辑框控件类似于文本框控件，不同的是可以容纳更多的字符，并且有垂直滚动条，通常用来显示或设置字符型数据，包括字符型内存变量、字段，以及备注字段的内容。

常用的文本框控件属性有 ControlSource、Value、Format、PasswordChar、InputMask 等。

- ControlSource：为文本框中编辑的数据指定一个字段或内存变量。
- Value：返回文本框的当前内容，该属性的默认值是空串。
- Format：设置控件的 Value 属性的输入和输出格式，即设置数据输入的限制条件和显示格式（见表 2-8）。
- PasswordChar：常用于显示用户口令。当用文本框接收用户口令时，用户并不希望旁边的人看到输入的具体信息，此时可以设置 PasswordChar 属性，用设置的字符代替用户输入的字符，如设置 PasswordChar 属性为“*”。
- InputMask：指定文本框中如何输入和显示数据。InputMask 属性值是一个字符串，该字符串由一些格式符组成（见表 2-9）。

编辑框控件也有 ControlSource、Value、Format、PasswordChar 等类似的属性。

5.4.3 组合框和列表框控件

组合框又称下拉式列表框，以列的形式显示一组数据供用户选择，通常情况下只有一个条目是可见的，可以单击组合框的下箭头按钮打开条目列表，以便从中选择。组合框不提供多重选择功能。

【任务 7】 在“学籍”表中添加一个“毕业学校”字段，利用组合框从“学校”表（已建立）中读取数据，并填充到“学籍”表的“毕业学校”字段中，如图 5-32 所示。

分析：

创建组合框和列表框时，需要确定列表中的数据来源。因此，应预先建立“学校”表，且包含“毕业学校”字段，如图 5-33 所示。

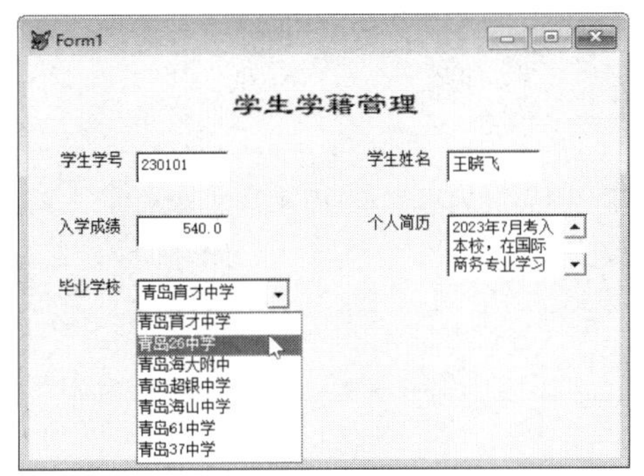

图 5-32 添加的组合框

图 5-33 “学校”表记录

操作：

（1）在任务 6 创建的表单中添加一个“毕业学校”标签，再按下组合框按钮，在“毕业学校”标签右侧添加一个组合框 Combo1，并打开“组合框生成器”对话框（如果没有按下“生成器锁定”按钮，可用鼠标右键单击组合框，在弹出的快捷菜单中单击“生成器”命令，打开“组合框生成器”对话框），如图 5-34 所示。

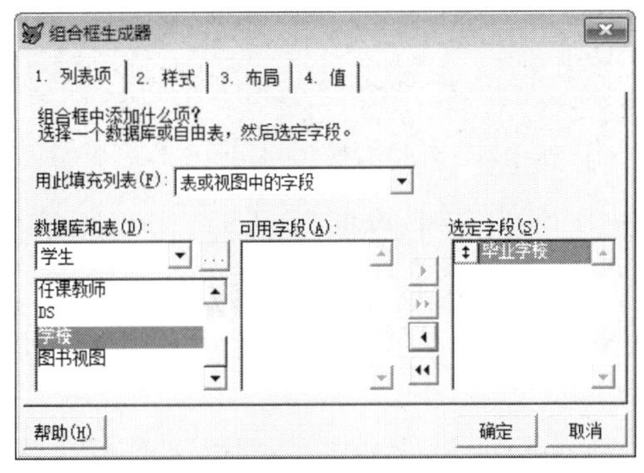

图 5-34 “组合框生成器”对话框

（2）“组合框生成器”对话框中有“列表项”“样式”“布局”和“值”4 个选项卡，其中“值”选项卡用来指定组合框的数据来源及存储该值的字段名，如图 5-35 所示。

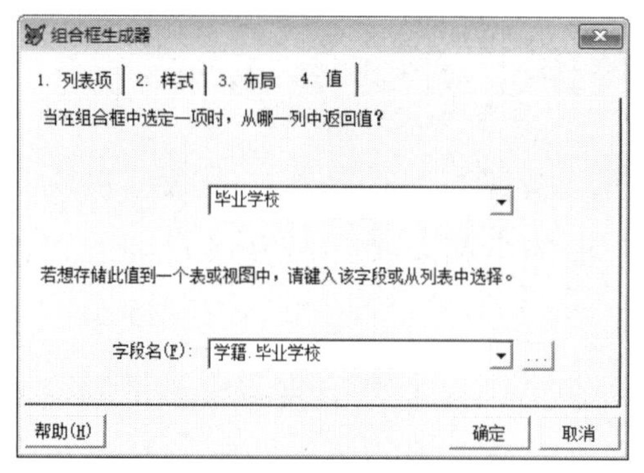

图 5-35 “值”选项卡

（3）单击工具栏中的运行按钮 ! ，保存该表单后，系统运行该表单，从下拉式列表框中选择毕业学校，如图 5-32 所示。通过浏览“学籍”表，观察到选取的毕业学校已添加到当前记录的“毕业学校”字段中。

小结：

常用的组合框控件属性有 RowSource、RowSourceType、ControlSource、DisplayCount、Style 等。

- RowSource：指定组合框中数据的来源。
- RowSourceType：指定组合框中数据源的类型。
- ControlSource：指定一个变量或字段保存用户从组合框中选择的结果。
- DisplayCount：指定显示在组合框下拉列表中的条目个数。
- Style：指定是下拉组合框还是下拉列表框。下拉组合框是指用户既可以从列表中选择，也可以在编辑区内输入；下拉列表框是指用户只能从列表中选择。

添加的组合框控件部分属性如下。

```
RowSource：学校.毕业学校
RowSourceType：字段
ControlSource：学籍.毕业学校
DisplayCount：3
Style：下拉组合框
```

列表框与组合框类似，能够提供一组数据项，用户从下拉列表中选择数据，并返回数据项。一般情况下，列表框显示其中的若干数据项条目，用户可以通过滚动条上下移动，选择条目。添加列表框操作与添加组合框的操作方法类似。

试一试

将任务 7 所添加的组合框改为列表框，然后运行该表单，观察操作结果。

5.4.4　表格控件

表格常用来显示和维护表或视图中的数据，允许用户对表格中的数据进行操作。由于表格是一个容器对象，因此还可以包含其他表格、文本框、列表框等控件。

【任务 8】 在“学籍管理”表单中添加一个表格控件，表格中为“图书借阅”表中字段内容，使之与“学籍”表之间建立一对多的关系，如图 5-36 所示。

分析：

这是在一个表单中显示两个表的记录，通常这两个表的记录是相互关联的，当主表的记录移动时，子表表格中的数据也随之发生变化。添加表格后可以使用表格生成器进行设置。

操作：

（1）打开“学籍管理”表单设计器，按下“表单控件”工具栏中的“生成器锁定”按钮，再按下表格控件按钮。

（2）在表单上要设置表格的位置单击鼠标，则可在表单上添加一个表格，并同时启动“表格生成器”，如图 5-37 所示。

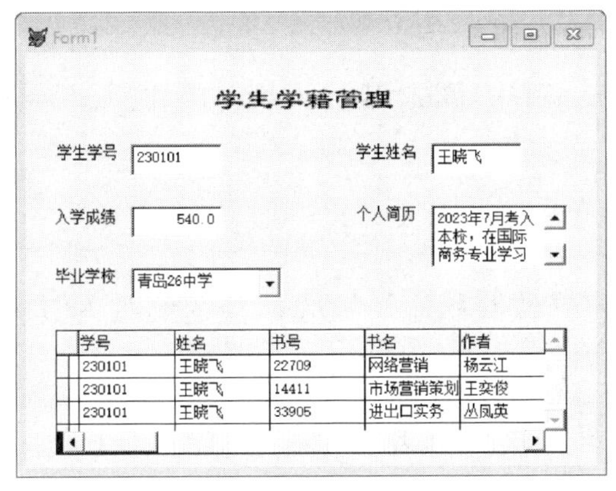

图 5-36　添加的表格控件

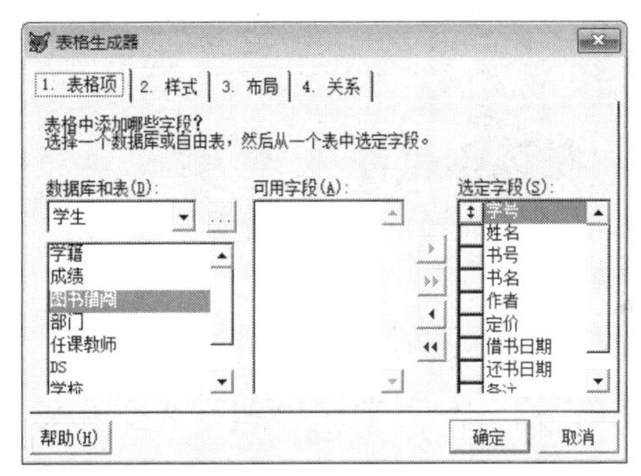

图 5-37　“表格生成器”对话框

（3）“表格生成器”对话框中有“表格项”“样式”“布局”和“关系”4 个选项卡。在“表格项”选项卡中选取“图书借阅”表中的全部字段，在“关系”选项卡中创建一对多表单，需定义父表和子表之间的关系。例如，父表中的关键字段选取“学籍.学号”，子表中的相关索引为“学号”，如图 5-38 所示。

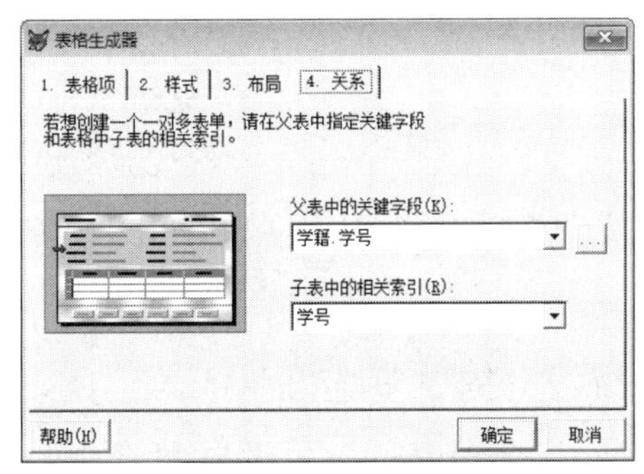

图 5-38　“关系”选项卡

（4）添加的表格控件部分属性如下。

```
RecordSourceType：表
RecordSource：图书借阅
ColumnCount：9
LinkMaster：学籍
ChildOrder：学号
RelationalExpr：学号
```

（5）单击工具栏中的运行按钮 ! ，保存表单后运行该表单，运行结果如图 5-36 所示。

小结：

常用的表格控件属性有 RecordSourceType、RecordSource、ColumnCount、LinkMaster、ChildOrder、RelationalExpr 等。

- RecordSourceType：指定表格数据源打开的类型。
- RecordSource：指定表格中的数据源。
- ColumnCount：指定表格的列数。
- LinkMaster：指定与表格控件中所显示子表相链接的父表。
- ChildOrder：指定建立一对多关系中子表的索引标识。
- RelationalExpr：指定基于父表中的字段与子表中的索引相关的表达式。

5.4.5 复选框控件

复选框有“真”与“假”两种状态，允许用户修改其状态。当选择复选框时为真（True），未选择复选框时为假（False）。

【任务 9】 在“学籍管理”表单中添加一个复选框，用于显示是否是“团员”。

分析：

由于“学籍”表中的“团员”字段是逻辑类型，因此，可以使用复选框来表示该字段的值。

操作：

（1）打开“学籍管理”表单设计器，按下“表单控件”工具栏中的复选框按钮☑，在表单上添加一个复选框 Check1 控件。

（2）设置复选框 Check1 的部分属性如下。

```
Caption：团员
ControlSource：学籍.团员
```

（3）单击工具栏中的运行按钮 ! ，运行该表单，如图 5-39 所示。

小结：

由于 Visual FoxPro 6.0 系统没有提供复选框生成器，所以只能在“属性”窗口中对复选框进行属性设置。其主要属性是 ControlSource，设置复选框控件的数据源。

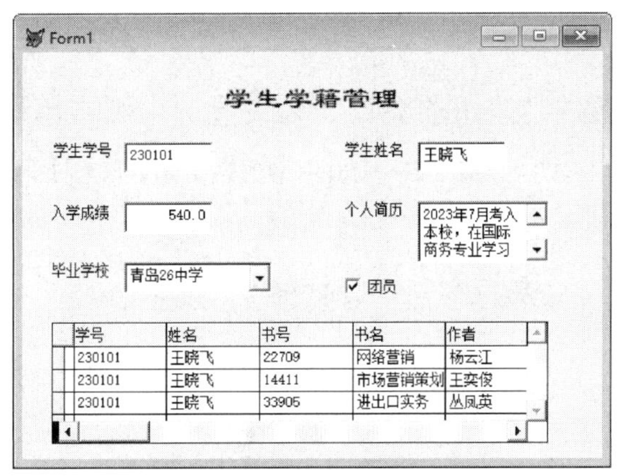

图 5-39　添加复选框的表单

5.4.6　选项按钮组控件

选项按钮组控件用于建立一个选项组供用户选择，每次用户只能从中选择一个选项。

【任务 10】 在“学籍管理”表单中添加一个选项按钮组，在编辑或追加记录时，确定“性别”字段值，如图 5-40 所示。

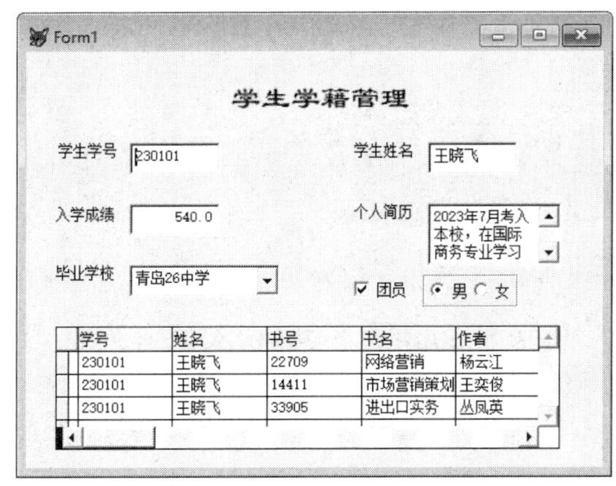

图 5-40　添加选项按钮组的表单

分析：

“性别”字段值有两个选项，每次只能选择其中一个，因此，该选项按钮组按钮数目为 2，在表单中可以用选项组生成器来添加。

操作：

（1）打开“学籍管理”表单设计器，按下“表单控件”工具栏中的“生成器锁定”按钮，再按下“选项按钮组”按钮。

（2）在表单要放置选项按钮组的位置单击鼠标，在表单上添加一个选项按钮组，它包含两个单选按钮，如图 5-41 所示。这是系统默认的单选按钮数目，用户可以根据需要重新设置单选按钮数目。

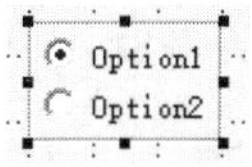

Option1
Option2

图 5-41　选项按钮组控件

（3）在添加选项按钮组的同时，系统打开“选项组生成器”对话框，它包含“按钮”“布局”和“值”3 个选项卡。

- “按钮”选项卡：通过“按钮的数目”来设置选项组中单选按钮的数目，以及设置按钮是“标准”还是“图形方式”。例如，设置按钮的数目为 2，将 Option1 和 Option2 的标题分别设置为“男”和“女”，如图 5-42 所示。

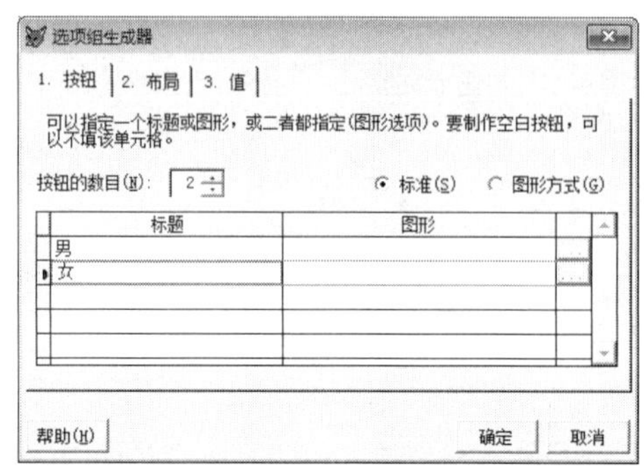

图 5-42 “选项组生成器”对话框的“按钮”选项卡

- “布局”选项卡：设置选项组的排列方式，包括按钮布局、按钮间隔和按钮样式。例如，按钮布局设置为“水平”。
- “值”选项卡：将选项组的值存入一个表或视图的字段中。例如，字段名设置为“学籍.性别”。

（4）单击工具栏中的运行按钮 ！，保存表单后运行该表单，结果如图 5-40 所示。

小结：

常用的选项按钮组控件的 Name 属性为 Optiongroup1，它包含选项按钮 Group1、Group2 等，可以分别设置 Caption、ButtonCount 和 ControlSource 属性，其中 ButtonCount 属性用来设置按钮的数量。

5.4.7 命令按钮控件

命令按钮常用来引导用户完成某种功能，如运行表单、编辑和删除记录或打印报表等。

【任务 11】 创建一个如图 5-43 所示的表单，通过输入圆的半径计算圆的面积。

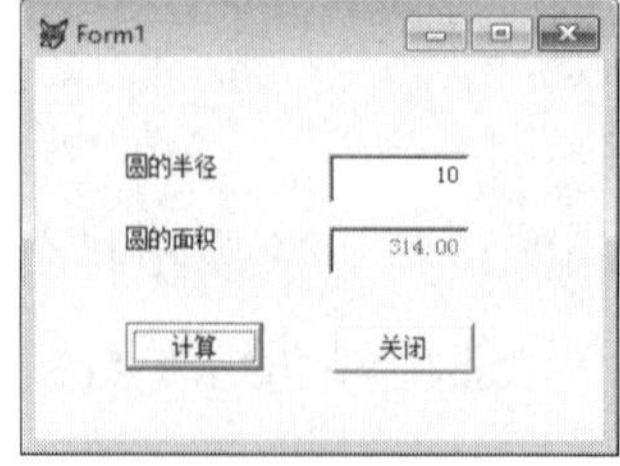

图 5-43 计算圆的面积表单

分析：

表单中含有两个标签控件，用于显示提示信息，两个文本框控件分别用于输入数值和显示计算结果，两个命令按钮控件分别用于计算和退出。

操作：

（1）新建一个表单，分别添加两个标签控件、两个文本框控件和两个命令按钮控件。

（2）设置各控件属性如下。

● 标签 Label1：

```
Caption：圆的半径
```

● 标签 Label2：

```
Caption：圆的面积
```

● 文本框控件 Text1：

```
Value：0
```

● 文本框控件 Text2：

```
Value：0
Enabled：.F.
```

● 命令按钮控件 Command1：

```
Caption：计算
```

● 命令按钮控件 Command2：

```
Caption：关闭
```

（3）双击命令按钮控件 Command1，在出现的“Command1.Click”窗口中为 Command1 命令按钮控件添加 Click 事件代码，如图 5-44 所示。

图 5-44　添加 Command1.Click 事件代码

采用同样的方法为命令按钮控件 Command2 的 Click 事件添加代码，如图 5-45 所示。

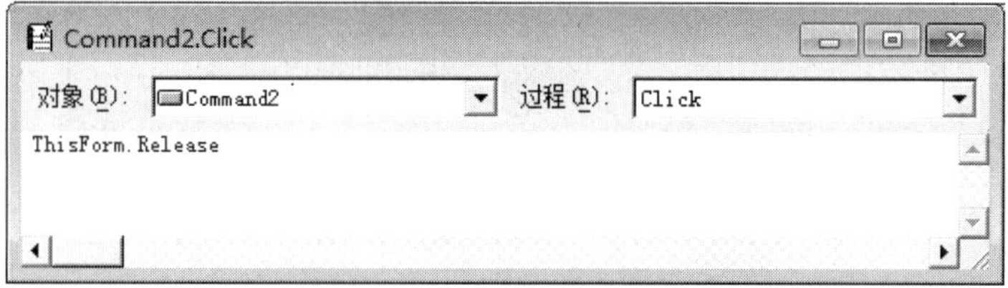

图 5-45　添加 Command2.Click 事件代码

（4）单击工具栏上的!按钮运行表单，输入半径，观察运行结果。

小结：

本任务中，正确设置和理解 Command1.Click 和 Command2.Click 事件代码是关键。

试一试

1. 新建一个含有一个命令按钮的表单，单击该命令按钮，运行“学籍管理”表单。该命令按钮的 Command1.Click 事件代码为“do Form 学籍管理”。

2. 建立一个表单文件，如图 5-46 所示，添加控件，设置控件属性。

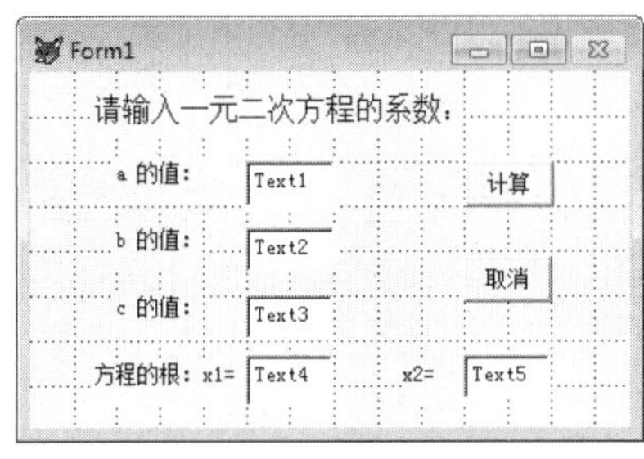

图 5-46　方程表单

5.4.8　命令按钮组控件

在使用表单向导创建表单时，系统提供了一些标准的定位、浏览、编辑等按钮，以便于进行表单操作。在前面使用表单设计器创建的表单中没有定位、浏览等按钮，下面介绍创建命令按钮组控件，可以将许多命令按钮设计成一组。

【任务 12】 在“学籍管理”表单中添加一个命令按钮组，包括“上一记录”“下一记录”和“退出”按钮，并分别实现相应的功能，如图 5-47 所示。

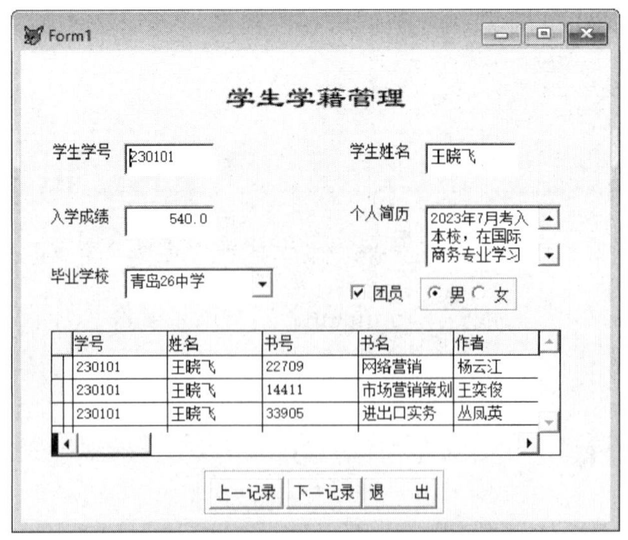

图 5-47　添加命令按钮组的表单

分析：

本任务表单中的 3 个命令按钮可以用表单工具栏中的命令按钮组控件来添加，通过表单生成器来设置按钮名称和水平布局，再通过编程方式设置各个按钮的 Click 属性代码。

操作：

（1）打开“学籍管理”表单设计器，按下“表单控件”工具栏中的“生成器锁定”按钮和命令按钮组按钮，将鼠标指针移到表单下方并单击，默认添加命令按钮 Command1、Command2，同时启动“命令组生成器”对话框。

（2）在“命令组生成器”对话框的“按钮”选项卡中，设置按钮数目为 3，自动添加命令按钮 Command3，修改标题分别为“上一记录”“下一记录”和“退出”，如图 5-48 所示。在“布局”选项卡中设置按钮布局为“水平”。

（3）设置每个命令按钮的属性。例如，设置“上一记录”命令按钮属性，在“Command1. Click”编辑窗口中输入相应的程序代码，如图 5-49 所示。

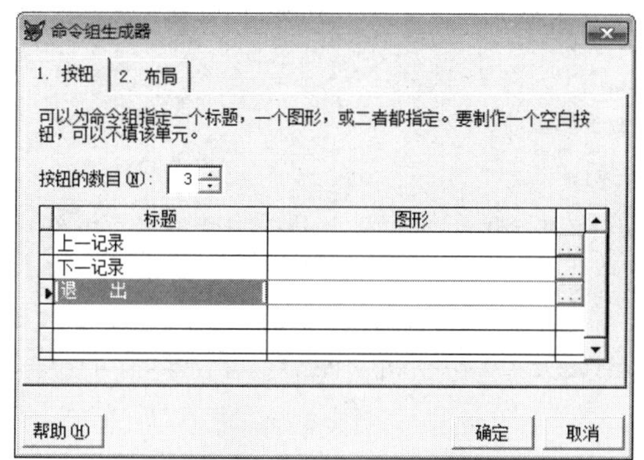

图 5-48　“命令组生成器”对话框的“按钮”选项卡

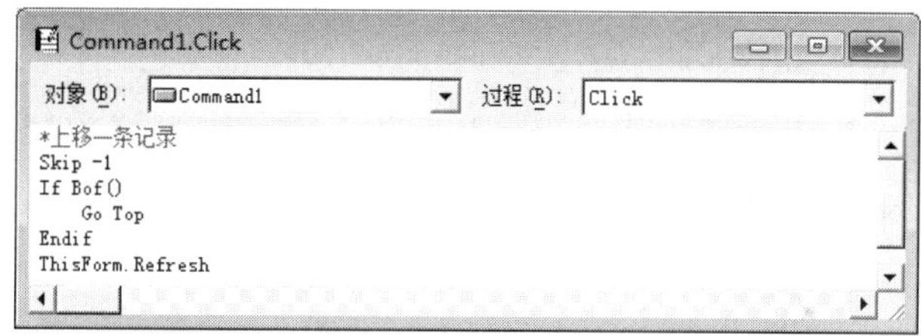

图 5-49　输入 Command1.Click 事件代码

采用同样的方法输入“下一记录”和“退出”按钮的程序代码，分别如图 5-50 和图 5-51 所示。

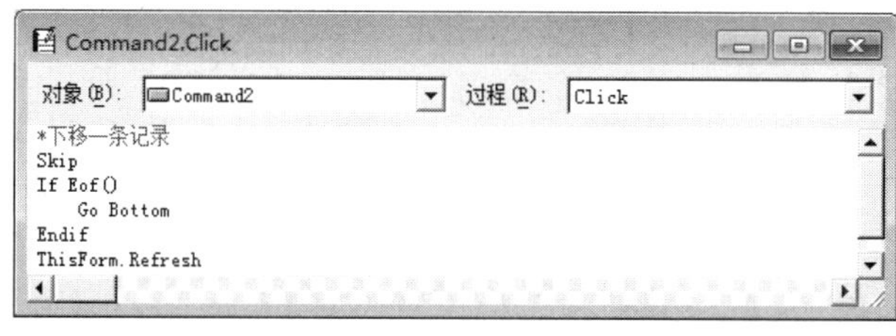

图 5-50　输入 Command2.Click 事件代码

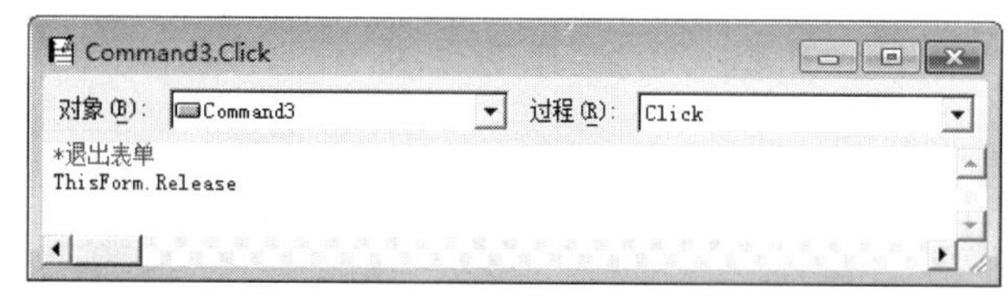

图 5-51　输入 Command3.Click 事件代码

（4）保存并运行表单，验证上述 3 个命令按钮所完成的功能。

小结：

表单中的 3 个命令按钮还可以分别通过命令按钮来添加，然后再分别设置其 Click 事件代码。本任务的关键是 3 个命令按钮的 Click 事件代码的编写，读者可通过研读了解程序中语句的基本含义。

试一试

修改任务12创建的表单，在该表单中添加一个命令按钮组，包含5个命令按钮，如图5-52所示。

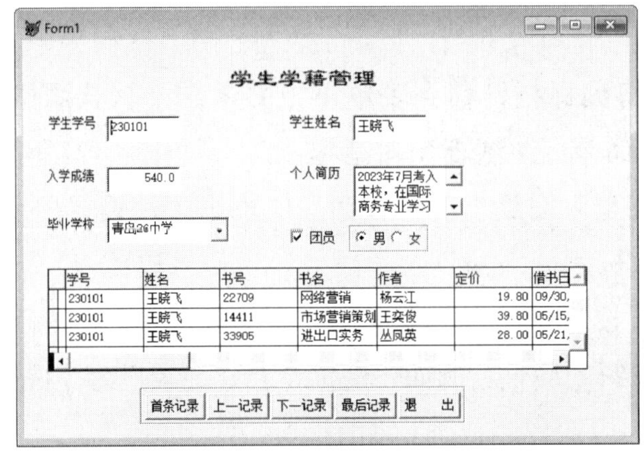

图5-52　添加的命令按钮组

5.4.9　ActiveX绑定控件

ActiveX绑定控件（又称OLE绑定控件）常用来在表单上显示与通用型字段有关的OLE对象，显示内容随着记录的变化而变化。因此，常与表中的通用型字段相关联。

【任务13】 在“学籍管理”表单中添加一个ActiveX绑定控件，使它与“学籍.照片”字段相关联。

分析：

使用表单工具栏上的“ActiveX绑定控件”按钮来添加ActiveX绑定控件，添加后需设置该控件的ControlSource属性值和Stretch属性值。

操作：

（1）打开“学籍管理”表单设计器，按下“表单控件”工具栏中的“ActiveX绑定控件”按钮，在表单的右上方添加一个ActiveX绑定控件。

（2）设置ActiveX绑定控件属性。

```
ControlSource：学籍.照片
Stretch：1 - 等比填充
```

（3）保存并运行该表单，结果如图5-53所示。

小结：

常用的ActiveX绑定控件属性有ControlSource、Stretch、AutoSize等。

- ControlSource：设置与表中某一通用型字段相关联。
- Stretch：设置OLE对象与显示区域的大小比例。它包括3种情况。

  0——剪裁（默认值）：超过显示区域部分的图像被剪去。

1——等比填充：OLE 对象等比例放大或缩小显示。

2——变比填充：以显示区域为基础，显示整个 OLE 对象。

- AutoSize：根据显示内容的大小自动调整控件的大小，默认值为.F.。

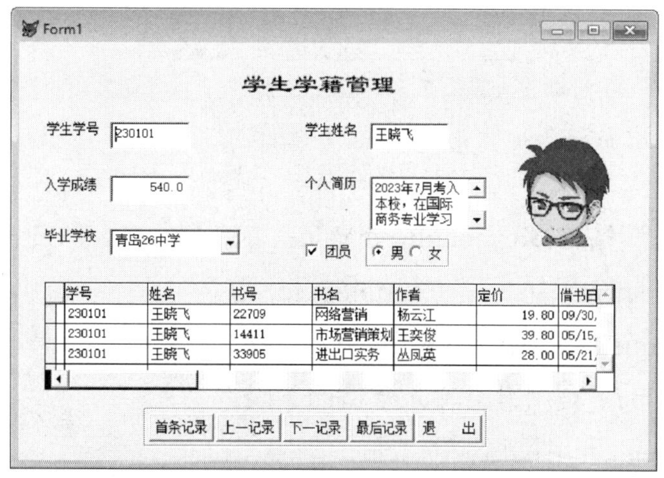

图 5-53　添加 ActiveX 绑定控件的表单

5.4.10　微调控件

微调控件主要用来在输入数值时，利用其上、下箭头的增、减按钮来调整数值，也可以直接通过键盘在微调控件中输入数值。

【任务 14】 设计一个微调器，允许输入身高的值上限为 2.50，下限为 1.20，微调按钮递增（或递减）幅度为 0.01，初始状态的默认值为 1.60。

分析：

使用微调控件按钮，通过递增（或递减）一定幅度的值的方式精确输入数值。单击“表单控件”工具栏中的“微调控件”按钮来添加该控件。

操作：

（1）新建一个表单，按下“表单控件”工具栏中的“微调控件”按钮。

（2）在表单的合适位置添加微调控件，微调控件名为 Spinner1。

（3）设置微调控件属性。

```
KeyboardHighValue：2.50
KeyboardLowValue：1.20
SpinnerHighValue：2.50
SpinnerLowValue：1.20
Increment：0.01
Value：1.60
```

（4）添加一个“身高”标签，保存并运行该表单，运行结果如图 5-54 所示。

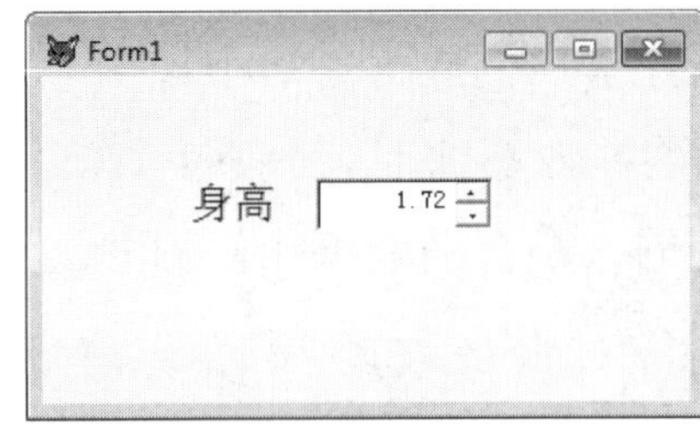

图 5-54　微调控件表单

小结：

常用的微调控件的属性有 KeyboardHighValue、KeyboardLowValue、SpinnerHighValue、SpinnerLowValue、Increment、Value、ControlSource 等。

- KeyboardHighValue：利用键盘输入数值的上限。
- KeyboardLowValue：利用键盘输入数值的下限。
- SpinnerHighValue：利用鼠标输入数值的上限。
- SpinnerLowValue：利用鼠标输入数值的下限。
- Increment：微调控件向上（或向下）箭头按钮递增（或递减）的幅度。
- Value：初始状态的值。
- ControlSource：与微调控件建立联系的数据源。

试一试

利用微调控件制作能改变文字大小的表单，如图 5-55 所示。

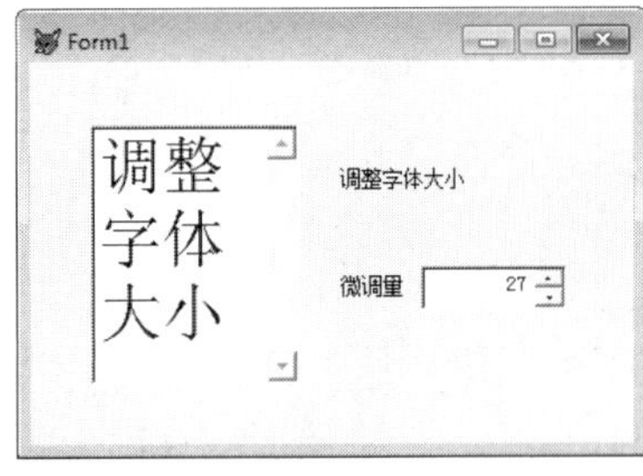

图 5-55　改变文字大小的表单

📖提示

设置微调控件的 Value 属性值为 9，输入或调整值最大为 100，输入或调整值最小为 5。在微调控件的 UpClick、DownClick 和 InteractiveChange 3 个事件中分别添加如下代码:

```
Thisform.Edit1.FontSize=This.Value
```

5.4.11　页框控件

页框控件（PageFrame）可以让有限的版面空间重叠使用，以便设计出内容更丰富的表单。页框是页面（Page）的容器，可以包含多个页面，页面设计与表单设计一样，页面本身也是一个容器，通过页面可以方便地分类和组织对象。

页框定义了页面的总体特征——大小和位置、边框类型，并决定了页面每页中有多少是可见的，以及页面相对于页框的左上角定位等。页框包含的页面的默认名为 Page1、Page2……在页框中，一个时刻只有一个页面会显示出来，它遮挡住了其他所有页面，这个页面称为活动页面。

页框控件的常用属性有 PageCount、ActivePage 等。

- PageCount：设置页框中的页面数，默认为 2。
- ActivePage：指定活动页号，或使页框中的某页成为活动页，默认为 1。
- TabStyle：指定页面标题的排列方式，0——两端（默认），1——非两端。
- TabStretch：指定页面较多时所有页面标题的排列方式，0——多行，1——单行（默认）。

【任务 15】 新建一个表单，在“学生信息”页面中以表格形式显示“学籍”表信息，如图 5-56 所示，在“学生成绩”页面中以表格形式显示“成绩”表信息，如图 5-57 所示。

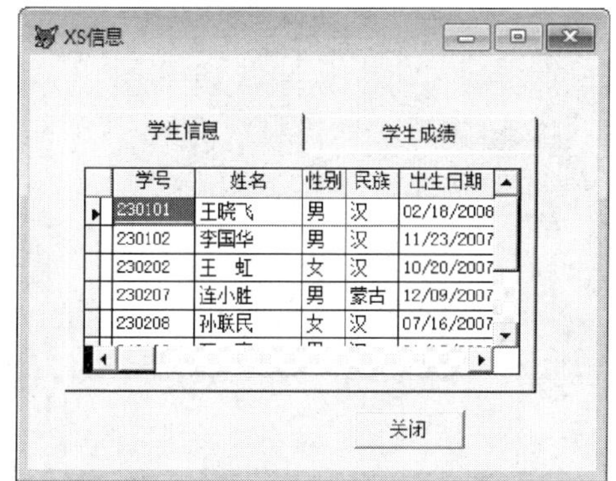

图 5-56 “学生信息”页面

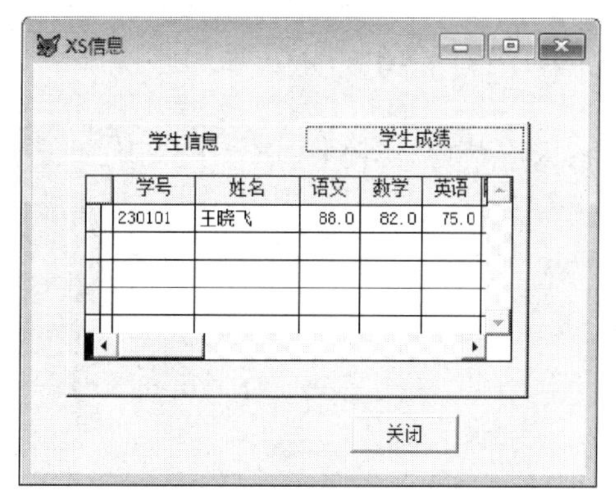

图 5-57 “学生成绩”页面

分析：

表单的数据源为“学籍”表和“成绩”表，表单中包含一个页框控件 Pageframe1，页框中有两个页面 Page1 和 Page2，Page1 中含有一个表格控件 Grid1，Page2 中含有一个表格控件 Grid1。表单中还有一个命令按钮 Command1，用于释放表单。

操作：

（1）新建表单，打开“表单设计器”窗口，将“学籍”表和“成绩”表添加到表单数据环境中，单击“表单控件”工具栏上的“页框”按钮，在表单中添加一个页框控件，如图 5-58 所示。

（2）右击页框控件，在弹出的快捷菜单中单击“编辑”命令，在第一个页面上添加一个表格控件，再在第二个页面上添加一个表格控件，最后在表单上添加一个命令按钮控件。

（3）调整表单的布局并设置属性及事件代码。

表单属性如下：

```
Caption:XS 信息
```

页框控件 Pageframe1 属性如下：

```
PageCount：2
Page1.Caption：学生信息
Page2.Caption：学生成绩
```

Page1 页面表格 Grid1 属性如下：

```
RecordSource：学籍
```

Page2 页面表格 Grid1 属性如下：

```
RecordSource：成绩
```

命令按钮 Command1 属性如下：

```
Caption：关闭
```

命令按钮的 Click 事件代码：

```
ThisForm.Release
```

设计结果如图 5-59 所示。

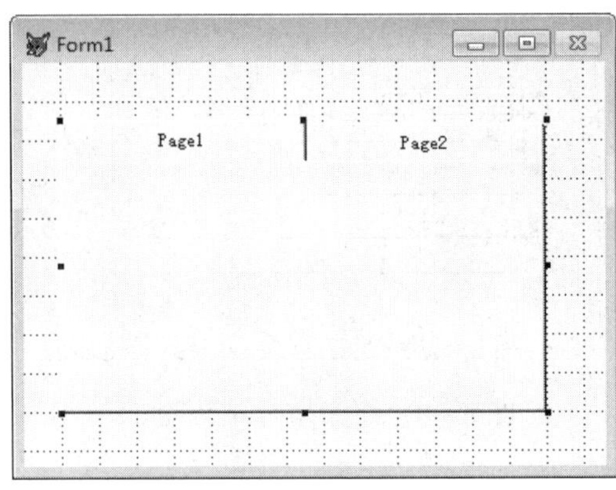

图 5-58　添加页框控件

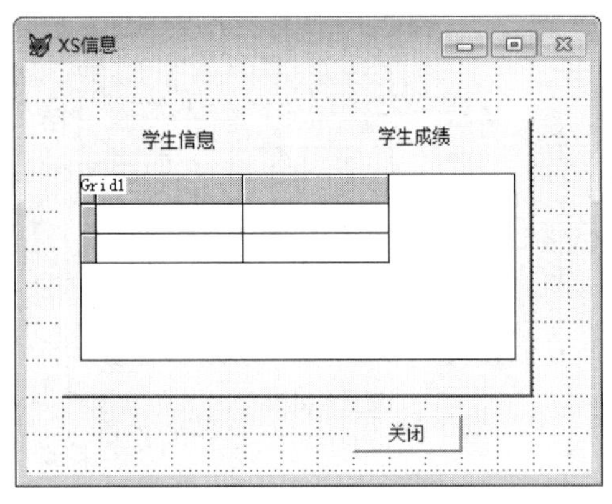

图 5-59　表单控件布局

（4）保存并运行表单，查看运行结果。

知识链接

表　单　集

表单集是一个包含一个或多个表单的父层次的容器。用户可以将多个表单包含在一个表单集中，作为一组进行处理。表单集有以下优点：

- 可同时显示或隐藏表单集中的全部表单。
- 可以用可视模式调整多个表单以控制它们的相对位置。
- 由于表单集中所有表单都在单个.scx 文件中用单独的数据环境定义，因此，可自动同步改变多个表单中的记录指针。如果在一个表单的父表中改变记录指针，则另一个表单中子表的记录指针被更新和显示。

● 运行表单集时，将加载表单集中的所有表单和表单中的所有对象。

创建表单集时，打开表单设计器，执行“表单”菜单中的“创建表单集”命令。创建表单集后，可向表单集中添加新表单。执行“表单”菜单中的“添加新表单”命令，就可以在表单集中添加一个新表单。如果要从表单集中删除表单，可在表单设计器窗口中选择表单，然后执行“表单”菜单中的“移除表单”命令。如果表单集中只有一个表单，则可移去表单集而只剩下表单。

试一试

创建一个表单，当单击一个数字按钮时，该数字出现在上方的显示栏中，如图 5-60 所示。

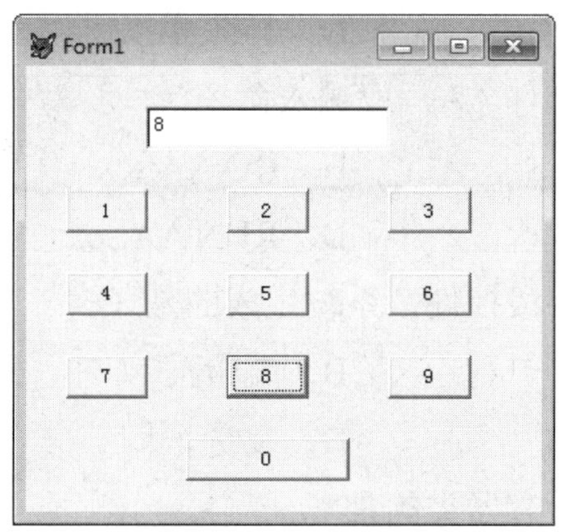

图 5-60　数字输入表单

提示

表单中含有 1 个文本框、10 个命令按钮，设置每个命令按钮的 Caption 属性值为相应的数字，为每个命令按钮的 Click 事件输入代码:

```
ThisForm.Text1.Value=This.Caption
```

基础练习 5

一、填空题

1．根据表单数据来源进行分类，表单可分为__________、__________和__________3 种类型。

2．表单数据源可以使用数据库表、__________或__________。

3．在使用表单向导创建的表单中，按钮类型可以是__________、__________、无按钮和定制 4 种类型。

4．表单文件默认的扩展名为__________。

5．表单“属性”窗口由对象框、选项卡、__________和__________组成。

6．Visual FoxPro 6.0 中的控件对象基于所属的类可以分为_________类和_________类。

7．标签控件属性 Caption 的含义是__________，Name 的含义是____________。

8．文本框控件属性 ControlSource 的含义是__________。

9．组合框控件属性 RowSource 和 ControlSource 的含义分别是_________和_________。

10．设置表单控件的字体和字号，分别使用控件的__________和__________属性选项。

二、选择题

1．使用表单向导创建表单，在“表单样式”对话框中可以确定（　　）。

A．表和字段　　B．表和样式

C．视图和按钮　　D．样式和按钮

2．在命令窗口执行表单文件 AA，应输入命令（　　）。

A．DO FORM AA　　B．DO AA.scx

C．RUN FORM AA　　D．RUN AA.scx

3．在表单中添加字符型字段控件，系统生成的是（　　）。

A．文本框　　B．编辑框

C．OLE 绑定型控件　　D．复选框

4．下列表单控件中，属于容器类的是（　　）。

A．列表框、组合框、命令按钮、表格

B．列表框、组合框、命令按钮、线条

C．命令按钮组、选项按钮组、页面、表格

D．命令按钮组、选项按钮组、图像、表格

5．在 Visual FoxPro 6.0 中，表单指（　　）。

A．数据库中各个表的清单　　B．一个表中各个记录的清单

C．数据库查询的列表　　D．窗口界面

6．表单对象中可以包括的控件是（　　）。

A．任意控件　　B．所有容器对象

C．页框或任意控件　　D．页框、任意控件、容器或自定义对象

7．在 Visual FoxPro 6.0 中，标签控件默认的名字是（　　）。

A．List　　B．Label1　　C．Edit　　D．Text

8．在创建表单时，创建的对象用于保存不希望用户改动的文本控件是（　　）。

A．标签　　B．文本框　　C．编辑框　　D．组合框

9．在表单内创建下拉列表框控件，该控件的默认名称为（　　）。

A．Combo　　B．Command　　C．Check　　D．Caption

10．在 Visual FoxPro 6.0 中，为了将表单从内存中释放（清除），可将表单中退出命令按

钮的 Click 事件代码设置为（　　）。

A．ThisForm.Refresh　　B．ThisForm.Delete

C．ThisForm.Hide　　D．ThisForm.Release

11．控件可以分为容器类和控件类，下列属于容器类的控件是（　　）。

A．标签　　B．命令按钮　　C．复选框　　D．命令按钮组

12．在对象的引用中，ThisForm 表示（　　）。

A．当前对象　　B．当前表单

C．当前表单集　　D．当前对象的上一级

13．如果要使一个表格对象显示的数据是一个视图的数据，需要建立表格与视图的数据连接，可以使用的表格对象是（　　）。

A．表格生成器　　B．视图生成器

C．表单生成器　　D．控件生成器

14．要改变表单上表格对象中当前显示的列数，应设置表格的（　　）。

A．ControlSource 属性　　B．RecordSource 属性

C．ColumnCount 属性　　D．Name 属性

15．能够将表单的 Visible 属性设置为.T.，并使表单成为活动对象的方法是（　　）。

A．Hide　　B．Show　　C．Release　　D．SetFocus

三、问答题

1．什么是表单？

2．表单向导提供了哪几种表单样式？

3．常用的表单控件有哪些？

4．使用表单向导创建的表单是否包括定位按钮？

5．表单中的控件属于容器类控件的有哪些？

6．表单控件的对齐方式有哪些？

操作练习 5

1．使用表单向导创建一个基于“成绩”表的表单，表单样式选取标准式。

2．使用表单向导创建一个基于“学籍”表的表单，只选取其中的“姓名”“出生日期”“照片”和“简历”字段，定位按钮选取图片按钮。

3．使用表单向导创建一个表单，“成绩”表为父表，“学籍”表为子表，其中只选取“学籍”表的“专业”和“照片”字段。

4．使用表单向导创建一个表单，父表包括“学籍”表中的“学号”“姓名”“专业”字段

和“成绩”表中的“平均分”字段，子表为“图书借阅”表的全部字段。

5．利用快速创建表单功能，创建一个基于“图书借阅”表的表单，表单样式为凹陷式。

6．利用“成绩”表创建一个表单，表单中包含标签、文本框和编辑框控件，要求为数值型字段添加编辑框控件。

7．修改第2题创建的表单，在表单中添加一个命令按钮，调用第1题所创建的表单。

8．创建一个浏览图书情况的表单，如图5-61所示。

9．在表单中添加一个标签和文本框，运行表单时，在文本框中单击鼠标左键将显示当前系统日期，单击鼠标右键将显示当前系统时间，如图5-62所示。

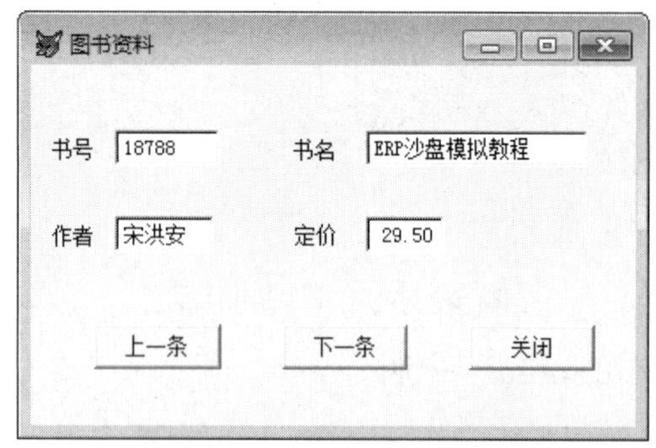

图5-61　“图书资料”表单

图5-62　显示当前系统日期

📖提示

设置文本框Click的事件代码为This.value=date()，RightClick的事件代码为This.value= time()。

10．制作一个表单，显示并按一定时间间隔刷新当前时间，如图5-63所示。

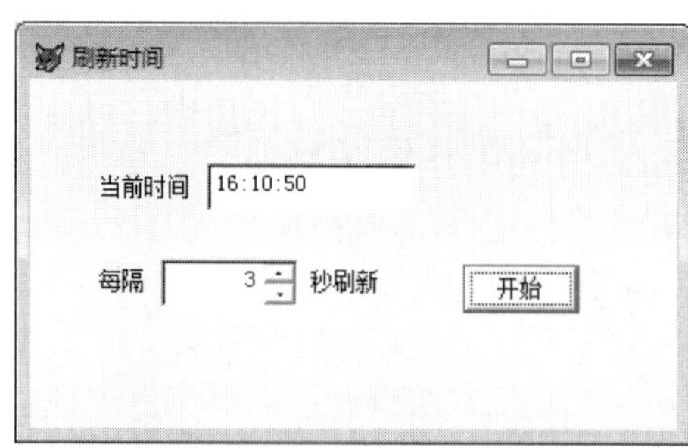

图5-63　“刷新时间”表单

📖提示

（1）该表单中包含3个标签Label1、Label2、Label3和1个文本框，分别用于给出提示信息和显示当前时间；微调控件Spinner1用于调整刷新时间间隔；命令按钮控件Command1用于开始启动刷新操作；计时器控件Timer1用来控制时间间隔。

（2）表单Form1属性如下：

```
Caption：刷新时间
```

标签Label1属性如下：

```
AutoSize：.T.
```

```
Caption：当前时间
```

标签 Label2 属性如下：

```
AutoSize：.T.
Caption：每隔
```

标签 Label3 属性如下：

```
AutoSize：.T.
Caption：秒刷新
```

微调控件 Spinner1 属性如下：

```
KeyboardHighValue：60
KeyboardLowValue：1
SpinnerHighValue：  60
SpinnerLowValue：1
```

命令按钮 Command1 属性如下：

```
Caption：开始
```

命令按钮 Command1 的 Click 代码：

```
Thisform.Timer1.Interval=Thisform.Spinner1.Value*1000
```

表单 Form1 的 Init 代码：

```
Thisform.Text1.Value=Time()
Thisform.Spinner1.SetFocus
```

计时器 Timer1 的 Timer 代码：

```
Thisform.Text1.Value=Time()
```

（3）调整控件布局，结果如图 5-64 所示。

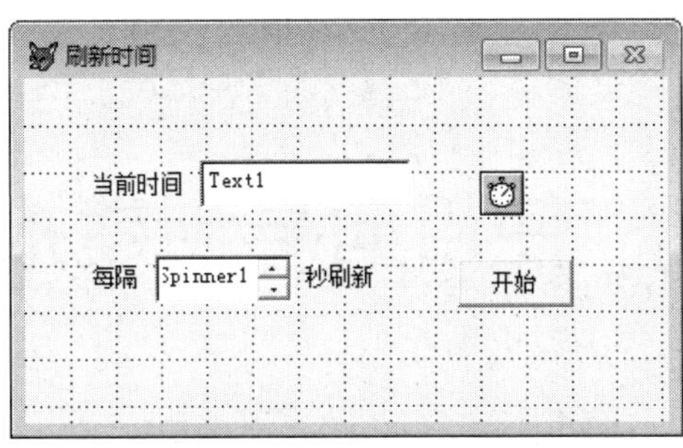

图 5-64　表单控件布局

第6章 报表设计

本章任务

- 了解使用向导创建报表的方法
- 掌握使用设计器创建报表的方法
- 能创建分组报表
- 能在表单中添加常见的控件
- 掌握报表预览与打印的基本方法

Visual FoxPro 6.0 为用户提供了报表功能，它是数据库管理系统中常用的打印文档功能之一，用户可以根据需要设计数据输出格式，形成报表文件。

6.1 使用向导创建报表

Visual FoxPro 6.0 提供了 3 种创建报表的方法：使用报表向导创建报表、使用快速报表创建报表和使用报表设计器创建报表。

使用报表向导是创建报表的一种常用方法。如果报表的数据源单一，要求的格式不复杂，则使用报表向导创建比较方便。Visual FoxPro 6.0 为用户提供了两种类型的报表向导：报表向导和一对多报表向导。

6.1.1 创建单一报表

创建单一报表就是使用向导中的报表向导，快速地创建基于一个表或视图的报表。

【任务 1】 使用报表向导创建一个“学籍”表的简单报表。

分析：

报表设计主要包括确定数据源和布局两部分：数据源通常是数据库表、自由表、查询或视图；布局即报表格式。使用向导创建报表时按向导的提示逐步操作下去即可。

操作：

（1）打开“学生管理”项目文件，单击“文档”选项卡，选择“报表”，再单击“新建”按钮，出现“新建报表”对话框，单击“报表向导”按钮，出现“向导选取”对话框，如图 6-1 所示。

（2）选择“报表向导”选项，单击“确定”按钮，打开“报表向导”的“字段选取”对话框，选择“学籍”表中的“学号”“姓名”“性别”“入学成绩”和“专业”5 个字段，如图 6-2 所示。

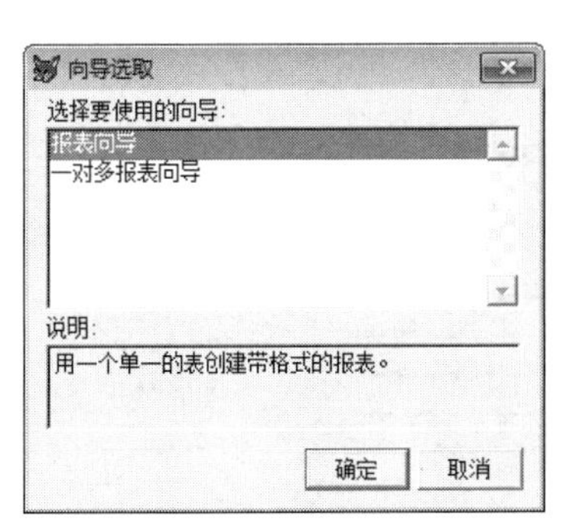

图 6-1　“向导选取”对话框

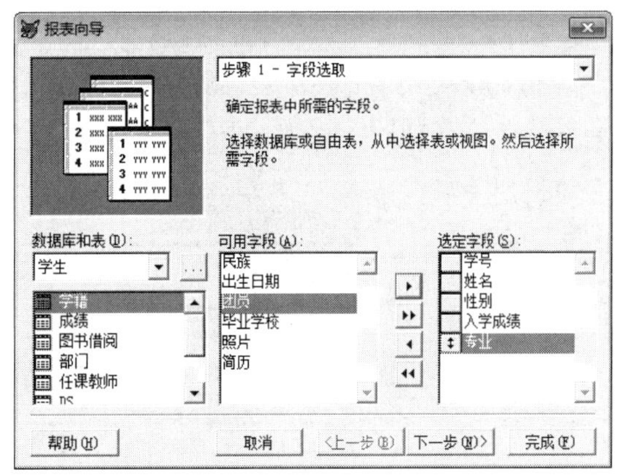

图 6-2　“字段选取”对话框

（3）单击“下一步”按钮，出现“分组记录”对话框。记录的分组就是分层关系，分组时，先按第一个条件进行分组，再对每个组中的记录按第二个条件进行分组，依次类推。例如，选择按“专业”字段分组。

- 分组选项：确定分组字段的字段间隔，一般选“整个字段”间隔。
- 总结选项：设置对数值字段进行求和、求平均值，以及报表中是否包含小计和总计等，如图 6-3 所示。

（4）单击“下一步”按钮，出现“选择报表样式”对话框，共提供了 5 种报表样式，选择“账务式”。

（5）单击“下一步”按钮，出现“定义报表布局”对话框，确定报表布局，如图 6-4 所示。向导提供了列布局和行布局两种布局方式。

- 列布局：每个字段一列，字段名在页面的上方，字段与其数据在同一列，一列一个字段，每行一条记录。
- 行布局：每个字段一行，字段名在数据的左侧，一行一个字段，字段与其数据在同一行。

需要注意的是，如果指定了分组选项，则“列数”和“字段布局”选项不可用。

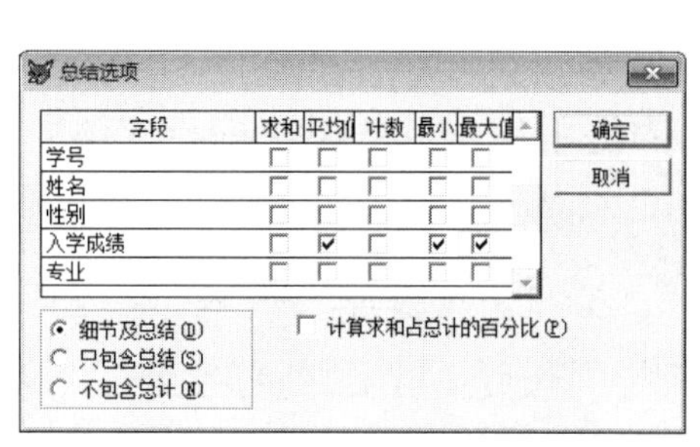

图 6-3　“总结选项”对话框

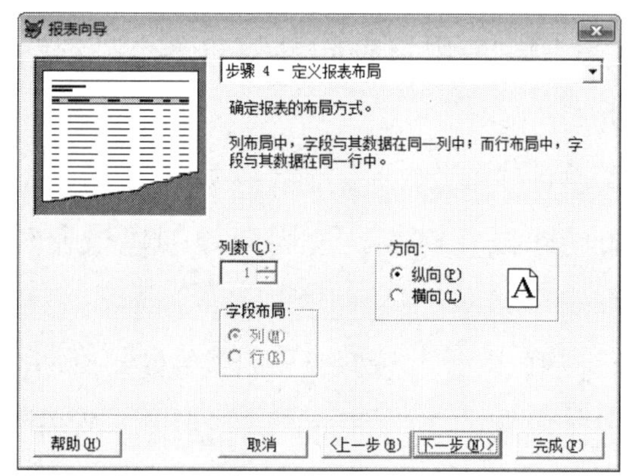

图 6-4　“定义报表布局”对话框

（6）单击“下一步”按钮，出现“排序记录”对话框，确定报表中记录的输出次序，最多设定 3 个字段用于排序。例如，按“学号”字段升序排序。

（7）单击“下一步”按钮，出现“完成”对话框，要求为所创建的报表指定一个标题，该标题出现在报表的顶部，例如，输入“学生学籍报表”标题。以“学籍”为文件名保存新创建的报表。单击“预览”按钮，可以观察到报表格式及数据，如图 6-5 所示。

图 6-5　预览报表结果

小结：

从报表中可以观察到，报表为纵向报表；按“专业”字段分组；在每组的最后有一个汇总行，显示该组入学成绩的平均值、最小值和最大值。

📖提示

如果要创建基于多个表或视图的报表，可以先创建一个视图，视图中包含报表所需要的字段，再创建报表。

6.1.2　创建多表报表

多表报表是指数据来自具有一对多关系的两个表，内容包括父表中的记录及其相关子表的记录。

【任务 2】 以“学籍”表为父表，“图书借阅”表为子表，使用向导创建一个一对多报表。

分析：

创建一对多报表，就是将具有一对多关系的两个表的记录生成在一个报表中。

操作：

（1）在如图 6-1 所示的“向导选取”对话框中，选择“一对多报表向导”，单击“确定”按钮，打开“一对多报表向导”的“从父表选择字段”对话框，如图 6-6 所示。例如，选择“学籍”表为父表，并选择其“学号”“姓名”和“专业”字段。

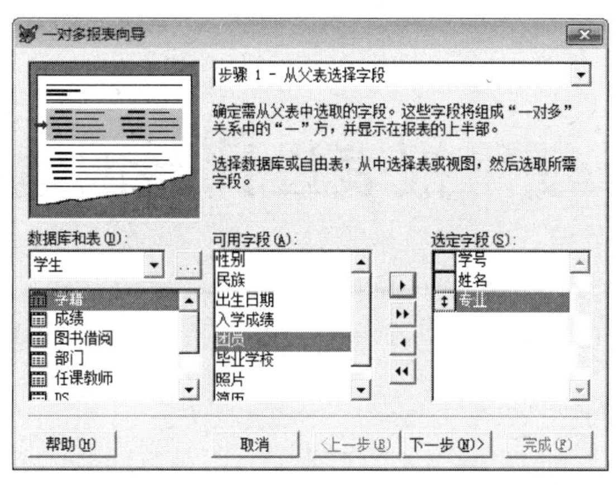

图 6-6 “从父表选择字段”对话框

（2）单击“下一步”按钮，出现“从子表选择字段”对话框。例如，选择“图书借阅”表为子表，并选择“书号”“书名”“作者”“定价”“借书日期”和“还书日期”字段。

（3）单击“下一步”按钮，出现“为表建立关系”对话框，建立两个表之间的关联。例如，建立的关联表达式为“学籍.学号=图书借阅.学号”。

（4）单击“下一步”按钮，出现“排序记录”对话框，确定父表（“学籍”表）中记录的输出次序。例如，按“学籍.学号”升序排序。

（5）单击“下一步”按钮，出现“选择报表样式”对话框，确定报表样式及总结选项。例如，选择“账务式”报表样式。

（6）单击“下一步”按钮，出现报表“完成”对话框，要求输入报表标题并选择报表保存方式等。例如，报表标题为“学生借阅情况一览表”。单击“完成”按钮，输入报表文件名“借阅报表”，保存创建的一对多报表文件。报表预览结果如图 6-7 所示。

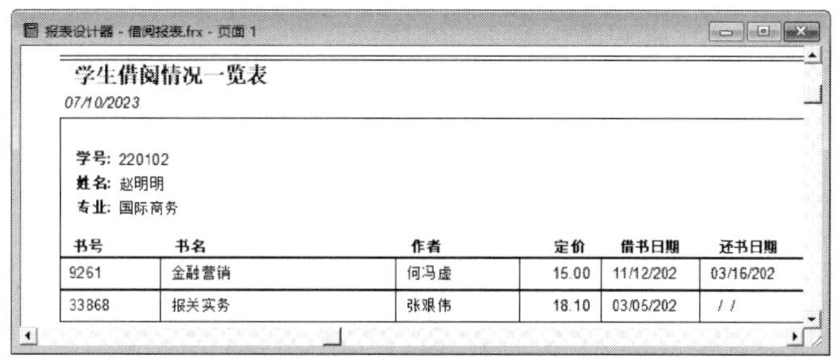

图 6-7 报表预览结果

小结：

从报表预览结果可以看出，上半部分内容来自父表“学籍”表的记录，下半部分内容来自子表“图书借阅”表的记录，两个表之间通过“学号”字段建立起关联。

使用报表向导所创建的报表，可以通过报表设计器进行修改。

试一试

1. 以“教师”表为数据源，创建一个报表，样式自定。
2. 以“教师”表为父表、“教师任课”表为子表，创建一个一对多报表，样式自定。

6.2 使用报表设计器创建报表

使用报表设计器，用户可以自行设计报表，在报表中添加标题、字段及控件，通过调整报表中的控件，达到美化报表的目的。

6.2.1 报表设计器的组成

自行设计报表需要用到报表设计器，如图 6-8 所示。报表设计器中的空白区域称为带区，报表布局中默认有 3 个基本带区：页标头、细节和页注脚。

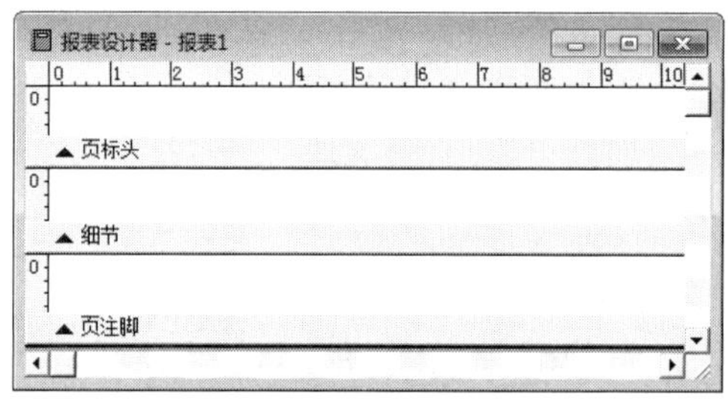

图 6-8 “报表设计器”窗口

- 页标头：在每页报表的上方，常用来放置字段名称和日期等信息。
- 细节：报表的内容。例如，每条记录打印一次。
- 页注脚：在每页报表的下方，常用来放置页码和日期等信息。

每个带区的大小是可以改变的，改变时只要将鼠标指针指向带区分隔条，此时指针变成垂直双箭头，按下左键并拖动它，带区的大小就会发生变化。改变大小后的带区，将反映在报表上，页标头、页注脚区域和记录的行间距也随之发生改变。

在“报表设计器”窗口，单击“报表”菜单中的“标题/总结”命令，打开如图 6-9 所示的“标题/总结”对话框，在其中可以设置报表标题或报表总结。

如果选择“标题带区”和“总结带区”选项，则可在“报表设计器”窗口中分别添加“标题”和“总结”两个带区，如图 6-10 所示。

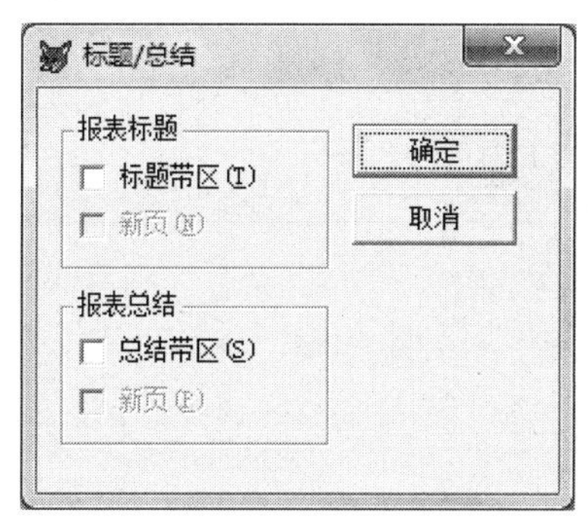

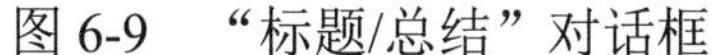

图 6-9　“标题/总结”对话框

图 6-10　添加“标题”和“总结”带区后的报表设计器

在设置报表页面时，如果设置报表的列数大于 1，则在“报表设计器”窗口中还会出现列标头和列注脚两个带区。

- 列标头：用于打印在每列（一栏）的标头。
- 列注脚：用于打印在每列（一栏）的注脚。

如果对报表中的记录进行分组，则在“报表设计器”窗口中还将出现组标头和组注脚两个带区。

- 组标头：数据分组每组打印一次。
- 组注脚：数据分组每组打印一次。

在报表设计器中，带区用来放置报表所需的各个控件。有时需要根据控件的多少、字体的大小及报表中各部分内容之间的间距来调整带区的大小。调整时，只要将鼠标指针指向要调整带区的分隔条，这时指针变成上下双箭头，按下左键并上下拖动鼠标，带区的大小即随之调整；也可以双击带区分隔条，设置带区的精确高度。

如果带区内有控件，带区的高度不能小于其中任何一个控件的高度。

报表带区的名称及含义如表 6-1 所示。

表 6-1　报表带区的名称及含义

带 区 名 称	含　　义
标题	显示报表总标题，每张报表只显示或打印一次
页标头	显示报表的页标题，当报表有多页时，在页面上方，每页显示或打印一次
列标头	显示报表的列标题，一般每列应指定一个列标头标签控件
组标头	当将数据分组显示时，每组显示一次
细节	这是报表最重要的带区，每条符合条件的记录都在此带区出现一次，构成报表内容的主体
组注脚	当将数据分组显示时，每组显示一次，它和组标头分别显示在组的首尾
列注脚	显示在每列的最后，它和组标头相对应，但一般不设列注脚
页注脚	显示报表的页注脚，当报表有多页时，在页下方，每页显示或打印一次
总结	显示报表的总结，每张报表只显示或打印一次

6.2.2 报表设计

下面介绍如何使用报表设计器创建报表。

【任务 3】 使用报表设计器创建如图 6-11 所示的报表。

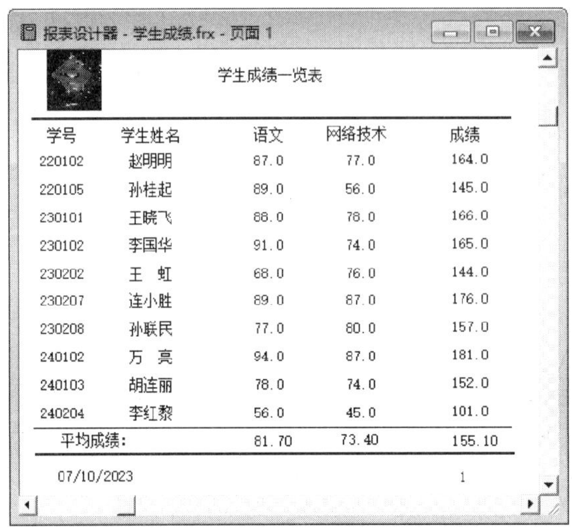
报表设计器 - 学生成绩.frx - 页面 1

学生成绩一览表

学号	学生姓名	语文	网络技术	成绩
220102	赵明明	87.0	77.0	164.0
220105	孙桂起	89.0	56.0	145.0
230101	王晓飞	88.0	78.0	166.0
230102	李国华	91.0	74.0	165.0
230202	王 虹	68.0	76.0	144.0
230207	连小胜	89.0	87.0	176.0
230208	孙联民	77.0	80.0	157.0
240102	万 亮	94.0	87.0	181.0
240103	胡连丽	78.0	74.0	152.0
240204	李红黎	56.0	45.0	101.0
平均成绩:		81.70	73.40	155.10

07/10/2023 1

图 6-11 学生成绩报表

分析：

在设计报表之前首先确定报表的类型，这样才能了解报表中需要添加的控件及布局等。先来分析图 6-11 所示的学生成绩报表。该报表页面所展示的是一个一栏（即一列）的列报表，报表有标题和图标，中间有页标头及内容，页下端是表的汇总栏（总结）和日期、页码等，表的各部分之间用粗细不同的线条分开。

操作：

1．设置页面

执行“文件”菜单中的“页面设置”命令，打开“页面设置”对话框。在该对话框中可以设置页面的列数，每列的宽度，打印记录的顺序（列数大于 1 时），打印设置中的打印机驱动程序，纸张大小及方向等。

2．添加数据环境

添加数据环境就是选取报表所需要的表或视图，为报表准备数据源。

（1）执行“显示”菜单中的“数据环境”命令，启动“数据环境设计器”。

（2）在“数据环境设计器”窗口中，单击鼠标右键，在弹出的快捷菜单中执行“添加”命令，添加报表所需要的数据源。

（3）在打开的“添加表或视图”对话框中，选取表或视图。例如，添加“成绩”表，如图 6-12 所示。

📖提示

报表中记录的排列顺序是按照表或视图中记录的排列顺序输出的，如果报表需要按照某一字段值的大小顺序输出，则相应的表或视图必须按该关键字段索引。在数据环境设计器中，利用快捷菜单中的“属性”选项，打开“属性”对话框，在“数据”选项卡中的“Order”属性中指定索引字段，如图 6-13 所示。这时报表中的记录将按指定的索引字段值顺序输出。

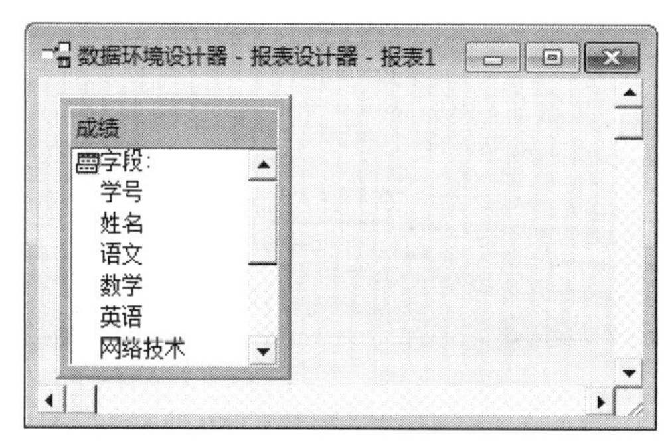

图 6-12　添加到数据环境设计器中的“成绩”表

图 6-13　设置主控索引标记

3．添加标签控件

在报表中的标题、图标、页标头、日期及时间等，都需要用添加控件的方法来实现。Visual FoxPro 6.0 为用户提供的报表控件有标签、域控件、线条、矩形、圆角矩形、图片/OLE 绑定控件等，添加控件可以使用“报表控件”工具栏，如图 6-14 所示。

图 6-14　“报表控件”工具栏

如果没有显示“报表控件”工具栏，可以在“报表设计器”窗口中，单击 “显示”菜单中的“报表控件”工具栏。“报表控件”工具栏中各按钮及其功能如表 6-2 所示。添加报表控件的操作方法类似于添加表单控件的操作方法。

表 6-2　报表控件按钮及其功能

按　钮	名　称	功　能
	选定对象	移动或改变控件大小
	标签	创建一个标签控件，用于显示字符
	域控件	创建一个能够显示字段、变量、表达式内容的控件
	线条	用于在报表中画直线
	矩形	用于在报表中画矩形
	圆角矩形	用于在报表中画椭圆和圆角矩形
	图片/ActiveX 绑定控件	用于显示图片或通用型字段内容
	按钮锁定	在添加多个同类控件时，不需要多次选择

报表的标题及页标头等，需要使用标签控件。标签控件是最常用的一种控件，在报表中显示文本内容，它可以单独使用，也可以和其他控件结合使用。例如，在“标题”带区添加标题“学生成绩一览表”；在“页标头”带区添加标头“学号”“学生姓名”“语文”“网络技术”和“成绩”；在“总结”带区添加“平均成绩:”标签，结果如图6-15所示。

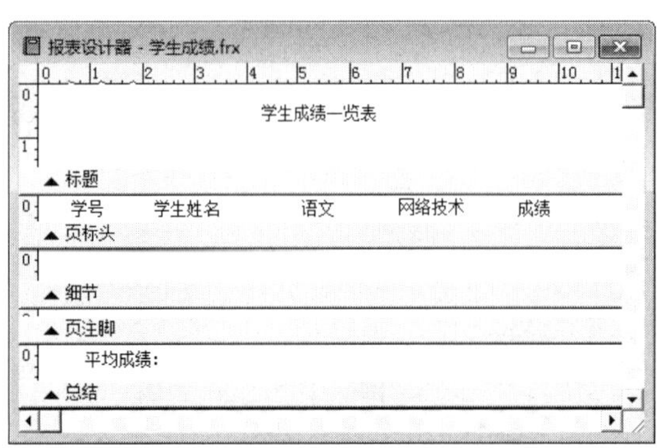

图6-15　添加标签后的报表

4. 添加图片/ActiveX 绑定控件

为美化报表，有时需在报表中添加图片，如公司的标志、学校的校徽等。在报表的细节中添加ActiveX绑定控件，如随着显示记录的不同，显示每个学生的照片等。下面介绍如何添加图标（假设该图片文件名为pct.jpg）。

（1）按下“报表控件”工具栏中的“图片/ActiveX绑定控件”按钮，将鼠标指针指向“标题”带区的适当位置，单击鼠标左键，出现“报表图片”对话框，如图6-16所示。

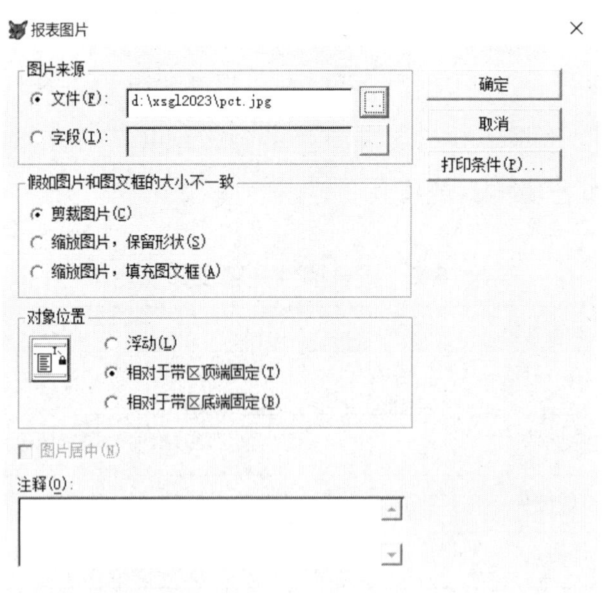

图6-16　“报表图片”对话框

（2）在“报表图片”对话框中，指定图片来源。

● 文件：指定图片的文件名，例如，\pct.jpg。

- 字段：指定包含在报表中的通用型字段名。

如果图片和图文框的大小不一致，可以有以下3种选择。

- 剪裁图片：保持图片大小不变。
- 缩放图片，保留形状：显示整个图片，成比例地填满图文框。
- 缩放图片，填充图文框：显示整个图片，填满图文框，图片可能变形。

例如，选择第二种方式：缩放图片，保留形状。

如果图片较大，可以适当调整“标题”带区的大小。

（3）单击“确定”按钮，则在“报表设计器”中显示选定的图片，如图6-17所示。

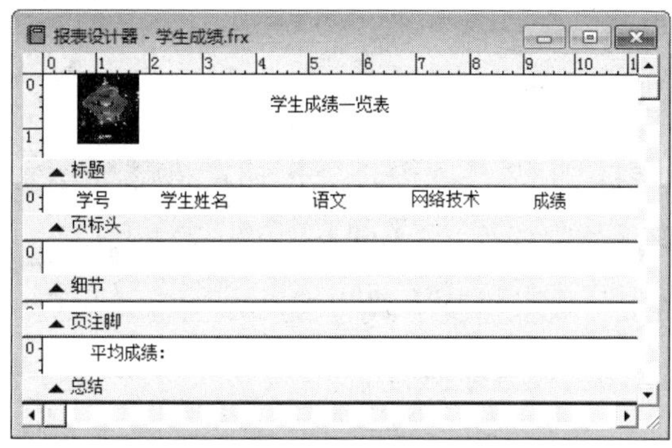

图6-17　添加图片后的报表

5. 添加线条控件

为使报表中各栏目清晰，有时需要添加线条、矩形框等。例如，标题与页标头之间，总结中都用线条分隔开来。添加线条控件的操作步骤如下。

单击“报表控件”工具栏中的“线条”按钮，分别将鼠标指针指向“标题”带区和“总结”带区，按住左键并拖动鼠标，则可添加一条直线，如图6-18所示。

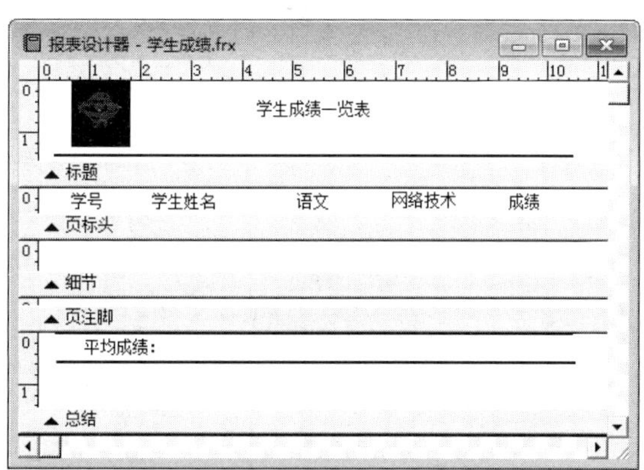

图6-18　添加线条控件的报表

如果要修改线条的粗细或形状，可单击“格式”菜单中的“绘图笔”，在其子菜单中选择适当粗细的线条或形状。采用同样的方法，可以添加矩形或圆角矩形。

6．添加域控件

报表设计中的域控件包括字段、变量和表达式，打印报表时，将它们的值打印出来。添加域控件有两种方法：一种是从数据环境中添加，另一种是利用“报表控件”工具栏上的“域控件”按钮添加。

（1）从数据环境中添加。

在“数据环境设计器”窗口中，选择要添加数据表中的字段，按下鼠标左键，将该字段拖到报表区域。例如，将数据环境设计器中“成绩”表的“学号”“姓名”“语文”“网络技术”字段分别拖到“细节”带区内，并与“页标头”带区内相应的标头对齐。

（2）从“报表控件”工具栏中添加。

操作步骤如下：

① 按下“报表控件”工具栏中的“域控件”按钮，将鼠标指针指向要放置域控件的位置，并单击左键，这时出现“报表表达式”对话框，如图 6-19 所示。

② 在“报表表达式”对话框的“表达式”文本框中，输入一个字段表达式。例如，“成绩”标头对应的表达式为“语文+网络技术”。

③ 单击“格式”文本框右侧的打开按钮，打开“格式”对话框，如图 6-20 所示，可以对数据格式进行设置。

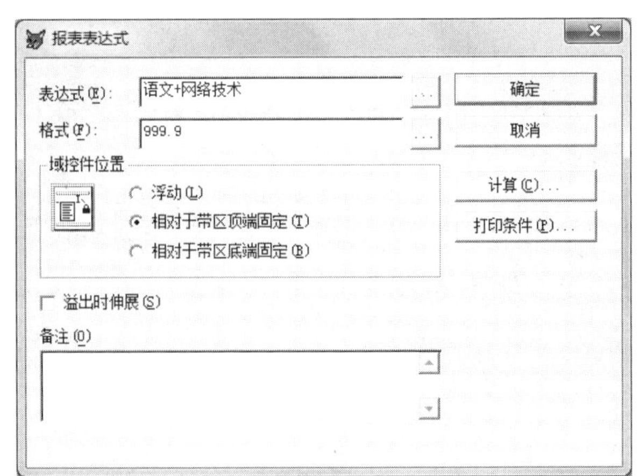

图 6-19　“报表表达式”对话框

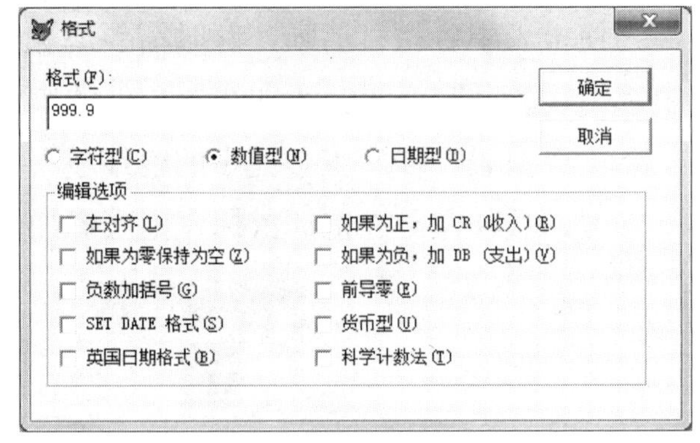

图 6-20　“格式”对话框

此时在报表中添加了一个域控件，输出报表时将它的值显示出来。例如，表达式“语文+网络技术”是“成绩”表中没有的字段，利用域控件可以创建该表达式，显示表或视图中没有的数据。

任务中还要求计算“语文”“网络技术”和“成绩”项的平均成绩。因此，除了在“细节”带区中添加相应的域控件外，在“总结”带区中还应添加域控件，分别计算“语文”“网络技术”和“成绩”项的平均成绩。

计算“语文”字段平均成绩的操作步骤如下：

在“总结”带区对应的“语文”页标头的位置，打开如图 6-19 所示的“报表表达式”对话框，在“表达式”框中输入相应的字段“语文”，然后单击“计算”按钮，出现“计算字段”对话框，如图 6-21 所示，选择表达式的计算方式，这里选择“平均值”选项。

采用同样的方法，在“总结”带区中添加计算“网络技术”和“成绩”项平均值的域控件及日期、页码域控件，其中日期域控件使用 DATE()函数，页码使用系统提供的_pageno 变量。

添加域控件后的报表如图 6-22 所示。

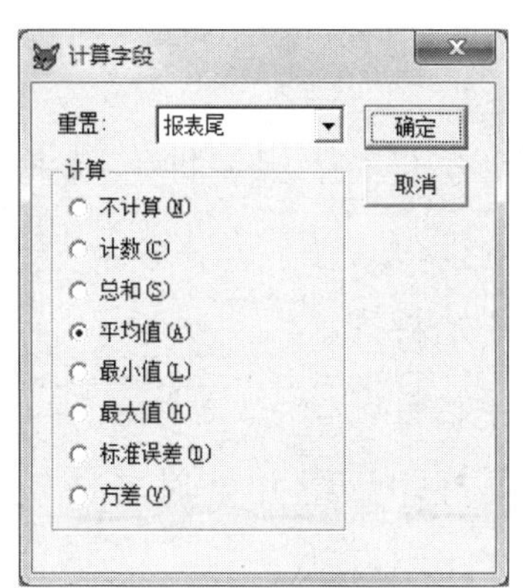

图 6-21　“计算字段”对话框

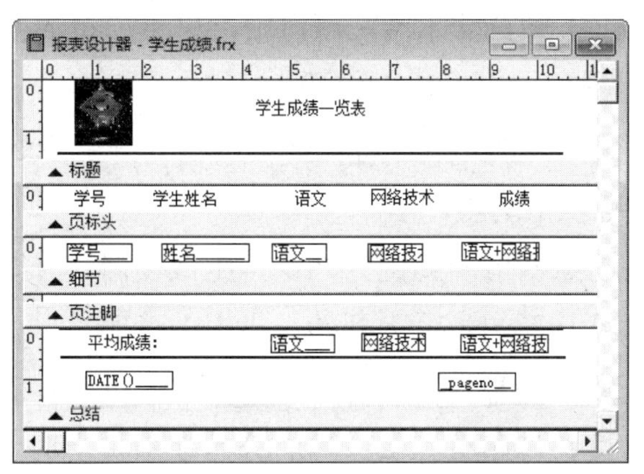

图 6-22　添加域控件后的报表

小结：

到此为止，利用报表设计器设计完成了如图 6-11 所示的报表。由此可以看出，设计一个合理的报表，还是要经过一番努力的。

使用 CREATE REPORT 命令可以创建报表，MODIFY REPORT 命令用于修改报表。

6.2.3　设计分组报表

使用报表设计器也可以根据一定的条件对记录进行分组输出，使具有相同条件的记录分在一个组中。组的分隔基于分组表达式，这个表达式通常由一个或一个以上的字段组成。在分组过程中，根据表或视图中记录的排列顺序依次输出。因此，如果在创建分组报表时，表或视图中的记录没有事先按照分组表达式排列在一起，那么，具有相同分组表达式的记录就会分在多个组中。解决的办法是给表重新设置索引，或在视图中对记录重新排列次序。

对报表进行分组时，报表会自动包含“组标头”和“组注脚”带区。

【任务 4】 基于“学籍”表创建一个按“专业”字段分组的报表，报表中包含“学号”“姓名”“民族”“入学成绩”及“团员”字段内容，并统计各专业人数和入学平均成绩。在创建报表前，假设已对“学籍”表中的“专业”字段设置了索引。

分析：

对记录进行分组，首先要确定分组的字段表达式，如按“专业”进行分组；然后确定分组计算的数据类别，如“计数”“总和”“平均值”等。

操作：

（1）启动报表设计器，将“学籍”表添加到数据环境设计器中，然后为表指定主索引，右击数据环境设计器中的“学籍”表，在弹出的快捷菜单中选择相应命令打开“属性”对话框，在“数据”选项卡中的“Order”属性栏选择“专业”字段名（如果没有按“专业”建立索引，需先在表设计器中建立索引）。

（2）在“报表设计器”窗口中，单击“报表”菜单中的“数据分组”命令，出现“数据分组”对话框，如图 6-23 所示。

（3）在“数据分组”对话框中，输入分组表达式“学籍.专业”。“组属性”用来设置如何分页，它有以下选项。

- 每组从新的一列上开始：当组改变时，从新的一列开始打印。
- 每组从新的一页上开始：当组改变时，从新的一页开始打印。
- 每组的页号重新从 1 开始：当组改变时，在新的一页打印该组并重置页号。
- 每页都打印组标头：当组分布在多页上时，每页都打印组标头。
- 小于右值时组从新的一页上开始：指组标头到页底端的最小距离。

单击“确定”按钮，在报表设计器的布局中添加了“组标头”和“组注脚”带区，如图 6-24 所示。

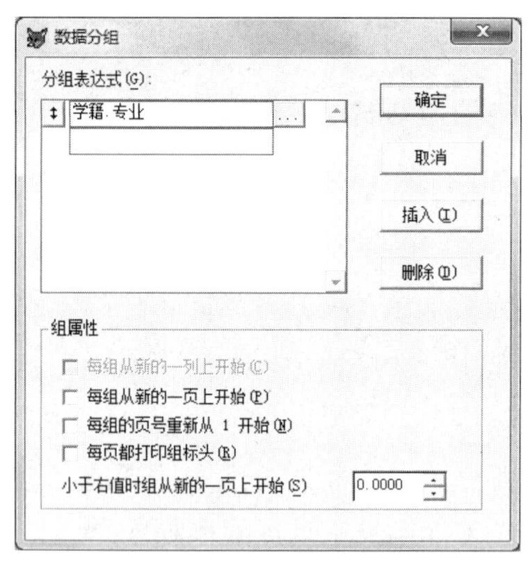

图 6-23　“数据分组”对话框

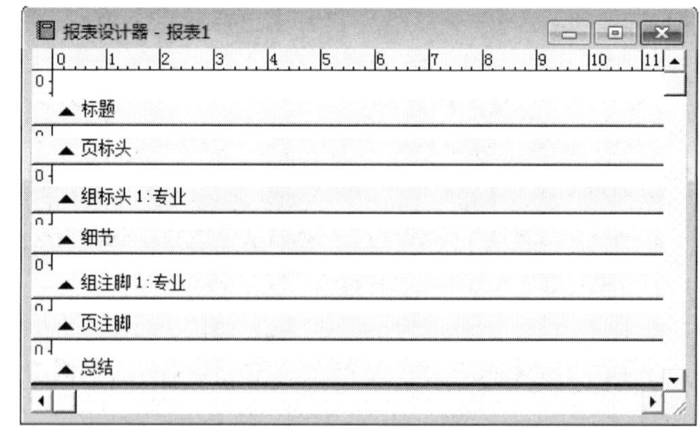

图 6-24　添加“组标头”和“组注脚”带区的报表

（4）将用于分组表示的字段添加到“组标头”带区内，将每个组内要显示的字段拖放在“细节”带区内。例如，将“专业”字段从数据环境设计器中拖放到“组标头”带区内，将“学号”“姓名”“民族”“入学成绩”和“团员”字段拖放到“细节”带区内，在“页标头”内添加标签，标注上述字段名。

（5）分组统计人数和入学平均成绩，在“组注脚”带区内添加相应的域控件。第一行的第一个域控件的表达式为“专业+"人数："”，第二个域控件为“专业”，并在“计算字段”对话框中设置字段为“计数”，如图 6-25 所示。第二行的第一个域控件的表达式为“专业+"入学平均成绩："",第二个域控件为“入学成绩”，并在“计算字段”对话框中设置字段为“平均值”。

（6）在报表设计器中的“标题”带区内分别添加标题和日期控件，在“总结”带区内添加页码控件，分组报表设计布局，如图 6-26 所示。

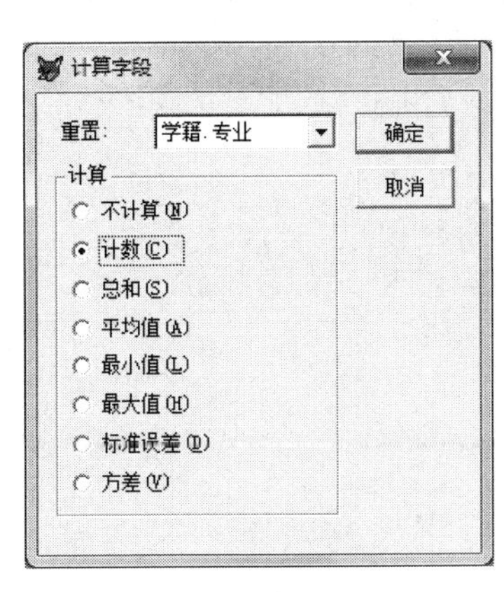

图 6-25　“计算字段”对话框

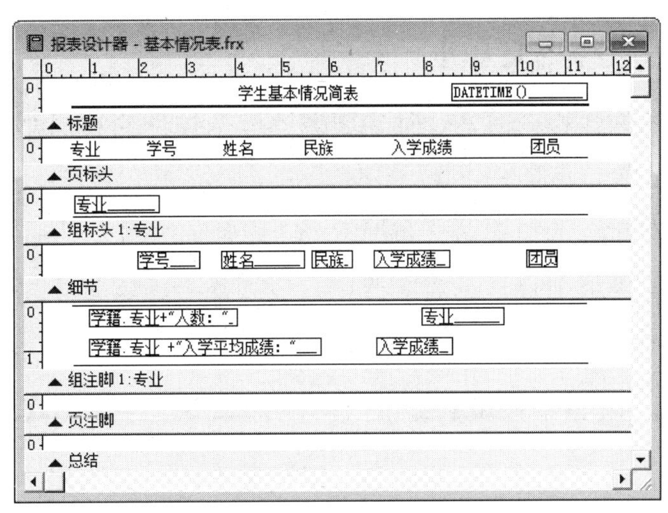

图 6-26　分组报表设计布局

（7）预览分组报表，结果如图 6-27 所示。

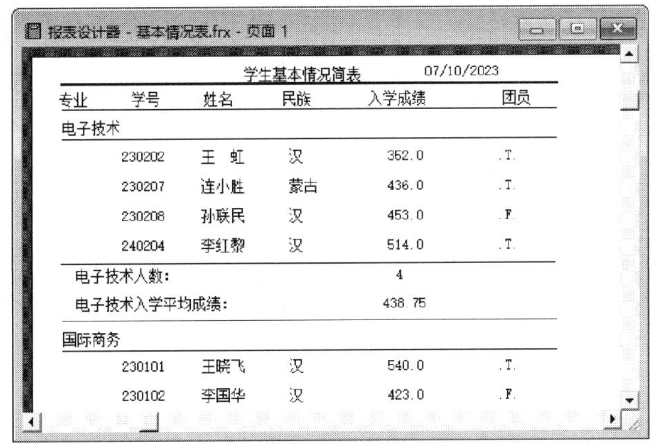

学生基本情况简表　07/10/2023

专业	学号	姓名	民族	入学成绩	团员
电子技术					
	230202	王　虹	汉	352.0	.T.
	230207	连小胜	蒙古	436.0	.T.
	230208	孙联民	汉	453.0	.F.
	240204	李红黎	汉	514.0	.T.
电子技术人数:				4	
电子技术入学平均成绩:				438.75	
国际商务					
	230101	王晓飞	汉	540.0	.T.
	230102	李国华	汉	423.0	.F.

图 6-27　预览分组报表

小结：

报表结果已按“专业”字段进行了分组，并统计出各专业的人数和入学平均成绩。

在创建分组报表时，还可以进行多级分组，依次输入多个表达式，按创建分组的顺序输出数据。

6.2.4　修饰报表

对报表的修饰，就是对报表中各控件的修饰，可以达到美化报表的目的。修饰报表主要包括选择、移动、删除控件，设置控件布局排列，设置控件的字体和字号，设置颜色等。

1．移动、删除控件

在调整报表控件前，必须先选择控件，通过控点可以改变控件的位置和大小。也可以同时对多个控件进行操作，按下 Shift 键，选择多个控件，它们被作为一组，可以同时进行移动、删除等操作。

2．设置布局排列

在创建报表时，往往需要调整各个控件的布局排列，包括控件对齐、间距相等，文本对齐方式等。

操作时选择要调整布局的一个或一组控件，然后单击“格式”菜单，选择一种布局。“对齐”子菜单中包括左边对齐、右边对齐、顶边对齐、底边对齐、垂直居中对齐、水平居中对齐等。

3．设置字体和字号

报表中不同栏目的内容可以设置不同的字体和字号，以增强报表的效果。在创建报表时显示控件的默认中文字体为宋体，字号为小五号。

设置控件字体和字号的操作方法：在“报表设计器”窗口中，选择要设置字体和字号的控件，执行“格式”菜单中的“字体”命令，出现“字体”对话框，选择字体和字号。

例如，对任务 4 中创建的分组报表进行字体设置：标题字体为隶书、三号，页标头控件字体为黑体、五号，细节中的控件字体为仿宋、五号。设置字体后的报表结果如图 6-28 所示。

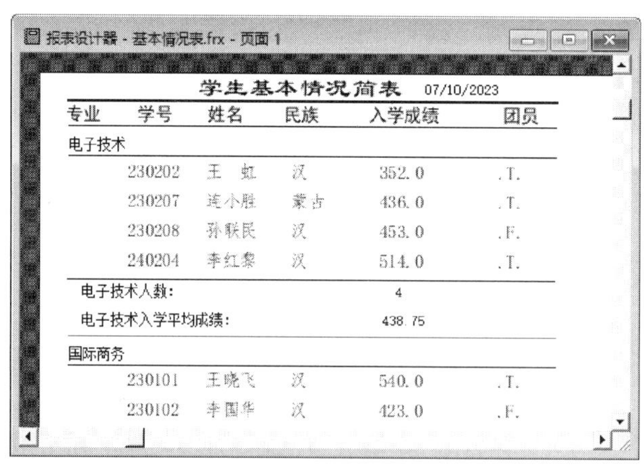

图 6-28 设置字体后的报表

4．设置控件颜色

对报表中的控件，特别是图片和标题，设置前景颜色或背景颜色，能够使报表更美观。设置控件颜色的方法：首先选中要设置颜色的控件，然后单击“显示”菜单中的“调色板”选项，打开“调色板”工具栏，选择其上相应的命令可以设置控件的前景颜色和背景颜色。

设计一个报表，列出“教师”表中所有的教师信息，统计出总人数和平均工资，并在报表上方设置标题和打印日期。

6.3 打印报表

用户创建的报表，一般都要通过打印机打印出来。打印报表的方法很多，下面只介绍其中的一种方法。

（1）打开要打印的报表，单击“常用”工具栏中的“运行”按钮，或执行“文件”菜单中的“打印”命令，出现“打印”对话框。

（2）单击“打印”对话框中的“选项”按钮，打开“打印选项”对话框，如图 6-29 所示，设置打印文件的类型及文件名。

（3）当选择打印的类型为“报表”或“标签”时，单击对话框中的“选项”按钮，出现“报表和标签打印选项”对话框，如图 6-30 所示（用户设置打印记录的范围和条件后，只有满足条件的记录才能被打印出来）。

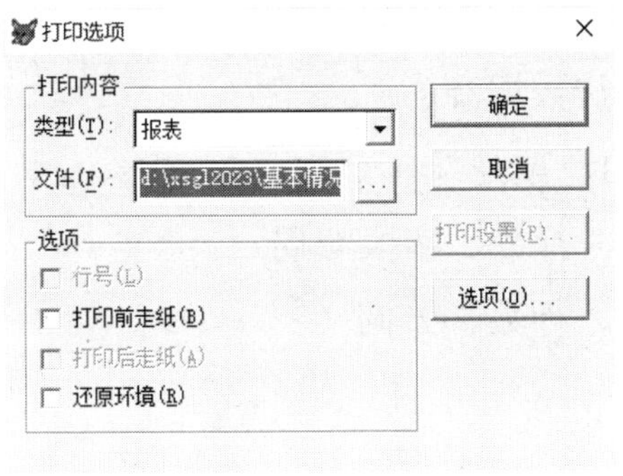

图 6-29　“打印选项”对话框

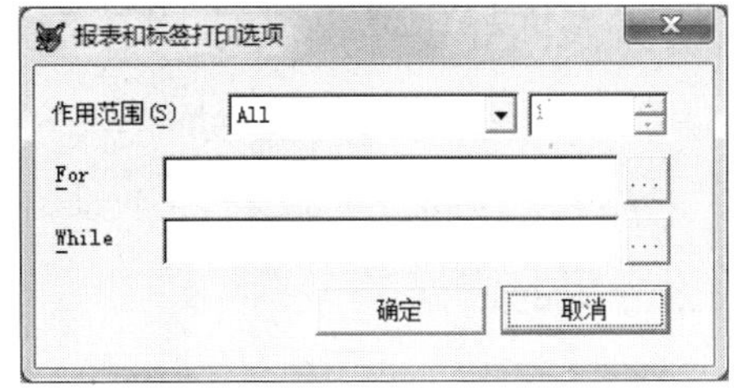

图 6-30　“报表和标签打印选项”对话框

（4）单击“确定”按钮，打印符合条件的记录报表。

基础练习 6

一、填空题

1. Visual FoxPro 6.0 中的报表一般由________和________两部分组成。

2. 使用____________创建报表比较灵活，不但可以设计报表布局，规划数据在页面上的打印位置，而且还可以添加各种控件。

3．创建分组报表需要按__________进行索引或排序，否则不能确保正确分组。

4．如果已经对报表进行了数据分组，则此报表会自动包含__________和__________带区。

5．Visual FoxPro 6.0 提供了__________、__________和__________3 种制作报表的方法。

6．为了在报表中加入一个文字说明，这时应插入一个__________控件。

7．报表中将数据源字段控件称为__________，还包括变量、计算结果等。

8．对于页标头带区，系统将在__________时打印一次该带区所包含的内容；而对于标题带区，系统将在__________时打印一次该带区所包含的内容。

二、选择题

1．报表的数据源可以是（　　）。

A．自由表和其他报表

B．自由表和数据库表

C．自由表、数据库表和视图

D．自由表、数据库表、查询和视图

2．在报表设计器中，可以使用的控件包括（　　）。

A．标签、域控件和线条　　B．标签、域控件和列表框

C．标签、文本框和列表框　　D．布局与数据源

3．使用报表向导定义报表时，定义报表布局的选项是（　　）。

A．列数、方向、字段布局　　B．列数、行数、字段布局

C．行数、方向、字段布局　　D．列数、行数、方向

4．数据分组的依据是（　　）。

A．分组表达式　　B．排序

C．查询　　D．索引

5．默认情况下，报表设计器不包含的基本带区为（　　）。

A．页标头　　B．页注脚

C．标题　　D．细节

三、问答题

1．报表中的数据源主要有哪些？

2．在创建分组报表时，为什么要对表先按分组表达式进行索引？

3．报表向导提供了哪几种报表样式？

4．列布局报表与行布局报表有什么不同？

操作练习 6

1. 以“成绩”表为基表，使用报表向导创建一个报表，要求计算出总平均分、平均分的最大值和最小值。

2. 在上题创建的成绩报表中，按总分进行记录分组，分组间隔为10s，并设定带区式报表样式。

3. 以“学籍”表为基表，使用报表向导创建一个报表，要求按性别进行分组，报表中含有“照片”和“简历”字段。

4. 以“图书借阅”表为基表，使用报表向导创建一个报表，要求按“书号”字段升序排序，并以行布局、3 列输出。

5. 以“学籍”表为父表，选择其中的“学号”“姓名”“性别”“照片”和“简历”字段，以“成绩”表为子表，选择其中的“学号”“姓名”“总分”和“平均分”字段，样式为简报式，创建一个一对多报表。

6. 将第 5 题中的父表和子表对调，创建报表，观察报表结果有什么不同。

7. 在第 5 题所创建的一对多报表的“总结”带区中，分别计算“总分”和“平均分”字段的最大值与最小值。

8. 使用报表设计器创建一个如图 6-11 所示的报表，要求按成绩降序排列输出。

9. 以“学籍”表为基表，使用报表设计器创建一个报表，要求计算出平均年龄。

10. 将第 9 题中创建的报表改为两列输出，每列加上列标头。

11. 将“学籍”表和“成绩”表添加到数据环境中，分别取其中的“学号”“姓名”“性别”“专业”“入学成绩”和“数学”字段，使用报表设计器创建报表，并适当修饰报表。

12. 修改第 11 题创建的报表，按专业排序输出。

13. 对“学籍”表按“民族”字段创建分组报表，并统计各民族人数。

14. 选取“学籍”表中的“学号”“姓名”“民族”“出生日期”“专业”“照片”和“成绩”表中的“数学”“英语”字段，按“专业”字段创建分组报表，在各分组中，分别计算“数学”“英语”两科目的平均分。

15. 对“学籍”表按“专业”和“民族”字段创建多级分组报表，并分别加上适当的组注脚。

16. 修改任务 3 中创建的报表，要求输出的每个行数据显示在实线方格内。

第 7 章

菜单和工具栏设计

本章任务

- 了解系统菜单的组成
- 能够利用系统自定义菜单
- 能够创建快捷菜单
- 掌握定义工具栏的方法
- 能创建简单的工具栏

菜单是一个为用户提供功能服务的应用程序窗口。在 Visual FoxPro 6.0 中，除了系统提供的菜单，用户还可以在自己设计应用程序时定义菜单，给应用程序添加一个友好的界面，方便用户操作。

7.1 系统菜单组成

Visual FoxPro 6.0 由“文件”“编辑”“显示”“工具”“程序”“窗口”和“帮助”菜单项组成系统菜单，每个菜单项包含一个访问键或快捷键，有的菜单项还包含子菜单及菜单项分隔线。Visual FoxPro 6.0 的主菜单，其内部名为_msysmenu。表 7-1 列出了 Visual FoxPro 6.0 系统主菜单及其内部名，该名字可以直接被调用。表 7-2 列出了“文件”子菜单各选项及其内部名。

表 7-1 系统主菜单及对应的内部名

主 菜 单 名	主菜单内部名	主 菜 单 名	主菜单内部名
文件	_msm_file	程序	_msm_prog
编辑	_msm_edit	窗口	_msm_windo
显示	_msm_view	帮助	_msm_systm
工具	_msm_tools		

表 7-2 “文件”子菜单各选项及其内部名

“文件”菜单项	内 部 名	“文件”菜单项	内 部 名
新建	_mfi_new	导入	_mfi_import
打开	_mfi_open	导出	_mfi_export
关闭	_mfi_close	页面设置	_mfi_pgset
保存	_mfi_save	打印预览	_mfi_prevu
另存为	_mfi_savas	打印	_mfi_sysprint
另存为 HTML	_mfi_saveashtml	发送	_mfi_send
还原	_mfi_revrt	退出	_mfi_quit

使用 SET SYSMENU 命令可以配置系统菜单。命令格式如下：

```
SET SYSMENU AUTOMATIC | ON | OFF | TO <菜单名> | TO <DEFAULT>
```

说明：

该命令的功能是设置是否允许用户程序访问系统菜单及对系统菜单进行重新配置。各选项的含义如下。

ON | OFF：允许/禁止应用程序访问系统菜单。

TO <菜单名>：重新配置系统菜单，只显示<菜单名>中指定的菜单项，它包括系统主菜单各条式菜单选项的内部名和弹出式菜单选项的内部名。

TO <DEFAULT>：恢复系统菜单的默认设置。

AUTOMATIC：显示系统菜单，以便访问。

例如，输入命令：

```
SET SYSMENU TO _msm_edit
```

只显示系统菜单中的“编辑”菜单项。

输入命令：

```
SET SYSMENU TO _msm_edit, _msm_windo
```

只显示系统菜单中的“编辑”和“窗口”两个菜单项。如果当前菜单中含有“格式”菜单，是因为激活了命令窗口。

不指定任何参数的 SET SYSMENU TO 命令，屏蔽系统菜单，这时可以使用 SET SYSMENU TO DEFAULT 命令恢复系统菜单。

试一试

1. 使用 SET SYSMENU TO 命令显示“文件”“编辑”和“窗口”菜单。
2. 恢复 Visual FoxPro 6.0 的系统菜单。

7.2　使用菜单设计器创建菜单

使用菜单设计器可以创建用户需要的菜单。在创建菜单前，必须首先确定主菜单，其次是主菜单中包含的菜单项及菜单项中是否含有子菜单。

在设计菜单时，一般不直接给主菜单指定任务，而是把任务分配给主菜单中的各菜单项，如果菜单项中有子菜单，则把任务分配给子菜单。

7.2.1　快速生成菜单

Visual FoxPro 6.0 为用户提供了快速生成菜单的功能，它将系统菜单自动添加到菜单设计器窗口中，其中许多菜单项可以作为应用程序的菜单使用。

【任务 1】 生成一个快速菜单。

分析：

如果应用程序需要的菜单类似，可以借助系统主菜单快速生成一个菜单，直接对其中的菜单项进行调整即可。

操作：

（1）打开“学生管理”项目文件，在“其他”选项卡中选择“菜单”选项，单击“新建”按钮，出现“新建菜单”对话框，如图 7-1 所示。

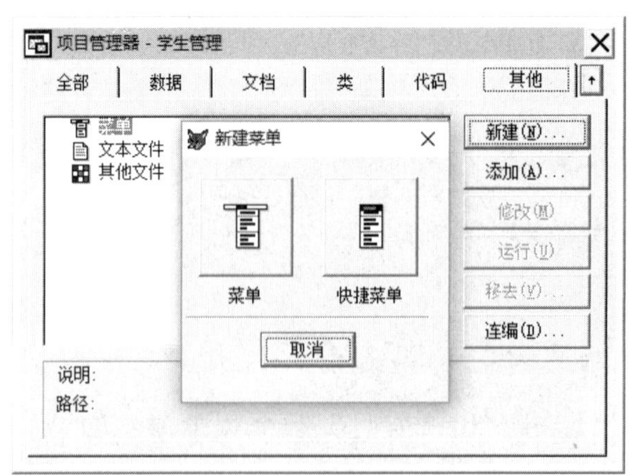

图 7-1　“新建菜单”对话框

（2）单击“菜单”按钮，启动“菜单设计器”，再单击“菜单”中的“快捷菜单”命令，在“菜单设计器”窗口中自动加载系统菜单，如图 7-2 所示。

“菜单名称”栏列出了 Visual FoxPro 6.0 的系统菜单标题，如“文件(\<F)”，它后面括号中的“\<字母”为该菜单标题的访问键“\F”；“结果”栏显示的是下拉式的菜单，“编辑”按钮表示可以对“结果”栏的内容进行编辑；“选项”按钮表示对应的菜单标题是否已在“提示选项”对话框进行了设置，如图 7-3 所示。

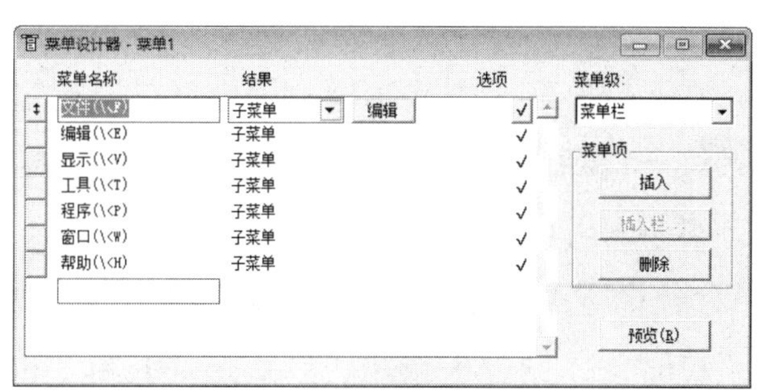

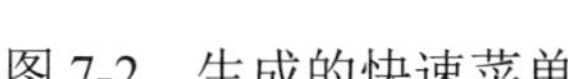

图 7-2　生成的快速菜单

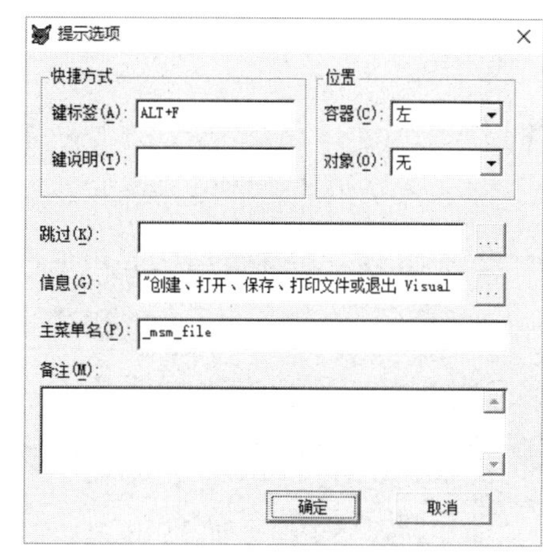

图 7-3　“文件”菜单项的“提示选项”对话框

（3）关闭“菜单设计器”，以文件名“CD1”保存生成的快速菜单，文件的扩展名为.mnx。

小结：

预览或运行该快速菜单，生成菜单程序文件“CD1”，其扩展名为.mpr。

使用 MODIFY MENU <菜单文件名>命令可以在“菜单设计器”窗口打开菜单，<菜单文件名>为菜单定义文件，其扩展名为.mnx。

使用 DO 命令方式运行菜单文件，其命令格式如下：

```
DO <菜单文件名.mpr>
```

其中，扩展名.mpr 不能省略。

快速生成的菜单和系统菜单相同，可以对其中的功能项进行增删或修改。

7.2.2　菜单设计器的组成

在如图 7-2 所示的“菜单设计器”窗口中，主要包括“菜单名称”“结果”和“选项”3 列。

1．菜单名称

在“菜单名称”项下输入菜单的标题，即在菜单运行时显示的内容，而不是在设计时应用菜单的内部名，它相当于表单控件对象的 Caption 属性。

在指定菜单标题时，可以设置菜单项访问键，具体方法是在访问键前加“\<”字符，同时可以把菜单项中功能相近的菜单分组，中间用一条水平线分隔，方法是在“菜单名称”栏

输入“\-”字符。

在设计菜单标题名称时，应输入一个有意义的菜单标题，该标题能反映菜单项的功能，但要简单，可以用英文，也可以用中文。

2. 结果

指定选中菜单时要执行的操作，它包括“命令”“填充名称”“子菜单”和“过程”4 个选项。

- 命令：选择该选项，表示该菜单项用来执行一条命令语句。这时在“结果”列右侧出现一个文本框，用来输入一条具体的命令。
- 填充名称：选择该选项，在“结果”列右侧会出现一个文本框，用户可以自己定义菜单名。设计菜单时，在默认状态下，系统会自动为每个菜单项添加一个唯一的名字，通过它来引用该菜单项，但在实际设计菜单时，一般不选此项。
- 子菜单：选择该选项，表示该菜单项包含一个子菜单。这时在“结果”列右侧出现“创建”或“编辑”命令按钮，首次定义菜单时为“创建”按钮，以后是“编辑”按钮，单击它进入“编辑子菜单”窗口。通过窗口右上侧的“菜单级”下拉列表选项，可以返回上级菜单或主菜单。
- 过程：选择该选项，表示该菜单项执行一个由多条命令代码组合而成的过程。这时在“结果”列右侧出现“创建”或“编辑”命令按钮，首次定义菜单时为“创建”按钮，以后是“编辑”按钮，单击它进入“编辑过程”窗口。在编写过程时，不必在开始和结束处使用 PROCEDURE … ENDPROC 语句，在生成菜单程序文件时，系统自动生成这两个语句。

3. 选项

单击“选项”列的按钮后，出现如图 7-3 所示的“提示选项”对话框，用来设置菜单项的高级属性。

除了上述的“菜单名称”“结果”和“选项”外，还包括“菜单级”“菜单项”和“预览”选项。

- 菜单级：该下拉列表框用来指定或改变当前设计的菜单在菜单层次结构中的位置。
- 菜单项：包括“插入”“插入栏”和“删除”3 个按钮，分别用来表示插入菜单项、插入系统菜单条和删除菜单项，其中，“插入栏”按钮只能用于设计子菜单。
- 预览：用来预览设计的菜单，预览时设计的菜单直接显示在主窗口中。

7.2.3 创建菜单

下面介绍如何使用菜单设计器创建菜单。

【任务 2】 使用菜单设计器，创建一个如表 7-3 所示的功能菜单。

表 7-3　主菜单及其菜单项和子菜单

主　菜　单	菜　单　项	子　菜　单
文件(\<F)	新建 打开 关闭	
浏览(\<B)	"成绩"表 "学籍"表 "图书借阅"表	
管理(\<M)	学生成绩 学生学籍	
工具(\<T)	向导	表 查询 表单 报表
退出(\<Q)	退出	

分析：

创建应用程序的功能菜单，需要先规划应用程序菜单项，再通过前面学习的方法，查阅各菜单项对应的内部名字，然后直接调用该菜单项的内部名字即可。下面使用菜单设计器分步骤来创建该菜单。

操作：

1．创建主菜单

在如图 7-1 所示的"新建菜单"对话框中，单击"菜单"按钮，出现"菜单设计器"窗口，在"菜单名称"栏中分别输入主菜单的各个菜单标题"文件""浏览""管理""工具"和"退出"，并为各个菜单标题加上访问键标志"(\<F)""(\<B)""(\<M)""(\<T)"和"(\<Q)，结果如图 7-4 所示。

2．创建菜单项

创建菜单项就是给各菜单标题添加菜单项，定义所要执行的命令、过程或包含的子菜单。例如，给菜单标题"文件"添加菜单项"新建""打开"和"关闭"。

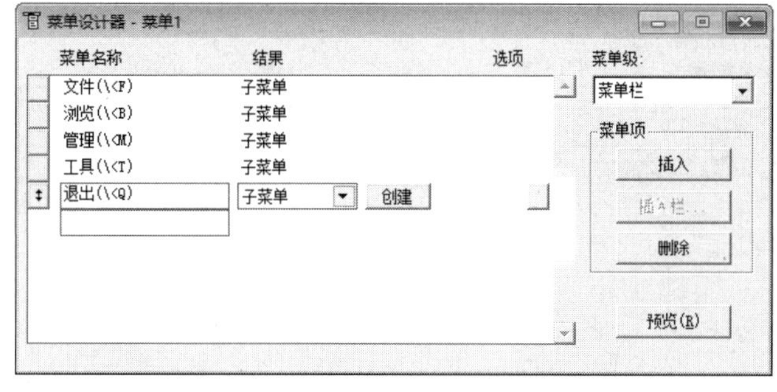

图 7-4　设计主菜单的菜单标题

（1）在如图 7-5 所示的“菜单设计器”窗口中选择要添加菜单项的菜单标题，如选择“文件”，在“结果”框中选择“子菜单”选项，并单击其右侧的“创建”按钮，这时屏幕出现一个新的“菜单设计器”窗口。

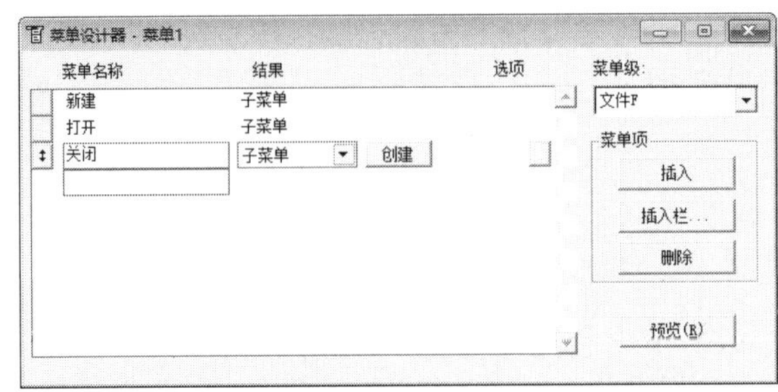

图 7-5 “文件”所包含的菜单项

（2）新出现的“菜单设计器”窗口用于创建二级菜单，即菜单项，它所对应的上级菜单可以从“菜单级”下拉式列表框中反映出来。建立主菜单“文件”所包含的 3 个菜单项“新建”“打开”和“关闭”，如图 7-5 所示。

（3）选择“菜单级”框中的“菜单栏”选项，返回主菜单中的“菜单设计器”窗口。根据上述操作，给“浏览”“管理”“工具”和“退出”菜单添加菜单项，同样也可以给每个菜单项定义一个访问键。

3. 定义菜单项功能

定义菜单项的功能可以通过“菜单设计器”窗口“结果”框中的“命令”“菜单项#”“子菜单”和“过程”4 个选项来实现。

（1）主菜单“文件”中包含 3 个菜单项：“新建”“打开”和“关闭”。

在图 7-5 所示的“菜单设计器”窗口右侧的“结果”下拉列表框中，分别选择“菜单项#”选项，并在其右侧的空白处输入该菜单项所完成功能的内部名字或操作命令。例如，“新建”菜单项对应的内部名字为“_mfi_new”，“打开”菜单项对应的内部名字为“_mfi_open”，“关闭”菜单项对应的内部名字为“_mfi_close”，如图 7-6 所示。

（2）在“结果”框中的“命令”选项，表示为菜单项或子菜单指定一条 Visual FoxPro 6.0 的命令，完成指定的操作。

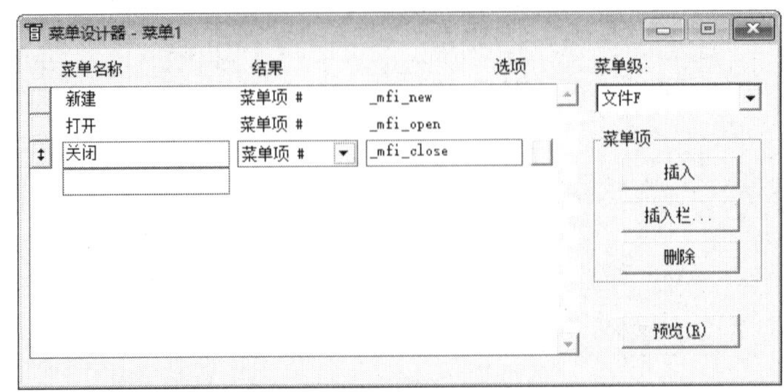

图 7-6 给菜单项指定任务

将“管理”菜单中的两个菜单项“学生成绩”和“学生学籍”分别定义为“命令”，所实现的功能分别表示执行表单 d:\xsgl2023\学生成绩.scx 和 d:\xsgl2023\学生学籍.scx，对应的操作命令分别为“do form d:\xsgl2023\学生成绩.scx”和“do form d:\xsgl2023\学生学籍.scx”，如图 7-7 所示。

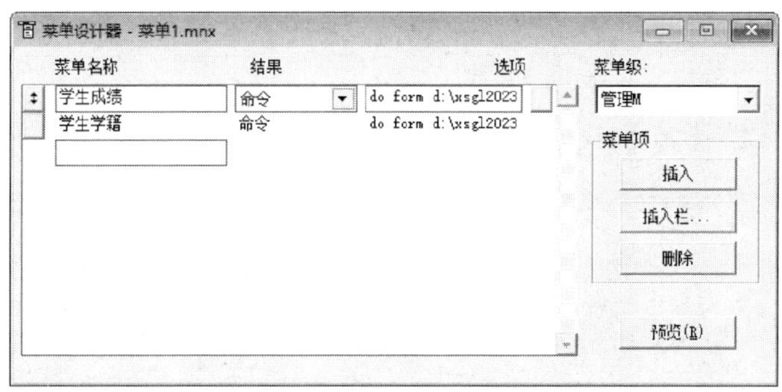

图 7-7　给菜单项指定操作命令

“退出”菜单项所对应的操作命令为：

```
SET SYSMENU TO DEFAULT
```

（3）过程与命令很相似，它是一组命令代码的集合。

将“浏览”菜单中的 3 个菜单项“成绩”表、“学籍”表和“图书借阅”表，分别定义为“过程”，其功能分别是浏览“成绩”表、“学籍”表和“图书借阅”表中的记录，如图 7-8 所示。

单击“结果”框右侧的“创建”按钮，出现过程编辑窗口，输入执行该菜单项所对应的过程代码，其中，浏览“成绩”表所对应的过程代码如图 7-9 所示。

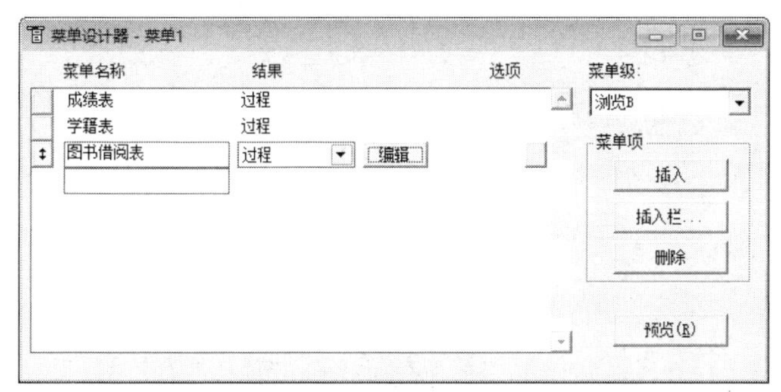

图 7-8　定义菜单项为过程

图 7-9　浏览“成绩”表所对应的过程代码

由于 Visual FoxPro 会自动生成 PROCEDURE 语句，因而不必在过程编辑窗口中输入此语句。

浏览“学籍”表和浏览“图书借阅”表记录所对应的过程代码，请读者参考图 7-9 自行定义。

4．定义快捷键

除了给菜单项设置访问键，还可以给菜单或菜单项定义快捷键。快捷键一般用 Ctrl 键或

Alt 键与另一个键相组合。快捷键与访问键的区别在于，使用快捷键可以在不显示菜单的情况下选择菜单中的某一个菜单项。例如，在 Visual FoxPro 6.0 系统中按 Ctrl+N 组合键，可以建立一个新文件。下面介绍如何给菜单或菜单项定义一个快捷键。

例如，给“文件”菜单中的“新建”和“打开”菜单项分别定义快捷键为 Ctrl+N 和 Ctrl+O。

（1）返回“菜单设计器”窗口（见图 7-6），选择要定义快捷键的菜单或菜单项，这里选择“文件”菜单中的“新建”菜单项。

（2）单击“新建”菜单项右侧的“选项”按钮，出现“提示选项”对话框。在“提示选项”对话框的“键标签”框中，输入一对组合键，即要定义的快捷键。例如，输入组合键“Ctrl+N”，在“键说明”文本框中自动显示为“Ctrl+N”，也可以更改“键说明”内容，如更改为“^N”，如图 7-10 所示。

图 7-10　“提示选项”对话框

在“提示选项”对话框中还包含“跳过”“信息”“菜单项#”等文本框。

- 跳过：定义菜单项跳过的条件。该条件是一个表达式，此表达式用于确定是启用菜单或菜单项，还是废止菜单或菜单项。如果表达式的值为“假”（.F.），则启用菜单或菜单项；如果表达式的值为“真”（.T.），则废止菜单或菜单项。
- 信息：定义菜单项的说明信息。当鼠标指向该菜单项时，在系统主窗口的状态栏上显示该说明信息。
- 菜单项#：指定菜单项的内部名字或序号。如果不指定，系统自动设定。

（3）单击“提示选项”对话框中的“确定”按钮，返回“菜单设计器”，“选项”按钮出现“√”标记，表明已进行了设置。

采用同样的方法，可以给“打开”菜单项定义快捷键 Ctrl+O。用户在不显示“文件”菜单的情况下直接按 Ctrl+O 组合键，系统就立即执行“打开”操作。

在 Visual FoxPro 6.0 中不能使用 Ctrl+J 组合键定义键盘快捷键，它常用来作为关闭某些对话框的快捷键。

5. 添加系统菜单项

在使用“菜单设计器”创建菜单时，可以将 Visual FoxPro 6.0 系统菜单的部分菜单项加载到用户创建的菜单中。例如，在“工具”菜单中设置一个“向导”子菜单，“向导”子菜单中包含“表”“查询”“表单”和“报表”4 个菜单项。因此，可以将 Visual FoxPro 6.0 系统菜单中的这 4 个向导加载到“菜单设计器”中。

（1）在“菜单设计器”中选择“向导”菜单，将其“结果”项设置为“子菜单”，并单击其右侧的“创建”按钮，进入“向导”子菜单设计器窗口。

（2）单击“菜单设计器”中的“插入栏”按钮，出现“插入系统菜单栏”对话框，如图 7-11 所示。

（3）在“插入系统菜单栏”对话框中，选择要插入的菜单项，然后单击“插入”按钮。例如，依次将“表”“查询”“表单”和“报表”4 个向导选项插入“菜单设计器”中，结果如图 7-12 所示。

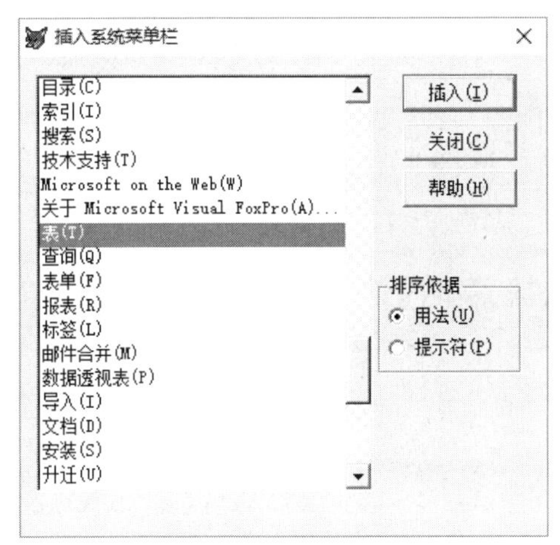

图 7-11 “插入系统菜单栏”对话框

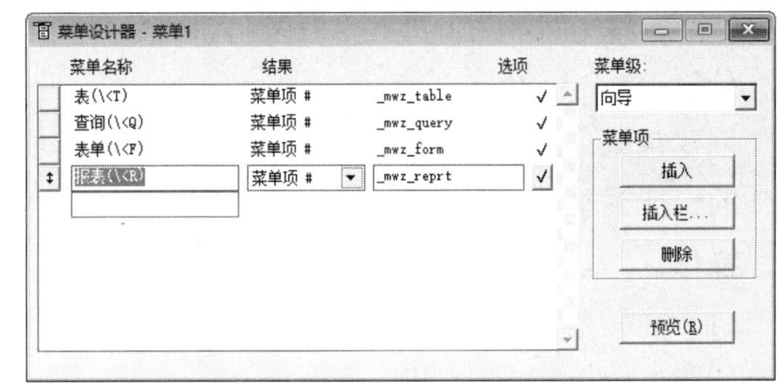

图 7-12 插入的系统菜单项

保存以上创建的菜单，例如，以文件名“菜单 1.mnx”保存，单击“预览”按钮，可以查看创建的菜单效果。

单击“程序”菜单中的“运行”命令，运行“菜单 1.mpr”文件，或在命令窗口输入命令“DO 菜单 1.mpr”，运行任务 2 创建的菜单，结果如图 7-13 所示。

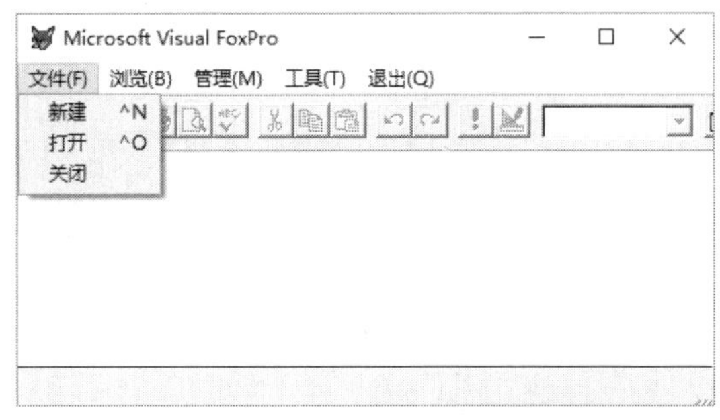

图 7-13 运行“菜单 1”

6. 菜单初始化

菜单初始化过程是一个全局过程，应用于整个菜单系统。给菜单系统添加初始化代码可以定制菜单系统。初始化代码可以包括创建环境代码、定义变量代码、打开所需文件代码，以及使用 PUSH MENU 和 POP MENU 保存或恢复菜单系统代码。

小结：

以上是设计一个应用程序菜单的过程，包括创建主菜单、创建菜单项、定义菜单项功能、定义快捷键等。

7.2.4 创建快捷菜单

Visual FoxPro 6.0 系统提供了大量的快捷菜单，为用户操作提供了方便。如创建表单时，在数据环境设计器窗口中，利用快捷菜单可快速地添加数据表、打开属性窗口等。用户在开发应用程序的过程中，也可以创建快捷菜单，并将其附加到控件或对象中。只要右键单击该控件或对象，就会在快捷菜单中显示当前对象可用的所有功能。下面介绍如何创建快捷菜单并将其附加到指定的控件或对象中。

【任务 3】 创建一个包含“剪切”“复制”“粘贴”和“清除”功能的快捷菜单。

分析：

创建常见菜单的快捷菜单，可以参照系统菜单项的快捷菜单内部名字来进行设计。如“剪切”的快捷菜单内部名为“_med_cut”。

操作：

（1）在如图 7-1 所示的“新建菜单”对话框中，单击“快捷菜单”按钮，打开“快捷菜单设计器”窗口。

（2）在“快捷菜单设计器”窗口中，添加“剪切”“复制”“粘贴”和“清除”菜单项，并分别指定它们所完成的功能，也可以利用添加系统菜单项的方法添加以上 4 个菜单项，结果如图 7-14 所示。

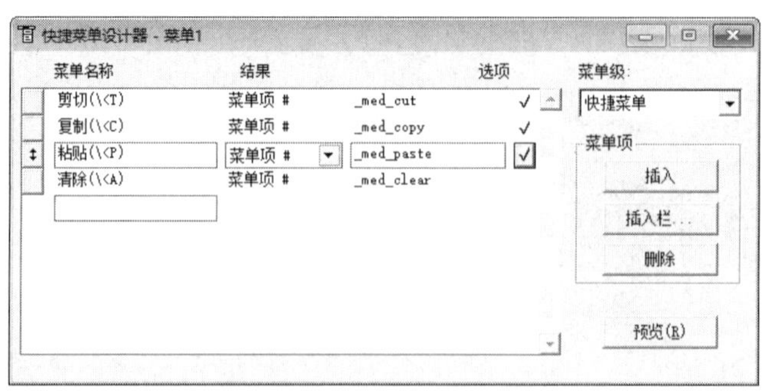

图 7-14　添加菜单项

（3）单击“剪切”菜单项中的“选项”按钮，在如图 7-10 所示的对话框中定义该快捷菜单的快捷键为“Ctrl+X”，再分别定义“复制”和“粘贴”菜单项的快捷菜单为“Ctrl+C”和

“Ctrl+V”。

（4）保存新创建的快捷菜单，例如，文件名为 kj.mnx。

小结：

保存新创建的快捷菜单后，在“项目管理器”窗口的“其他”选项卡中，选择菜单 KJ 并运行，Visual FoxPro 6.0 生成快捷菜单，同时产生 kj.mpr 文件。利用该文件可以将生成的快捷菜单添加到控件或对象中。

【任务 4】 将快捷菜单文件 kj.mpr 添加到“圆面积”表单中。

分析：

创建快捷菜单的目的是方便用户操作，这是一个快捷菜单应用的实例。

操作：

（1）在“表单设计器”窗口中打开“圆面积”表单文件，在“属性”窗口的“方法程序”选项卡中，双击“RightClick Event”属性，出现过程编辑器窗口，如图 7-15 所示。

（2）在过程编辑器窗口中输入过程代码“DO kj.mpr”，然后保存该表单。

小结：

经过上述操作后，可将快捷菜单文件 kj.mpr 添加到表单“圆面积”中，运行表单“圆面积”，并在其任一位置右击鼠标，可以显示该快捷菜单，如图 7-16 所示。

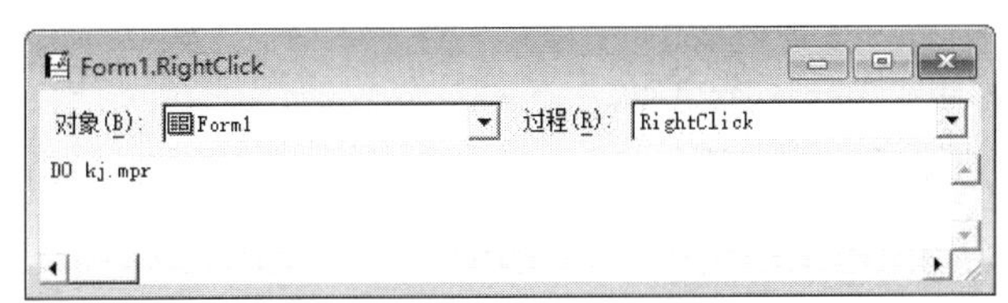

图 7-15　过程编辑器窗口

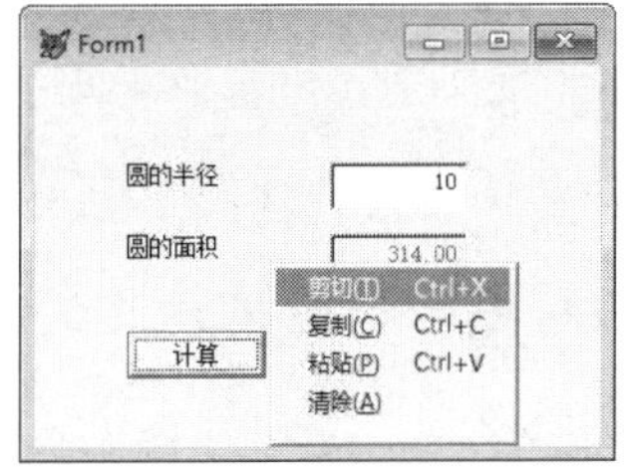

图 7-16　访问快捷菜单后的表单

执行快捷菜单中的菜单项，可以实现相应的功能。

试一试

建立一个菜单文件，主菜单及其菜单项如表 7-4 所示。要求在单击最下层的菜单项时，执行相应的命令或过程代码；当单击“退出”时，退出菜单执行状态，并将菜单恢复为 Visual FoxPro 6.0 的系统菜单。

表 7-4　主菜单及其菜单项

主　菜　单	菜　单　项
浏览记录(\<B)	“教师”表
	“学生”表
运行查询(\<S)	“教师”查询
	“成绩”查询

续表

主 菜 单	菜 单 项
运行表单(\<F)	“课程”表单
	“成绩”表单
报表打印(\<P)	“成绩”报表
	“教师”报表
退出(\<Q)	返回系统

7.3 定义工具栏

Visual FoxPro 6.0 系统提供了大量丰富的工具栏，如常用工具栏、报表控件工具栏、表单控件工具栏、布局工具栏等。用户在开发应用程序时，也可以自己创建工具栏，将经常重复执行的任务以按钮的形式添加到工具栏中。

7.3.1 定义工具栏类

【任务 5】 定义一个自定义工具栏类。

分析：

自定义一个工具栏，可以通过定义一个工具栏类来完成。定义工具栏类后，可以向工具栏类添加对象，并定义属性、事件和方法程序，然后将工具栏添加到表单集中。

操作：

（1）在“项目管理器”窗口中选择“类”选项卡，单击“新建”按钮，出现“新建类”对话框，如图 7-17 所示。

（2）在“类名”框中输入一个新类名称，如“表单工具”。在“派生于”下拉列表框中选择 Toolbar，以使用工具栏基类。在“存储于”框中输入一个类库名，保存新建的类，如 d:\vf\bdgj.vcx。

（3）单击“确定”按钮，出现“类设计器”窗口，并显示新定义的类，如图 7-18 所示。

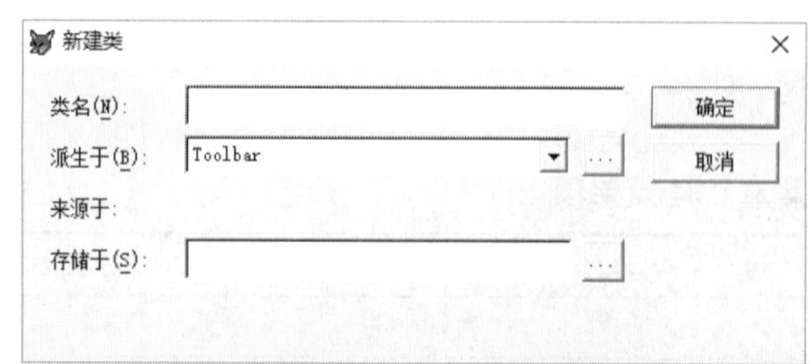

图 7-17 “新建类”对话框

图 7-18 “类设计器”窗口

7.3.2 在工具栏类中添加对象

【任务 6】 在任务 5 定义的工具栏类上，添加“新建”“打开”“保存”“下一个”“上一个”“剪切”“复制”“粘贴”和“打印”9 个命令按钮。

分析：

在定义一个工具栏类后，便可以用这个类创建一个工具栏。一般只为工具栏类添加命令按钮，也可以添加标签或文本框等表单控件，或其他用户定义的类。

操作：

（1）在“项目管理器”窗口的“类”选项卡中，选择一个包含自定义工具栏的类库，并打开这个类，如“表单工具”（见图 7-18）。

（2）从“表单控件”工具栏上选择所要添加的对象。单击“表单控件”工具栏上的命令按钮，然后将鼠标指针移动到自定义工具栏类中要放置对象的位置并单击，这时选定的对象将被添加到工具栏类上。

（3）重复上述步骤（2），直至添加完 9 个命令按钮，如图 7-19 所示。

（4）调整按钮的大小，并在按钮上设置显示的文字（Caption 属性）或图片（Picture 属性）。例如，选择第一个按钮，设置 Picture 属性，将 Picture 属性值设置为\vfp6\wizards\graphics\new.bmp，这时在该命令按钮上显示一个“新建”图标。

（5）重复操作步骤（4），为“打开”“保存”“下一个”“前一个”“剪切”“复制”“粘贴”和“打印”按钮分别添加相应的图片，如图 7-20 所示。

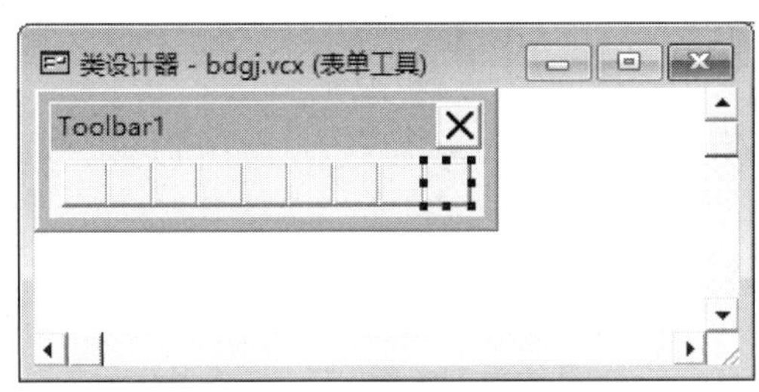

图 7-19 添加命令按钮

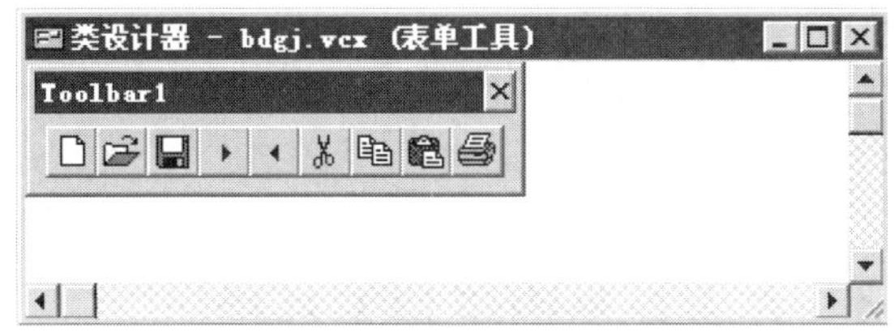

图 7-20 为各命令按钮添加图片

小结：

为了便于用户使用，工具栏按钮通常都有提示文字。当鼠标指针指在工具栏按钮上时，显示提示信息。设置提示文字信息，通过 ToolTipText 属性设置。

有时还需要为工具栏分组，即在工具栏的按钮之间添加分隔符控件。单击“表单控件”工具栏上的“分隔符”按钮，然后单击工具栏设计区中需要添加分隔符的位置。添加分隔符后的工具栏如图 7-21 所示。

图 7-21 添加分隔符后的工具栏

7.3.3 定义操作

在工具栏类中添加对象后，必须定义各对象所执行的操作。

【任务 7】 给工具栏上的“新建”按钮定义一个操作：创建一个表。

分析：

定义工具栏按钮的操作时，一般都利用“属性”窗口中的 Click Event 或 DblClick Event 来设置属性值。

操作：

（1）在“类设计器”窗口的工具栏中，选定一个定义操作的对象。例如，选择“新建”命令按钮，在“属性”窗口中的“方法程序”选项卡中，双击“Click Event”属性，出现编辑器窗口。

（2）在编辑器窗口中，输入该对象所完成的事件代码。例如，“新建”按钮所对应的事件代码为“create”，结果如图 7-22 所示。

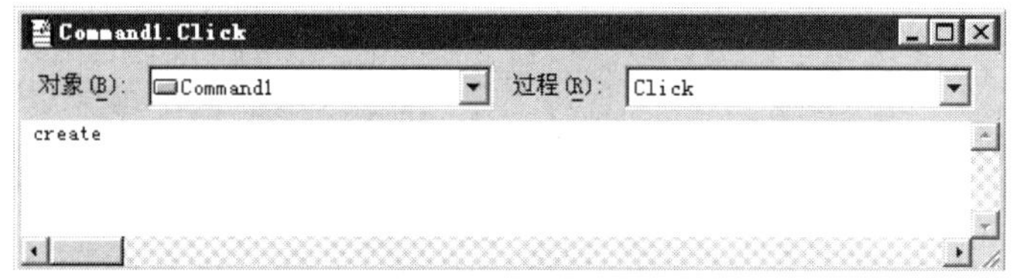

图 7-22 “新建”按钮对应的事件代码

按照上述操作方法，可以定义其他对象的 Click 事件代码。

小结：

定义工具栏上按钮的操作，实际上就是定义该对象的 Click 事件代码，可以通过编程来实现。

7.3.4 在表单集中添加工具栏

在定义工具栏类后，就可以添加工具栏了。例如，当打开表单设计器时，要求同时显示工具栏。

【任务 8】 在表单集“学生基本情况”中，添加自定义的工具栏。

分析：

不能直接在某个表单上添加工具栏，应该先创建一个表单集，然后在表单集中添加工具栏，以使表单集中的表单与工具栏一起打开。

操作：

（1）在“项目管理器”窗口中选择表单。例如，选择“学生基本情况”，单击“修改”按钮，在“表单设计器”窗口中打开“学生基本情况”表单，单击“表单”菜单中的“创建表单集”命令。

（2）单击“表单控件”工具栏中的“查看类”按钮，在显示的列表中选择该工具栏类。如果定义的工具栏类没有出现在列表中，可单击“添加”命令，在“打开”对话框中选择工具栏类所在的类库后单击“打开”按钮。在“表单控件”工具栏中显示该类库中的类，如图 7-23 所示。

图 7-23　添加工具栏类后的“表单控件”工具栏

（3）单击“表单控件”工具栏中新添加的工具栏类按钮，再单击“表单设计器”窗口，添加此工具栏，可以将工具栏拖放到适当的位置。添加工具栏后的表单集如图 7-24 所示。

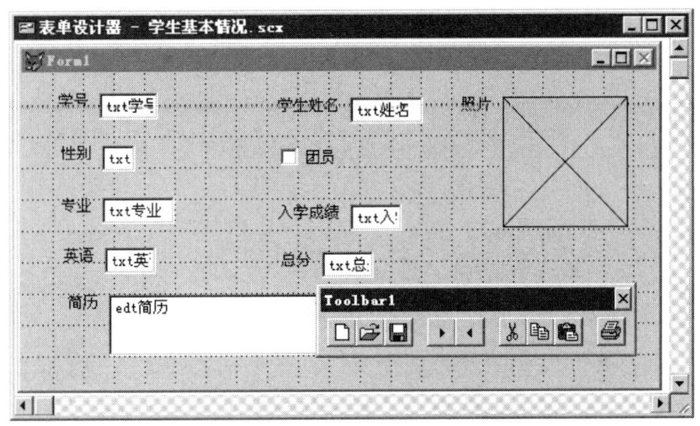

图 7-24　添加工具栏后的表单集

保存并运行添加了工具栏的表单集“学生基本情况”，屏幕在显示表单集的同时，添加的工具栏也被显示出来。

试一试

定义一个工具栏，然后将该工具栏添加到一个表单集上。

基础练习 7

一、填空题

1．Visual FoxPro 6.0 菜单项中，“文件”菜单的内部名是___________，“编辑”菜单的内部名是____________。

2．Visual FoxPro 6.0 中，“文件”菜单中的“新建”菜单项的内部名是_________，“保存”菜单项的内部名是__________，“打印”菜单项的内部名是_________，“退出”菜单项的内部名是_________。

3．SET SYSMENU TO _msm_edit 命令的功能是________________________________。

4．在命令窗口运行菜单文件 AA 的命令是____________________。

5．在表单中添加一个自定义的工具栏，可以分四步进行操作：

（1）________________________；（2）________________________；

（3）________________________；（4）________________________。

二、选择题

1．Visual FoxPro 6.0 中，“文件”菜单中的“打开”菜单项的内部名是（　　）。

A．_mfi_new　　　　B．_mfi_import

C．_mfi_prevu　　　　D．_mfi_open

2．菜单程序文件的扩展名为（　　）。

A．.mnx　　　　B．.mpr

C．.mnt　　　　D．.mpx

3．要为某个对象创建一个快捷菜单，需要在该对象中添加调用对应菜单程序事件代码的是（　　）。

A．Click　　　　B．RightClick

C．Init　　　　D．Move

4．菜单设计器的“结果”一列的列表框中可供选择的项目包括（　　）。

A．命令、过程、子菜单、函数

B．命令、过程、子菜单、菜单项#

C．填充名称、过程、子菜单、快捷键

D．命令、过程、填充名称、函数

5．如果菜单项的名称为“统计”，键盘访问键是 T，则在“菜单名称”一栏中应输入（　　）。

A．统计(\<T)　　　　B．统计(Ctrl+T)

C．统计(Alt+T)　　　　D．统计(T)

6．假设已经生成了名为 mymenu 的菜单，执行该菜单可在命令窗口中输入（　　）。

A．Do mymenu　　　　B．Do mymenu.mpr

C．Do mymenu.mnx　　　　D．Do mymenu.pjx

三、问答题

1．在定义菜单项，给功能相近的菜单分组时，应如何添加水平分隔线？

2．在定义菜单要执行的操作时，“命令”与“过程”有什么不同？

3．如何给菜单或菜单项定义快捷键？

4．如何创建一个工具栏？

操作练习 7

1．利用快速菜单功能创建一个主菜单，只包含“文件”“编辑”“窗口”和“帮助”4 个菜单标题及其所包含的菜单项或子菜单。

2．在第 1 题创建的菜单中，分别给主菜单“文件”中的“关闭”菜单项、“编辑”中的“清除”菜单项设置快捷键 Ctrl+F3 和 Ctrl+F4。

3．使用菜单设计器创建一个菜单，菜单功能如表 7-5 所示。

表 7-5　主菜单及其菜单项和子菜单

主　菜　单	菜　单　项	功　　能
文件(\<F)	打开	分别打开或保存指定的文件，关闭打开的文件
	保存	
	关闭	
编辑(\<E)	“成绩”表	修改“成绩”表或“学籍”表结构
	“学籍”表	
显示(\<B)	“成绩”表	浏览“成绩”表或“学籍”表中的记录
	“学籍”表	
程序(\<P)	查询 1	分别运行查询 1.qpr、表单 1.scx 和报表 1.frx 文件
	表单 1	
	报表 1	
退出(\<Q)	退出	退出 Visual FoxPro 系统

4．创建一个如图 7-25 所示的工具栏。

图 7-25　工具栏

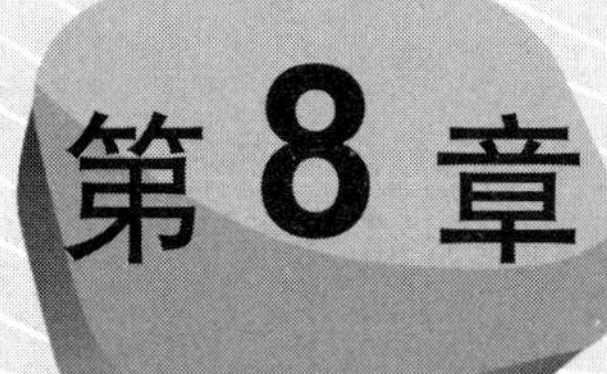

第 8 章 应用程序设计实例

本章任务

- 了解应用程序设计的一般方法
- 能够设计较简单的数据库应用程序
- 能将数据库程序编译成可执行文件

本章以模拟学校学生成绩管理为例，介绍如何利用 Visual FoxPro 6.0 系统开发应用程序。学校学生管理系统主要包括学生基本信息的管理和学生成绩的管理，利用计算机对数据记录进行添加、修改、查询、统计、报表打印等操作。

8.1 系统分析

本系统的主要功能有记录的添加、保存、修改、删除、成绩的统计和报表打印，实现学籍管理和成绩管理。本系统要管理的信息主要有学生学籍和学生成绩，另外包括科目和年级两个辅助信息表。

“学籍”表包含的信息主要有学号、姓名、性别、出生日期、团员、专业、入学成绩、照片、简历。

“成绩”表包含的信息主要有学号、姓名、语文、数学、英语、网络技术、总分、平均分。

“科目”表只有一个“科目”信息。

“年级”表只有一个“年级”信息。

对“学籍”表的管理，主要实现以下功能：浏览记录、添加记录、修改记录、删除记录、打印学生基本信息。

对“成绩”表的管理，主要实现以下功能：浏览记录、添加记录、修改记录、删除记录、进行成绩统计、打印学生成绩。

为方便操作，还需要建立友好的界面，以便于对数据进行维护、统计和打印等管理。在实际设计中，可将各功能划分成模块，实现模块化的设计，本系统中各模块结构如图 8-1 所示。

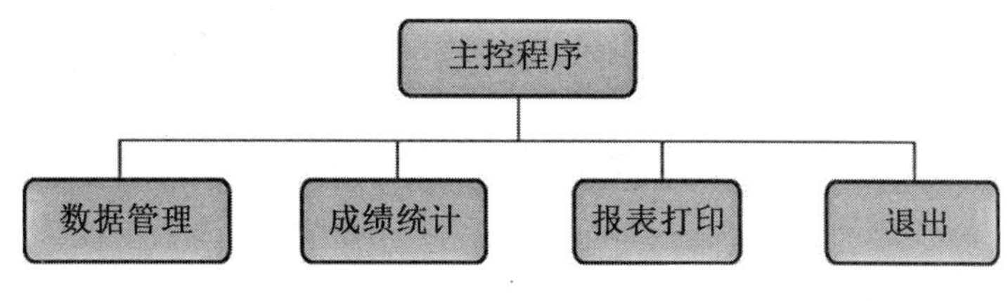

图 8-1　系统模块结构图

各模块功能如下。

（1）数据管理：对“学籍”表和“成绩”表中的记录进行浏览、添加、保存、修改、删除。

（2）成绩统计：按科目和年级对“成绩”表中的记录进行分段统计。

（3）报表打印：打印学生基本信息和学生成绩。

（4）退出：退出本管理系统。

从主控程序启动系统后，首先显示启动界面，如图 8-2 所示。

图 8-2　启动界面

当用户单击启动界面时，该界面消失，并显示应用程序菜单。如果用户在规定的时间内没有单击此表单，此界面也会消失，并显示应用程序菜单。

各菜单及子菜单实现的具体功能如下。

（1）“数据管理”菜单：包含“学生学籍”和“学生成绩”两个子菜单。执行“学生学籍”

菜单命令，打开如图 8-3 所示的表单。

通过表单上的 |< < > >| 4 个按钮来浏览记录。单击“添加”按钮，在“学籍”表中追加记录，这时只有“保存”按钮和“退出”按钮为激活状态。单击“保存”按钮，将表单中新输入的记录保存到“学籍”表中，并设置各控件的有效状态和读/写状态。

单击“数据管理”菜单中的“学生成绩”命令，打开“学生成绩”表单，如图 8-4 所示。

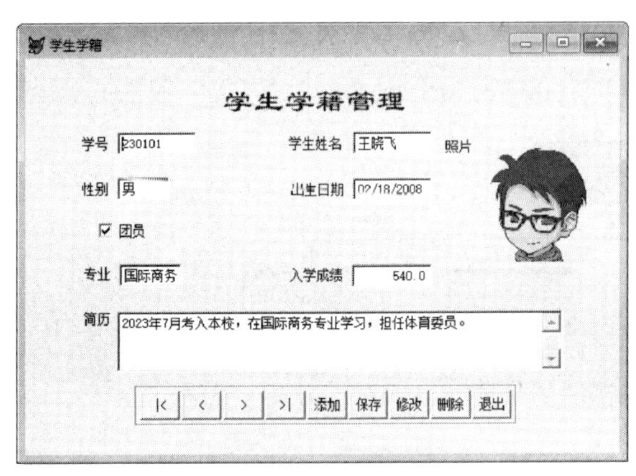

图 8-3　“学生学籍”表单

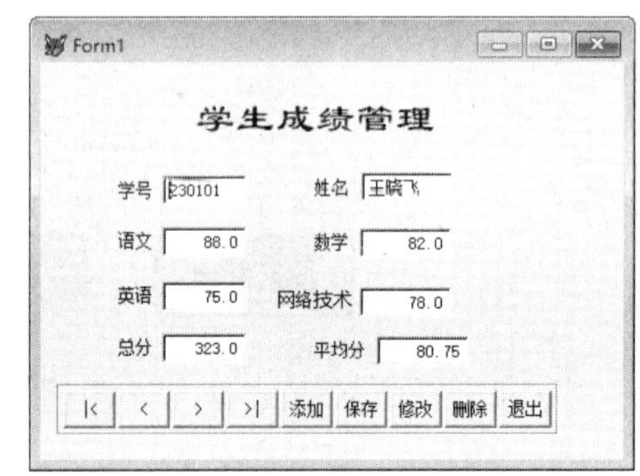

图 8-4　“学生成绩”表单

该表单上各命令按钮的操作方法与“学生学籍”表单上相应按钮的操作方法相同。只是在单击“添加”按钮添加成绩时，不用输入总分和平均分成绩，单击“保存”按钮后，系统自动计算并添加记录的总分和平均分。

（2）“成绩统计”菜单：实现对“成绩”表中指定的科目和年级进行统计，并统计各分数段人数及平均成绩。单击“成绩统计”菜单命令，打开“成绩统计”表单，选择要统计的科目和年级，然后单击“统计”按钮，即可显示该科目和该年级各分数段的人数、总人数及平均成绩，如图 8-5 所示。

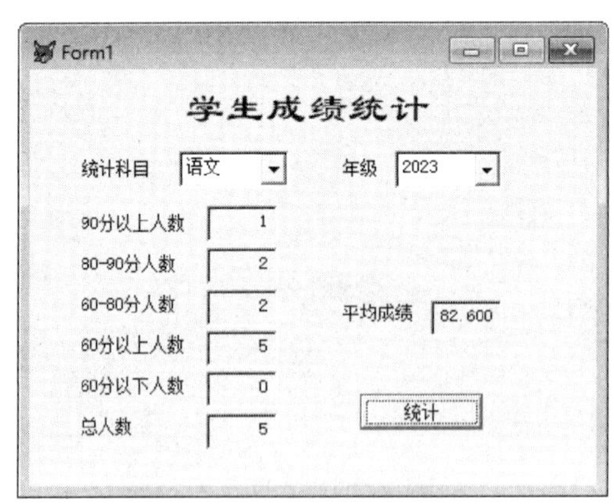

图 8-5　“成绩统计”表单

（3）“报表打印”菜单：包括打印“学生信息”和“学生成绩”。单击“学生信息”命令，预览“学生信息”报表，如图 8-6 所示。单击“打印预览”工具栏上的“打印报表”按钮，可打印该报表。

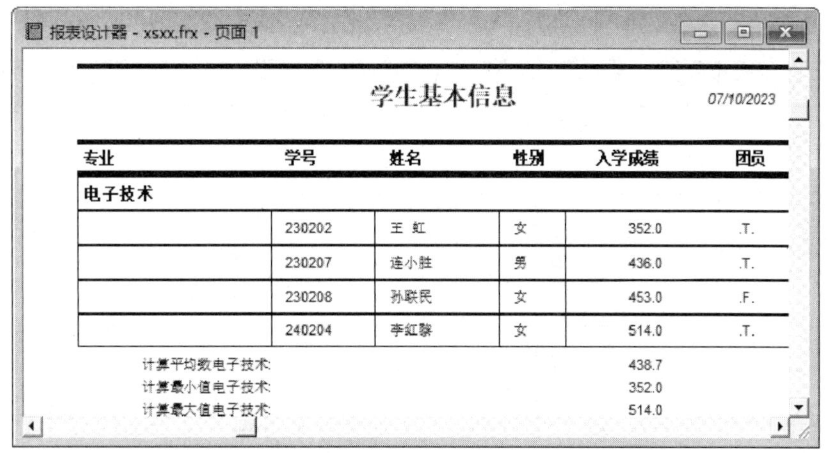

图 8-6　“学生信息”报表

单击“学生成绩”命令，同样可以预览或打印“学生成绩”报表，如图 8-7 所示。

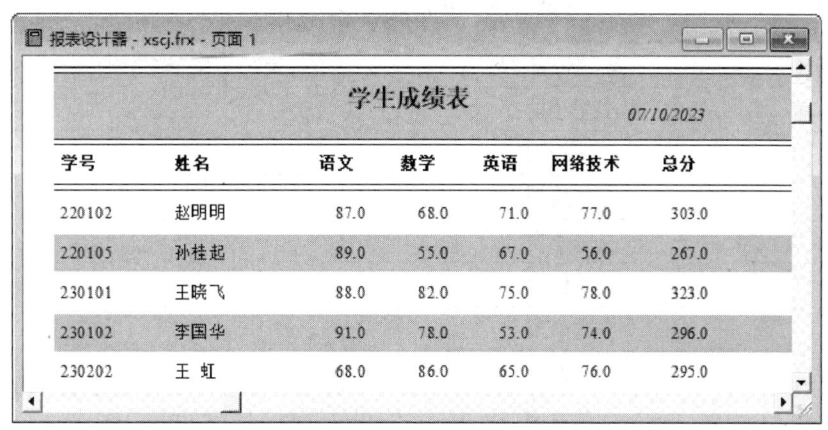

图 8-7　“学生成绩”报表

8.2　系统设计

8.2.1　设计数据库

创建一个项目文件“学生管理.pjx”，在该项目中再创建一个名为“学生”的数据库。

1. “学籍”表

在“学生”数据库中创建“学籍”表，表结构如表 8-1 所示。

表 8-1　“学籍”表结构

字段名称	数据类型	宽　度	小数位数
学号	字符型	6	
姓名	字符型	8	

续表

字段名称	数据类型	宽　　度	小数位数
性别	字符型	2	
出生日期	日期型	8	
专业	字符型	8	
入学成绩	数值型	5	1
团员	逻辑型	1	
照片	通用型	4	
简历	备注型	4	

2.“成绩”表

在“学生”数据库中创建“成绩”表，表结构如表8-2所示。

表8-2　“成绩”表结构

字段名称	数据类型	宽　　度	小数位数
学号	字符型	6	
姓名	字符型	8	
语文	数值型	5	1
数学	数值型	5	1
英语	数值型	5	1
网络技术	数值型	5	1
总分	数值型	5	1
平均分	数值型	5	1

3.“科目”表

在“学生”数据库中创建“科目”表，表结构如表8-3所示。

表8-3　“科目”表结构

字段名称	数据类型	宽　　度	小数位数
科目	字符型	10	

4.“年级”表

在“学生”数据库中创建“年级”表，表结构如表8-4所示。

表8-4　“年级”表结构

字段名称	数据类型	宽　　度	小数位数
年级	字符型	4	

8.2.2　设计启动界面

1. 创建启动界面

创建一个文件名为“学生成绩管理系统”的表单作为启动界面，如图 8-2 所示。表单及表单控件部分属性的设置如表 8-5 所示。

表 8-5　表单及表单控件部分属性的设置

控件类型	控件名称	属　性	属性值
表单	Form1	ShowWindow	0-在屏幕中(默认)
		Picture	fm.jpg
		Caption	学生成绩管理系统
标签	Label1	Caption	学生成绩管理系统
		FontName	微软雅黑
		FontSize	29
		WordWrap	.T.
		BackStyle	0-透明
计时器	Timer1	Interval	1000

表单的 Picture 属性用来指定图片，计时器控件的作用是当启动界面显示超过 5 秒以后，关闭该界面，自动显示菜单。

2. 添加响应代码

当单击启动界面时，界面消失，显示应用程序菜单（start.mpr）。因此，需要添加“学生成绩管理系统”启动表单的 Click 事件代码：

```
Do start.mpr                    &&执行菜单文件
Release Thisform                &&关闭当前表单
```

除了单击表单执行菜单文件外，当用户单击 Label1 控件时，也应该执行菜单文件，因此需要在 Label1 的 Click 事件中添加代码：

```
Do start.mpr
Release Thisform
```

如果用户 5 秒钟后没有单击启动界面，启动界面也会消失，并执行菜单文件。因此，需要在 Timer1 的 Timer 事件中添加代码：

```
n=n+1
If n=5
  Do start.mpr
  Release Thisform
Endif
```

同时在表单的 Init 事件中定义代码：

```
Public n
n=0
```

定义 n 为全局变量，不仅在 Init 事件中可以使用，而且在整个表单中也可以使用。

8.2.3 设计菜单

创建一个名为 start.mnx 的学生成绩管理系统菜单，如图 8-8 所示。

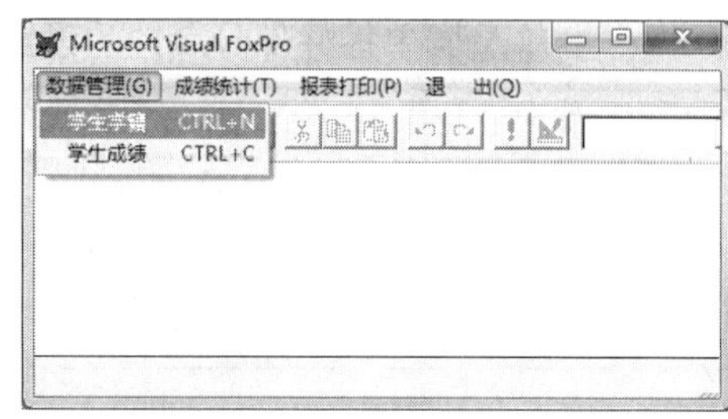

图 8-8　学生成绩管理系统菜单

学生成绩管理系统用到的菜单项及调用对象如表 8-6 所示。

表 8-6　学生成绩管理系统菜单项及调用对象

主　菜　单	子 菜 单 项	调 用 对 象
数据管理(\<G)	学生学籍	do form 学生学籍.scx
	学生成绩	do form 学生成绩.scx
成绩统计(\<T)	成绩统计	do form 成绩统计.scx
报表打印(\<P)	学生信息	report form xsxx.frx preview
	学生成绩	report form xscj.frx preview
退　　出(\<Q)	退　　出	过程

其中，“退出”菜单项的过程代码为：

```
tc=messagebox("确定退出系统吗?",4+32+256,"学生成绩管理系统")
if tc=6
    release all
    clear events
    quit
endif
```

8.2.4 设计表单

1．“学生学籍”表单

（1）设计“学生学籍”表单。

打开表单设计器，在其数据环境中添加“学籍”表，创建一个名为“学生学籍”的表单，在表单中添加控件并设置控件属性，如图 8-9 所示。

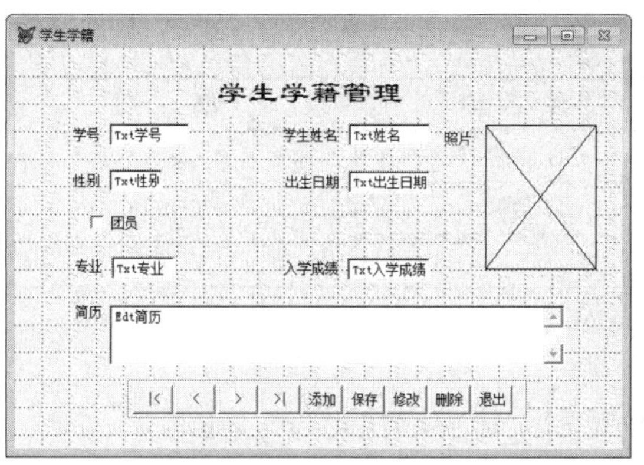

图 8-9　“学生学籍”表单

表单及其控件属性设置如表 8-7 所示。

表 8-7　“学生学籍”表单及其控件属性设置

控 件 类 型	控 件 名 称	属　性	属 性 值
表单	Form1	Caption	学生学籍
标签	Label1	Caption	学号
	Label2		学生姓名
	Label3		性别
	Label4		出生日期
	Label5		团员
	Label6		专业
	Label7		入学成绩
	Label8		简历
文本框	Txt 学号	ControlSource	学籍.学号
	Txt 姓名		学籍.学生姓名
	Txt 性别		学籍.性别
	Txt 出生日期		学籍.出生日期
	Chk 团员		学籍.团员
	Txt 入学成绩		学籍.入学成绩
	Txt 专业		学籍.专业
编辑框	Edt 简历	ControlSource	学籍.简历
OLE 绑定控件	OLE 绑定控件	Stretch	1-等比填充
		ControlSource	学籍.照片
命令按钮组	CommandGroup1	ButtonCount	9
		AutoSize	.T.
命令按钮	CBFirst	Caption	|<
	CBPre		<
	CBNext		>
	CBLast		>|
	CB 添加		添加
	CB 保存		保存

续表

控件类型	控件名称	属　性	属性值
命令按钮	CB 修改	Caption	修改
	CB 删除		删除
	CB 退出		退出

（2）添加响应代码。

给命令按钮组中各命令按钮添加响应代码。

① |< 按钮的功能是显示首记录，其 Click 事件代码如下：

```
go top
thisform.refresh
```

② < 按钮的功能是显示上一条记录，其 Click 事件代码如下：

```
if bof()
   go top
else
   skip -1
endif
thisform.refresh
```

③ > 按钮的功能是显示下一条记录，其 Click 事件代码如下：

```
if eof()
   go bottom
else
   skip
endif
thisform.refresh
```

④ >| 按钮的功能是显示最后一条记录，其 Click 事件代码如下：

```
go bottom
thisform.refresh
```

⑤“添加”按钮的功能是追加一条新记录，其 Click 事件代码如下：

```
append blank                &&添加空白记录
* 设置各按钮的状态
thisform.CommandGroup1.CBFirst.Enabled=.F.
thisform.CommandGroup1.CBPre.Enabled=.F.
thisform.CommandGroup1.CBNext.Enabled=.F.
thisform.CommandGroup1.CBLast.Enabled=.F.
thisform.CommandGroup1.CB 添加.Enabled=.F.
thisform.CommandGroup1.CB 保存.Enabled=.T.
thisform.CommandGroup1.CB 修改.Enabled=.F.
thisform.CommandGroup1.CB 删除.Enabled=.F.
thisform.CommandGroup1.CB 退出.Enabled=.T.
* 设置表单上的文本框及编辑框的 ReadOnly 属性值
```

```
thisform.Txt 学号.ReadOnly=.F.
thisform.Txt 姓名.ReadOnly=.F.
thisform.Txt 性别.ReadOnly=.F.
thisform.Txt 出生日期.ReadOnly=.F.
thisform.Chk 团员.ReadOnly=.F.
thisform.Txt 专业.ReadOnly=.F.
thisform.Txt 入学成绩.ReadOnly=.F.
thisform.Edt 简历.ReadOnly=.F.
thisform.refresh
```

⑥“保存”按钮的功能是将表单中的数据保存到“学籍”表中，其 Click 事件代码如下：

```
dimension aa(8)
* 将表单输入的值保存到数组 aa 中
aa(1)=thisform.Txt 学号.Value
aa(2)=thisform.Txt 姓名.Value
aa(3)=thisform.Txt 性别.Value
aa(4)=thisform.Txt 出生日期.Value
aa(5)=thisform.Chk 团员.Value
aa(6)=thisform.Txt 专业.Value
aa(7)=thisform.Txt 入学成绩.Value
aa(8)=thisform.Edt 简历.Value
* 将数组中的值保存到“学籍”表中当前记录的各字段中
replace 学籍.学号  with aa(1)
replace 学籍.学生姓名  with aa(2)
replace 学籍.性别  with aa(3)
replace 学籍.出生日期  with aa(4)
replace 学籍.团员  with aa(5)
replace 学籍.专业  with aa(6)
replace 学籍.入学成绩  with aa(7)
replace 学籍.简历  with aa(8)
* 设置各按钮的状态
thisform.CommandGroup1.CBFirst.Enabled=.T.
thisform.CommandGroup1.CBPre.Enabled=.T.
thisform.CommandGroup1.CBNext.Enabled=.T.
thisform.CommandGroup1.CBLast.Enabled=.T.
thisform.CommandGroup1.CB 添加.Enabled=.T.
thisform.CommandGroup1.CB 保存.Enabled=.F.
thisform.CommandGroup1.CB 修改.Enabled=.T.
thisform.CommandGroup1.CB 删除.Enabled=.T.
thisform.CommandGroup1.CB 退出.Enabled=.T.
* 设置表单上的文本框及编辑框的 ReadOnly 属性值
thisform.Txt 学号.ReadOnly=.T.
thisform.Txt 姓名.ReadOnly=.T.
thisform.Txt 性别.ReadOnly=.T.
thisform.Txt 出生日期.ReadOnly=.T.
thisform.Chk 团员.ReadOnly=.T.
thisform.Txt 专业.ReadOnly=.T.
thisform.Txt 入学成绩.ReadOnly=.T.
thisform.Edt 简历.ReadOnly=.T.
```

```
thisform.refresh
```

⑦“修改”按钮的功能是对表单中的当前记录数据进行修改，其 Click 事件代码如下：

```
* 设置各按钮的状态
thisform.CommandGroup1.CBFirst.Enabled=.F.
thisform.CommandGroup1.CBPre.Enabled=.F.
thisform.CommandGroup1.CBNext.Enabled=.F.
thisform.CommandGroup1.CBLast.Enabled=.F.
thisform.CommandGroup1.CB 添加.Enabled=.F.
thisform.CommandGroup1.CB 保存.Enabled=.T.
thisform.CommandGroup1.CB 修改.Enabled=.F.
thisform.CommandGroup1.CB 删除.Enabled=.F.
thisform.CommandGroup1.CB 退出.Enabled=.F.
* 设置表单上的文本框及编辑框的 ReadOnly 属性值
thisform.Txt 学号.ReadOnly=.F.
thisform.Txt 姓名.ReadOnly=.F.
thisform.Txt 性别.ReadOnly=.F.
thisform.Txt 出生日期.ReadOnly=.F.
thisform.Chk 团员.ReadOnly=.F.
thisform.Txt 专业.ReadOnly=.F.
thisform.Txt 入学成绩.ReadOnly=.F.
thisform.Edt 简历.ReadOnly=.F.
thisform.refresh
```

⑧“删除”按钮的功能是删除表单中的当前记录，其 Click 事件代码如下：

```
tc=messagebox("确定要删除此记录吗?",4+32+256,"删除记录")
if tc=6
    set deleted on
    set exclusive on
    delete
    pack
    set exclusive off
    thisform.refresh
endif
```

为了防止误删除，在删除记录前给出提示信息，让用户确定是否删除此记录。

⑨“退出”按钮的功能是关闭表单，返回菜单，其 Click 事件代码如下：

```
close tables all
thisform.release
```

2.“学生成绩”表单

（1）设计“学生成绩”表单。

打开表单设计器，在其数据环境中添加“成绩”表，创建一个名为“学生成绩”的表单，在表单中添加控件并设置控件属性，如图 8-10 所示。

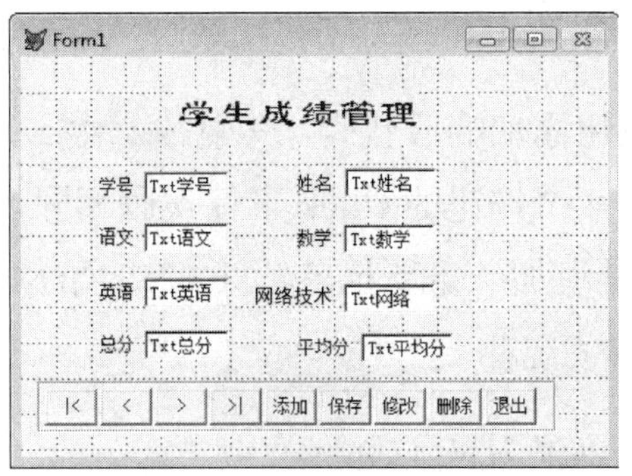

图 8-10　“学生成绩”表单

表单及其控件属性设置如表 8-8 所示。

表 8-8　“学生成绩”表单及其控件属性设置

控 件 类 型	控 件 名 称	属　　性	属 性 值
表单	Form1	Caption	学生成绩
标签	Label1	Caption	学号
	Label2		姓名
	Label3		语文
	Label4		数学
	Label5		英语
	Label6		网络技术
	Label7		总分
	Label8		平均分
文本框	Txt 学号	ControlSource	成绩.学号
	Txt 姓名		成绩.姓名
	Txt 语文		成绩.语文
	Txt 数学		成绩.数学
	Txt 英语		成绩.英语
	Txt 网络技术		成绩.网络技术
	Txt 总分		成绩.总分
	Txt 平均分		成绩.平均分
命令按钮组	CommandGroup1	ButtonCount	9
		AutoSize	.T.
命令按钮	CBFirst	Caption	|<
	CBPre		<
	CBNext		>
	CBLast		>|
	CB 添加		添加
	CB 保存		保存
	CB 修改		修改
	CB 删除		删除
	CB 退出		退出

（2）添加响应代码。

给命令按钮组中各命令按钮添加响应代码，其中|< < > >|4个按钮的Click事件代码分别与“学生学籍”表单中这4个按钮的Click事件代码相同，在此不再叙述。

① “添加”按钮的功能是追加一条新记录，其Click事件代码如下：

```
append blank      &&添加空白记录
* 设置各按钮的状态
thisform.CommandGroup1.CBFirst.Enabled=.F.
thisform.CommandGroup1.CBPre.Enabled=.F.
thisform.CommandGroup1.CBNext.Enabled=.F.
thisform.CommandGroup1.CBLast.Enabled=.F.
thisform.CommandGroup1.CB添加.Enabled=.F.
thisform.CommandGroup1.CB保存.Enabled=.T.
thisform.CommandGroup1.CB修改.Enabled=.F.
thisform.CommandGroup1.CB删除.Enabled=.F.
thisform.CommandGroup1.CB退出.Enabled=.T.
* 设置表单上的文本框的ReadOnly属性值
thisform.Txt学号.ReadOnly=.F.
thisform.Txt姓名.ReadOnly=.F.
thisform.Txt语文.ReadOnly=.F.
thisform.Txt数学.ReadOnly=.F.
thisform.Txt英语.ReadOnly=.F.
thisform.Txt网络技术.ReadOnly=.F.
thisform.Txt总分.ReadOnly=.T.
thisform.Txt平均分.ReadOnly=.T.
thisform.refresh
```

② “保存”按钮的功能是将表单中的数据保存到“成绩”表中，其Click事件代码如下：

```
dimension aa(7)
* 将表单输入的值保存到数组aa中
aa(1)=thisform.Txt学号.Value
aa(2)=thisform.Txt姓名.Value
aa(3)=thisform.Txt语文.Value
aa(4)=thisform.Txt数学.Value
aa(5)=thisform.Txt英语.Value
aa(6)=thisform.Txt网络技术.Value
aa(7)=aa(3)+aa(4)+aa(5)+aa(6)
* 将数组中的值保存到“成绩”表中当前记录的各字段中
replace 成绩.学号 with aa(1)
replace 成绩.姓名 with aa(2)
replace 成绩.语文 with aa(3)
replace 成绩.数学 with aa(4)
replace 成绩.英语 with aa(5)
replace 成绩.网络技术 with aa(6)
replace 成绩.总分 with aa(7)
replace 成绩.平均分 with aa(7)/4
* 设置各按钮的状态
thisform.CommandGroup1.CBFirst.Enabled=.T.
```

```
thisform.CommandGroup1.CBPre.Enabled=.T.
thisform.CommandGroup1.CBNext.Enabled=.T.
thisform.CommandGroup1.CBLast.Enabled=.T.
thisform.CommandGroup1.CB 添加.Enabled=.T.
thisform.CommandGroup1.CB 保存.Enabled=.F.
thisform.CommandGroup1.CB 修改.Enabled=.T.
thisform.CommandGroup1.CB 删除.Enabled=.T.
thisform.CommandGroup1.CB 退出.Enabled=.T.
* 设置表单上的文本框的 ReadOnly 属性值
thisform.Txt 学号.ReadOnly=.T.
thisform.Txt 姓名.ReadOnly=.T.
thisform.Txt 语文.ReadOnly=.T.
thisform.Txt 数学.ReadOnly=.T.
thisform.Txt 英语.ReadOnly=.T.
thisform.Txt 网络技术.ReadOnly=.T.
thisform.Txt 总分.ReadOnly=.T.
thisform.Txt 平均分.ReadOnly=.T.
thisform.refresh
```

③“修改”按钮的功能是对表单中的当前记录数据进行修改，其 Click 事件代码如下：

```
* 设置各按钮的状态
thisform.CommandGroup1.CBFirst.Enabled=.F.
thisform.CommandGroup1.CBPre.Enabled=.F.
thisform.CommandGroup1.CBNext.Enabled=.F.
thisform.CommandGroup1.CBLast.Enabled=.F.
thisform.CommandGroup1.CB 添加.Enabled=.F.
thisform.CommandGroup1.CB 保存.Enabled=.T.
thisform.CommandGroup1.CB 修改.Enabled=.F.
thisform.CommandGroup1.CB 删除.Enabled=.F.
thisform.CommandGroup1.CB 退出.Enabled=.F.
* 设置表单上的文本框的 ReadOnly 属性值
thisform.Txt 学号.ReadOnly=.F.
thisform.Txt 姓名.ReadOnly=.F.
thisform.Txt 语文.ReadOnly=.F.
thisform.Txt 数学.ReadOnly=.F.
thisform.Txt 英语.ReadOnly=.F.
thisform.Txt 网络技术.ReadOnly=.F.
thisform.Txt 总分.ReadOnly=.T.
thisform.Txt 平均分.ReadOnly=.T.
thisform.refresh
```

④“删除”按钮的功能是删除表单中的当前记录，其 Click 事件代码如下：

```
tc=messagebox("确定要删除此记录吗?",4+32+256,"删除记录")
if tc=6
    set deleted on
    set exclusive on
    delete
    pack
    set exclusive off
```

```
    thisform.refresh
endif
```

为了防止误删除，在删除记录前给出提示信息，让用户确定是否删除此记录。

⑤“退出”按钮的功能是关闭表单，返回菜单，其 Click 事件代码如下：

```
close tables all
thisform.release
```

3.“成绩统计”表单

（1）设计“成绩统计”表单。

打开表单设计器，在其数据环境中添加“科目”表和“年级”表，创建一个名为“成绩统计”的表单，在表单中添加控件并设置控件属性，如图 8-11 所示。

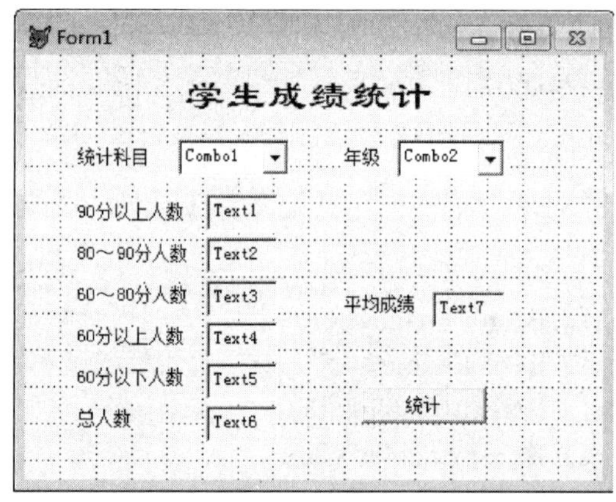

图 8-11　“成绩统计”表单

表单及其控件属性设置如表 8-9 所示。

表 8-9　“成绩统计”表单及其控件属性设置

控 件 类 型	控 件 名 称	属　　性	属 性 值
表单	Form1	Caption	成绩统计
标签	Label1		统计科目
	Label2		年级
	Label3		90 分以上人数
	Label4		80～90 分人数
	Label5		60～80 分人数
	Label6		60 分以上人数
	Label7		60 分以下人数
	Label8		总人数
	Label9		平均成绩
组合框	Combo1	ControlSource	科目.科目
		RowSource	科目.科目

续表

<table>
<tr><th>控件类型</th><th>控件名称</th><th>属 性</th><th>属性值</th></tr>
<tr><td rowspan="4">组合框</td><td>Combo1</td><td>RowSourceType</td><td>6</td></tr>
<tr><td rowspan="3">Combo2</td><td>ControlSource</td><td>年级.年级</td></tr>
<tr><td>RowSource</td><td>年级.年级</td></tr>
<tr><td>RowSourceType</td><td>6</td></tr>
<tr><td rowspan="7">文本框</td><td>Text1</td><td rowspan="7">ReadOnly</td><td rowspan="7">.T.</td></tr>
<tr><td>Text2</td></tr>
<tr><td>Text3</td></tr>
<tr><td>Text4</td></tr>
<tr><td>Text5</td></tr>
<tr><td>Text6</td></tr>
<tr><td>Text7</td></tr>
<tr><td>命令按钮</td><td>Command1</td><td>Caption</td><td>统计</td></tr>
</table>

（2）添加响应代码。

表单中的两个组合框“Combo1”和“Combo2”为统计依据，其数据源分别为“科目.科目”字段和“年级.年级”字段。“成绩”表中“学号”字段值的前两位代表年级，例如，“学号”字段值为“150102”，前两位“15”表示“2015”年级。单击“统计”按钮，按分数段统计所设置科目和年级的人数及平均成绩。设置统计的结果为只读。因此，设置“统计”命令按钮的 Click 事件代码如下：

```
store 0 to n1,n2,n3,n4,n5
km=thisform. Combo1.Value
nj=thisform. Combo2.Value
select * from 学生!成绩 where "20"+substr(学号,1,2)=nj into cursor tempcj
scan
    do case
        case &km>=90
            n1=n1+1
        case &km>=80
            n2=n2+1
        case &km>=60
            n3=n3+1
        otherwise
            n4=n4+1
        endcase
    n5=&km+n5
endscan
thisform.Text1.Value=n1
thisform.Text2.Value=n2
thisform.Text3.Value=n3
thisform.Text4.Value=n1+n2+n3
thisform.Text5.Value=n4
thisform.Text6.Value=n1+n2+n3+n4
```

```
thisform.Text7.Value=n5/(n1+n2+n3+n4)
thisform.refresh
```

8.2.5 设计打印报表

设计打印报表主要设计打印学生基本信息和学生成绩报表，其中，学生基本信息来自“学籍”表，学生成绩来自“成绩”表。

1. 设计“学生基本信息”报表

打开报表设计器窗口，创建一个文件名为 xsxx 的报表，在报表数据环境中添加“学籍”表。在报表设计器环境中设计的学生基本信息报表（xsxx.frx）如图 8-12 所示。

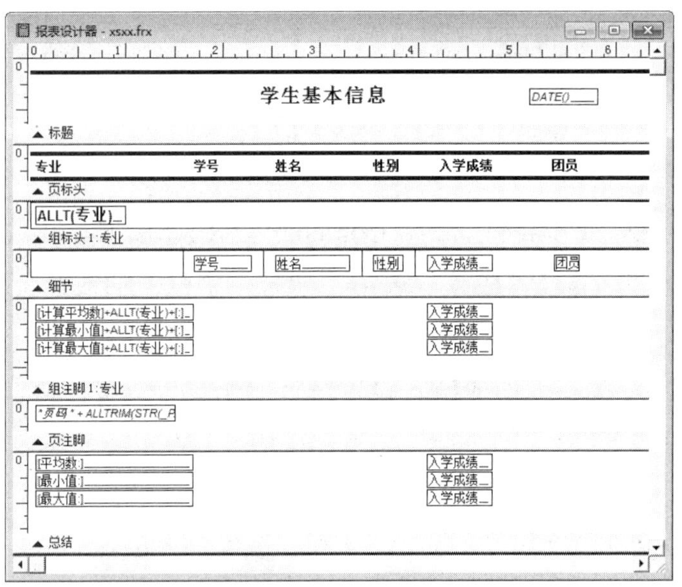

图 8-12　设计的学生基本信息报表

2. 设计“学生成绩”报表

打开报表设计器窗口，创建一个文件名为 xscj 的报表，在报表数据环境中添加“成绩”表。在报表设计器环境中设计的学生成绩报表（xscj.frx）如图 8-13 所示。

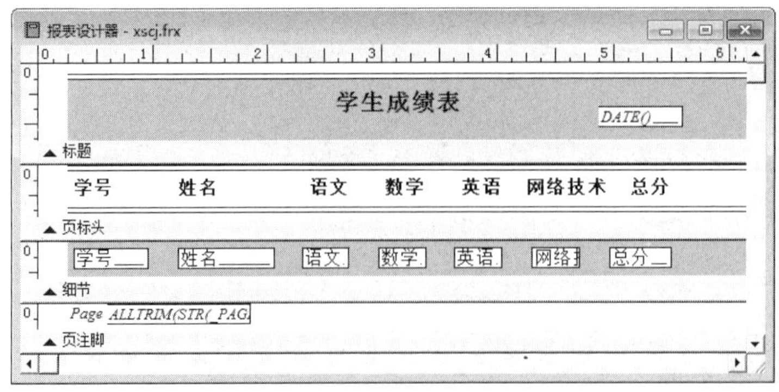

图 8-13　设计的学生成绩报表

8.2.6　设计主控程序

运行一个项目需要有一个入口，因此，需要设计一个主控程序。主控程序是应用程序的起点，一般包括初始化环境、显示启动界面、控制事件循环，退出应用程序后恢复原来的系统环境。

主控程序的第一件事是初始化应用程序环境。如果没有初始化环境，应用程序环境为系统默认环境。

启动界面可以是一个表单、菜单或其他控件。在“学生成绩管理系统”主控程序中，运行“学生成绩管理系统”表单作为启动界面。

建立应用程序的运行环境和显示启动界面后，需要建立一个事件循环来等待用户的交互动作，执行事件循环的语句是 READ EVENTS。应用程序执行 READ EVENTS 命令后开始处理 Click 等事件。当使用表单上的命令执行 CLEAR EVENTS 命令时，就结束事件处理过程，返回主控程序，执行 READ EVENTS 后面的语句退出。

为“学生成绩管理系统”创建主控程序，在项目管理器的“代码”选项卡中，选择“程序”项，单击“新建”按钮，在打开的代码编辑窗口中输入代码：

```
clear all
set default to d:\xsgl2023
do form 学生成绩管理系统.scx
read events
release all
```

将上述代码以文件名 main.prg 保存。

至此，一个应用程序的开发工作已基本完成，运行 main.prg 程序，从打开的菜单中运行系统的各个组件，可以测试整个系统功能。由于本系统是一个模拟应用程序，很多功能不完善，读者可以根据实际需求，在此基础上进行补充、修改，使之更加完善。

8.3　编译应用程序

一个完整的 Visual FoxPro 数据库应用系统，最终运行环境应该脱离 Visual FoxPro 系统。因此，还应该把设计好的应用程序进行连编，也就是把数据库、表单、报表、菜单等应用程序组件连编成一个完整的应用程序，该应用程序文件的扩展名可以是.app 应用文件或.exe 可执行文件。

1．设置排除与包含属性

在“项目管理器”窗口中，有些文件名（如表文件）前带有符号⊘，表示该文件为“排除”

文件；而有些文件名（如表单、报表、菜单文件等）前没有该符号，表示这些文件为“包含”文件，如图 8-14 所示。

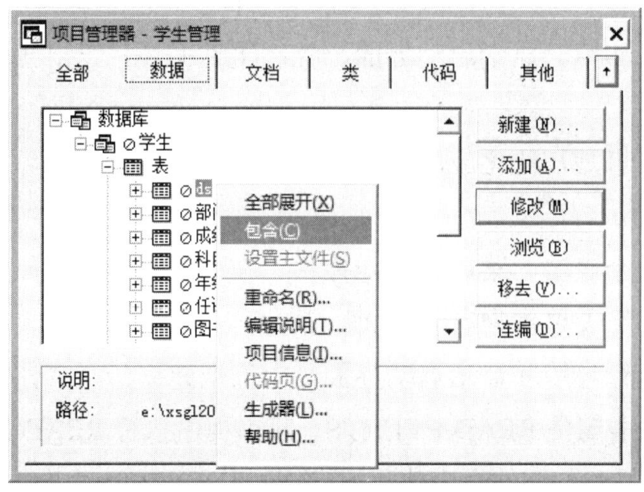

图 8-14　“项目管理器”窗口

在编译一个应用程序时，项目中所包含的文件将被连编为一个应用文件。连编后，在项目中标记为“包含”的文件变为只读文件，而项目中的数据库等文件应该标记为“排除”，但仍允许用户更新表中的记录。

将“排除”标记设置为“包含”标记的操作方法是：右键单击要设置的文件，在弹出的快捷菜单中单击“包含”命令，则该文件前的“排除”标记消失；在“项目”菜单中选择“包含”命令，同样也可以将“排除”标记设置为“包含”标记。

2. 设置主文件

由于主文件是应用程序的入口，因此，一个应用程序必须有一个主文件。Visual FoxPro 6.0 中的表单、菜单、程序文件都可以设置为主文件，但一般设置程序文件为主文件。

例如，将学生成绩管理系统中的 main.prg 程序文件设置为主文件。具体操作方法如下：

在项目管理器窗口的“代码”选项卡中选择“程序”中的 main.prg 文件，单击“项目”菜单或快捷菜单中的“设置主文件”命令，此时该文件名加粗显示。

一个应用系统只有一个主文件，主文件都是“包含”文件。

3. 编译项目

编译项目包括连编项目、连编应用程序、连编可执行文件、连编 COM DLL 等操作。操作步骤如下。

（1）打开项目文件“学生管理”，将 main.prg 文件设置为主文件。

（2）单击“连编”按钮，出现“连编选项”对话框，设置结果如图 8-15 所示。

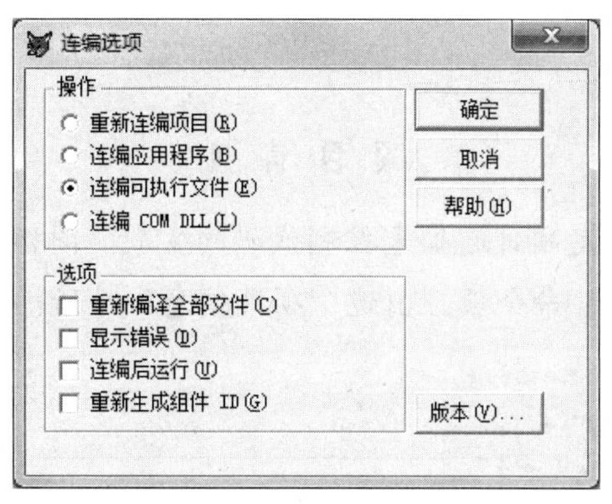

图 8-15　“连编选项”对话框

（3）单击“确定”按钮，出现“另存为”对话框，输入应用程序名，例如，输入“成绩管理系统”。连编后生成一个可执行文件“成绩管理系统.exe”，该文件可以脱离 Visual FoxPro 6.0 系统环境，直接在 Windows 环境中运行。

“连编选项”对话框中各选项含义如下。

- 重新连编项目：重新编译所有改变过的程序、类库或者表单等。如果在项目连编过程中发生错误，必须排除错误，反复进行连编直到连编成功。
- 连编应用程序：将项目中的文件连编成一个在 Visual FoxPro 6.0 系统中运行的.app 文件，该文件由所有在项目管理器中指定编译过的组件组成。
- 连编可执行文件：将项目中的文件连编成一个可在 Windows 环境中运行的.exe 文件。连编可执行文件需要 Visual FoxPro 6.0 的两个动态链接库 Vfp6r.dll 和 Vfp6enu.dll。
- 连编 COM DLL：使用项目文件中的类信息创建一个具有扩展名.dll 的动态链接库，也即 OLE 服务程序。
- 重新编译全部文件：重新编译项目中的所有文件。在创建一个可执行文件前最好选定该项，以减小.exe 文件的大小。
- 显示错误：显示编译文件过程中出现的错误。不选择该项，将把所有错误信息都保存在一个扩展名为.err 的文本文件中。
- 连编后运行：在连编过程结束后立即运行应用程序。
- 重新生成组件 ID：Visual FoxPro 6.0 允许创建 DLL 或 EXE 形式的 OLE 服务程序，该项只能在选择“连编可执行文件”或“连编 COM DLL”后才可用，只能创建和注册标识为“OLE Public”的类，为 OLE 服务程序创建新的标识并在 Windows 中注册这些服务程序。
- “版本”按钮：单击后可出现“EXE 版本”对话框，用于指定版本号、版权信息及产品名称等。该项只能在选择“连编可执行文件”或“连编 COM DLL”后才可用。

知识链接

项 目 信 息

在项目管理器中可以设定项目选项来控制代码的生成、图标及作者等信息。单击系统菜单“项目”中的“项目信息”命令项，出现“项目信息”对话框，如图 8-16 所示。

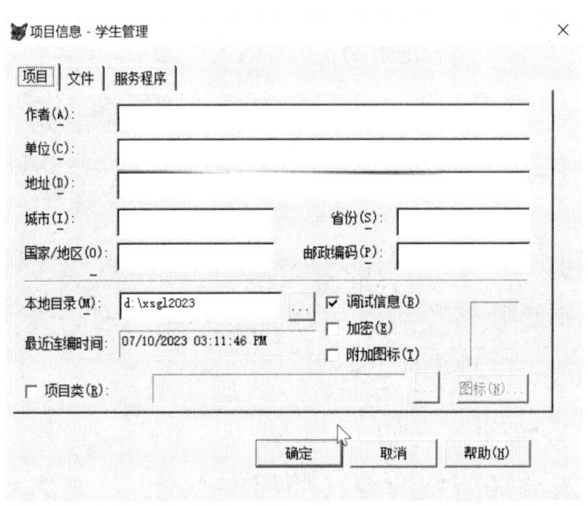

图 8-16 “项目信息”对话框

用“项目信息”对话框中的“调试信息”“加密”和“附加图标”3 个复选框来控制代码的生成。

- 调试信息：设置是否包含调试信息。选定该项，在调试过程中的跟踪窗口可以逐行跟踪代码，以便于查错。
- 加密：设置最终完成的代码是否加密。加密并不会影响应用程序的执行速度，而未加密的代码很容易被反编译为源代码。
- 附加图标：指出当应用程序运行时，显示一个附加图标。

基础练习 8

一、填空题

1．表达式 STR(YEAR(DATE()+10))的数据类型为________。

2．当打开的表为一个空表时，函数 RECNO()的值为________。

3．利用查询设计器设计查询，可以实现多项功能，实质上查询设计器是生成一条________语句。

4．调用报表文件的命令是________。

5．在项目管理器窗口中可以看到，数据库容器包含________、本地视图、远程视图、连接和存储过程。

二、选择题

1．如果要更改表中数据的类型，应在“表设计器”的（　　）选项卡中进行。

A．字段　　B．表

C．索引　　D．数据类型

2．数据库表移出数据库后，仍然有效的是（　　）。

A．字段有效性规则　　B．表的有效性规则

C．字段的默认值　　D．结构复合索引

3．“职工”表中，“婚否”是逻辑型字段，“性别”是字符型字段，若检索已婚的女士，应该用逻辑表达式（　　）。

A．婚否.OR.性别=“女”　　B．婚否=.T..OR.性别=“女”

C．婚否.AND.性别=“女”　　D．已婚.AND.性别=“女”

4．在设置参照完整性时，如果在主表中删除记录后，要求删除子表中的相关记录，则应将“删除”规则设置为（　　）。

A．限制　　B．级联

C．忽略　　D．任意

5．设置字段级规则时，在“字段有效性”框的“规则”栏中应输入表达式（　　），“信息”栏中应输入表达式（　　）。

A．字符串、逻辑　　B．逻辑、字符串

C．逻辑、由字段决定　　D．由字段决定、逻辑

6、对于“学生”表，写一条规则，把其中的“年龄”属性限制在18～30之间，则这条规则属于（　　）。

A．实体完整性规则　　B．参照完整性规则

C．域完整性规则　　D．字段完整性规则

7．Visual FoxPro的“参照完整性”中“插入规则”包括的选项是（　　）。

A．级联和忽略　　B．级联和删除

C．级联和限制　　D．限制和忽略

8．Visual FoxPro中，唯一索引的“唯一性”是指（　　）。

A．字段值的“唯一性”　　B．表达式的“唯一性”

C．索引项的“唯一性”　　D．列属性的“唯一性”

9. 在查询设计器中，选定“杂项”选项卡中的“无重复记录”复选框，与执行SQL SELECT语句中的（　　）参数等效。

A．WHERE　　B．JOIN ON

C．ORDER BY　　D．DISTINCT

10．在 Visual FoxPro 中，使用查询设计器生成的查询文件中保存的是（　　）。

A．查询的命令　　B．查询的结果

C．查询的条件　　D．与查询有关的基表

11．表单的 Name 属性用于（　　）。

A．作为保存表单时的文件名　　B．引用表单对象

C．显示在表单标题栏中　　D．作为运行表单时的表单名

12．在设计表单时，要弹出数据环境设计器，方法是（　　）。

A．选择“视图”菜单中的“数据环境”

B．选择“显示”菜单中的“数据环境”

C．选择“编辑”菜单中的“数据环境”

D．选择“编辑”菜单中的“浏览”

13．在 Visual FoxPro 中，一个项目必须有一个程序被指定为主文件，才能对整个项目进行连编，指定主文件的方法是（　　）。

A．选择“文件”菜单中的“设置主文件”

B．选择“选项”菜单中的“设置主文件”

C．选择“文件”菜单中的“设置主程序”

D．选择“项目”菜单中的“设置主程序”

14．在 Visual FoxPro 中，下面关于属性、事件、方法叙述错误的是（　　）。

A．属性用于描述对象的状态

B．方法用于表示对象的行为

C．事件代码也可以像方法一样被显式调用

D．基于同一个类产生的两个对象不能分别设置自己的属性值

15．在表单设计中，经常会用到一些特定的关键字、属性和事件，下列各项中属于属性的是（　　）。

A．This　　B．Thisform

C．Caption　　D．Click

操作练习 8

1．创建一个如图 8-17 所示的表单，要求在文本框中输入文字，并且单击某个单选按钮后，文本框内的文字按选定的字体显示。

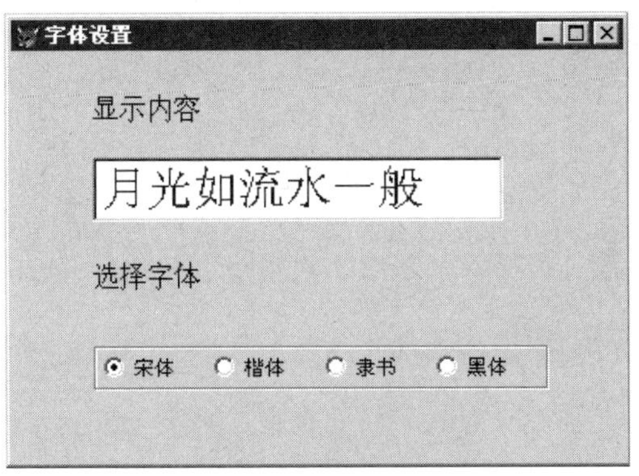

图 8-17　“字体设置”表单

📖提示

（1）创建一个表单，添加两个标签、一个文本框和一个选项按钮组，并调整其大小和位置。

（2）按下表设置各控件的属性。

控 件 名 称	属　　性	属 性 值
Form1	Caption	字体设置
Label1	Caption	显示内容
	FontSize	12
Label2	Caption	选择字体
	FontSize	12
Text1	FontSize	20
	ForeColor	0,0,255

注：文本框 Text1 的 ForeColor 属性值为 RGB(0,0,255)时，将文字设置为蓝色。

（3）设置选项按钮组 Optiongroup1：单击右键，在弹出的快捷菜单中选择“生成器”命令，在打开的“选项组生成器”对话框中设置 4 个选项按钮，其标题分别为“宋体”“楷体”“隶书”和“黑体”，布局方式为“水平”。

（4）设置 Optiongroup1 的 Click 事件代码:

```
DO CASE
   CASE this.value=1
      thisform.text1.fontname="宋体"
   CASE this.value=2
      thisform.text1.fontname="楷体_GB2312"
   CASE this.value=3
      thisform.text1.fontname="隶书"
   CASE this.value=4
      thisform.text1.fontname="黑体"
ENDCASE
```

2．建立并调试本章介绍的学生成绩管理系统。

3．对学生成绩管理系统进行编译。

4．自行设计开发一个模拟的学校图书管理系统。

第 9 章 结构化程序设计基础

本章任务

- 掌握常量、变量的区别及变量的定义方法
- 了解函数、表达式的使用方法
- 掌握命令文件的建立方法
- 掌握结构化程序设计的基本方法
- 能建立子程序、过程文件
- 能正确调用子程序、过程文件
- 了解程序中参数传递的方法

Visual FoxPro 6.0 与其他程序设计语言类似，提供了多种数据类型，可以将这些类型的数据保存在表、数组、变量及其他数据容器中，并使用运算符对它们进行处理。使用系统提供的丰富命令和函数，可以保护显示和管理用户数据。

Visual FoxPro 6.0 支持两种类型的程序设计方式：一种是早期 FoxPro 所支持的结构化程序设计方式，另一种是面向对象的程序设计方式。结构化程序设计就是将若干条命令按一定的逻辑结构编写程序，它可以包含多个过程，且每个过程相对独立；面向对象的程序设计是把编程工作主要集中在描述对象上，利用对象来简化程序设计。结构化程序设计是面向对象程序设计的基础。结构化程序设计一般具有顺序、选择和循环 3 种最基本的结构。

9.1 数 据 存 储

Visual FoxPro 6.0 定义了字符型、货币型、数值型、浮动型、日期型、日期时间型、双精

度型、整型、逻辑型、备注型、通用型、字符型（二进制）和备注型（二进制）数据共 13 种数据类型。系统为存储这些数据提供了大量的数据容器，包括常量、变量、数组、字段、记录、对象等。

9.1.1　常量

常量是指一个不变的数值或字符串，又称为常数。在 Visual FoxPro 6.0 中，常量有字符型、数值型、逻辑型、日期型、日期时间型和货币型 6 种类型。

1）字符型常量

使用定界符单引号、双引号或方括号引起来的字符串。字符串中可以包含字符、数字、空格、汉字及其他字符。使用定界符时一定要成对匹配出现。例如，"东方"、'ShangHai'、'123.5'、[玉米]、"培养'四有'人才" 等都是字符型常量，而"ABCD'是非法的字符型常量。

2）数值型常量

可以是整数或小数。如 5.62、-12.8 等都是数值型常量。

3）逻辑型常量

只有“真”和“假”两个逻辑值。用.T.、.t.、.Y.或.y.表示逻辑“真”，用.F.、.f.、.N.或.n.表示逻辑“假”。

4）日期型常量

用花括号“{”和“}”引起来，如 2007 年 10 月 1 日表示为{^2007/10/01}。最小的日期值是{^0001/01/01}，表示公元元年 1 月 1 日，最大的日期值是{^9999/12/31}，表示公元 9999 年 12 月 31 日。对于空的日期常量，可以用“{}”或“{/}”表示。

5）日期时间型常量

用花括号“{”和“}”引起来，如{^2007/10/01 06:26:10 PM}，表示 2007 年 10 月 1 日下午 6 点 26 分 10 秒。对于空的日期时间常量，用“{:}”来表示。

6）货币型常量

数字前必须加上货币符号“$”，如$168。

9.1.2　变量

变量是指存储在计算机内存中的量，其值可以变化，直到结束工作期或释放该变量。每个变量都有一个变量名，变量名以字母或汉字开头，后面可以跟字母、汉字或数字。例如，AB、姓名、AREA、日期、A123 等都是正确的变量名，而变量名 12、12AB 等都是不正确的变量名。

Visual FoxPro 6.0 中的变量分为内存变量和字段变量两种类型，数组是一种特殊的内存变量。

1. 内存变量

内存变量是独立于数据库文件而存在的变量。它包括变量名、变量类型和变量的值，其中变量类型由变量值的类型决定。内存变量可以存储数据处理过程中的常量、中间结果和最终结果。内存变量名由字母、数字和下画线组成，最长可以达到254个字符。Visual FoxPro 6.0中的内存变量有字符型、数值型、日期型、日期时间型、逻辑型和货币型6种。

在Visual FoxPro系统中，内存变量的赋值可以使用“=”和STORE命令操作，显示变量内容可以用“?”命令操作。例如：

```
XM="王楠"
```

表示给变量XM赋初值“王楠”，数据类型是字符型。

```
Y=96
```

表示给变量Y赋初值96，数据类型是数值型。

```
STORE "工程师" TO ZC
```

表示给变量ZC赋初值“工程师”，数据类型是字符型。

```
STORE 3.14159 TO P1,P2
```

表示同时给变量P1、P2赋初值3.14159，数据类型都是数值型。

```
? XM
```

屏幕显示XM变量的值。

另外，在启动Visual FoxPro 6.0时，系统自定义了一些内存变量，这些系统变量以下画线开头。

2. 字段变量

字段变量是指数据表中的记录的数据项。字段名变量的值是当前记录字段的值，并可以随时改变，因为在数据表中有一个记录指针，它随着数据记录的移动而不断移动。字段变量的数据类型是在定义数据表结构时确定的。

在使用变量时，如果内存变量名与当前数据表中的字段变量相同，则字段变量优先被使用。如果需要强调内存变量，则需要在内存变量名前加上“M.”，以避免产生二义性。例如，如果当前内存有内存变量XM和字段名变量XM，下列命令：

```
? M.XM,XM
```

前一个结果显示的是内存变量XM的值，后一个结果显示的是字段变量XM的值。

3. 系统变量

Visual FoxPro 6.0提供了很多预先定义好的变量，称为系统变量。系统变量以下画线“_”开始，所以用户在定义变量时尽量不要以下画线开始，以避免和系统变量产生冲突。

显示和查看系统变量可以使用 DISPLAY MEMORY 命令，如在命令窗口输入：

```
DISPLAY MEMORY
```

则在系统窗口显示当前的系统变量。

例如，系统变量_DIARYDATE 存储当前日期，用户可以修改它。如将_DIARYDATE 变量的值修改为 2023 年 9 月 1 日，如图 9-1 所示。

再在命令窗口执行命令：

```
ACTIVATE WINDOW calendar        &&激活“日历/日记”窗口
```

激活系统“日历/日记”窗口，显示的日期是 2023 年 9 月 1 日，如图 9-2 所示。

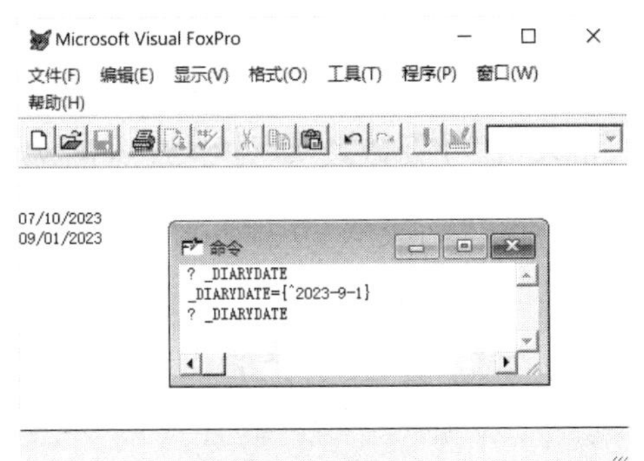

图 9-1　使用_DIARYDATE 系统变量

图 9-2　激活“日历/日记”窗口

 **试一试**

1. 下列哪些变量合法，哪些不合法？

   abc、a2b3、3abc、a-to-b、_sum_of、王涵、number$one

2. 先定义一组内存变量，然后再查看内存变量。

9.2　常用函数

函数是用程序来实现的一种数据运算或转换。每个函数都有特定的运算或转换功能，大部分函数需要一个或多个自变量（又称参数），自变量通常放在函数名后的圆括号中，自变量之间用逗号间隔，每个函数都有一个返回值，称为函数值。

Visual FoxPro 6.0 系统为用户提供了一批标准函数，利用这些函数可以完成一些复杂的特定运算。Visual FoxPro 6.0 系统中的标准函数可以分为数值运算函数、字符串操作函数、日期与时间函数、转换函数、测试函数等。下面介绍部分常用函数的使用方法。

9.2.1 数值运算函数

1. 取整函数 INT( )

格式：INT(<数值表达式>)

功能：求<数值表达式>值的整数部分。

例如，分别计算 7.6、-7.6 和-10.4 的整数部分值。

```
? INT(7.6),INT(-7.6), INT(-10.4)
7         -7          -10
```

2. 四舍五入函数 ROUND( )

格式：ROUND(<数值表达式>,<有效位数>)

功能：对<数值表达式>的值按指定的<有效位数>进行四舍五入。如果<有效位数> *n* 为正数或零，则对小数点后第 *n*+1 位进行四舍五入；如果 *n* 为负数，则对小数点前第 *n* 位进行四舍五入。

例如：

```
? ROUND(3.14159,4), ROUND(96.78,0), ROUND(1234.56,-1)
3.1416              97                  1230
```

3. 平方根函数 SQRT( )

格式：SQRT(<数值表达式>)

功能：求<数值表达式>值的算术平方根。

例如，分别计算 25 和 16+9 的平方根。

```
? SQRT(25), SQRT(16+9)
5.00        5.00
```

4. 取模函数 MOD( )

格式：MOD(<数值表达式 1>,<数值表达式 2>)

功能：求<数值表达式 1>除以<数值表达式 2>的余数，即取模运算。

例如，分别计算 10/5、10/6 和-10/6 的模。

```
? MOD(10,5),MOD(10,6),MOD(-10,6)
0              4            2
```

5. 最大值函数 MAX( )、最小值函数 MIN( )

格式：MAX(<数值表达式 1>,<数值表达式 2>)

MIN(<数值表达式 1>,<数值表达式 2>)

功能：分别计算两个数值表达式的最大值或最小值。

例如，分别求 10 与−7 两个数的最大值、0 与−7 两个数的最小值。

```
? MAX(10,-7),MIN(0,-7)
10          -7
```

9.2.2　字符串操作函数

1. 截取子字符串函数 SUBSTR( )

格式：SUBSTR(<字符串表达式>,<起始位置>[,<长度>])

功能：从<字符串表达式>中的<起始位置>截取子字符串，<长度>为所截取的子字符串的长度。

例如：

```
? SUBSTR("ABCDEF",3,2), SUBSTR("ABCDEF",3)
         CD        CDEF
```

若省略<长度>，则从<起始位置>截取到字符串的末尾；若<长度>超过从<字符串表达式>的<起始位置>到末尾的长度，则从<起始位置>截取到末尾。

例如：

```
? SUBSTR("海洋生物",5,10)
       生物
```

使用 LEFT( )和 RIGHT( )函数可以分别从字符串的左侧和右侧开始位置截取子字符串。

2. 字符串长度函数 LEN( )

格式：LEN(<字符串表达式>)

功能：给出<字符串表达式>所包含的字符个数。

例如：

```
? LEN("ABC 中国 123")
         10
```

9.2.3　日期与时间函数

1. 当前日期函数 DATE( )

格式：DATE( )

功能：以“月/日/年”的日期格式给出当前系统日期。

例如，假定当前系统日期为 07/10/2023。

```
? DATE()
07/10/2023
```

采用同样的方法，用 TIME( )函数可以得到当前系统时间。

2．年份函数 YEAR( )

格式：YEAR(<日期型变量>)

功能：给出日期中的年份值。

例如，假定当前系统日期为 07/10/2023，显示其中的年份。

```
? YEAR(DATE())
2023
```

采用同样的方法，用 MONTH( )函数和 DAY( )函数可以给出日期中的月份和日期。

9.2.4 转换函数

1．数值转换为字符串函数 STR( )

格式：STR(<数值表达式>[,<长度>][,<小数位>])

功能：将<数值表达式>的值转换为指定<长度>和<小数位>的字符串。

例如：

```
? STR(96.758,7,2)
    96.76
```

如果<长度>值小于<数值表达式>值的整数位数，则显示出一串“*”；如果<小数位>大于实际的小数位数，则不足部分用零补足。

例如：

```
? STR(-35.27,3,1)
           -35
? STR(110.5,2,2),STR(110.5,7,2)
               ** ,   110.50
```

2．字符串转换为数值函数 VAL( )

格式：VAL(<字符串>)

功能：将一个由数字、正负号及小数点组成的<字符串>转换为数值型数据。

例如：

```
? VAL("-3.14")
    -3.14
```

如果<字符串>由数字和文字组成，则只将数字部分转换为数值；如果<字符串>由非数值型数据组成，则函数值为零。

例如：

```
? VAL('96AB'),VAL('AB96'),VAL('ABCD')
    96.00          0.00          0.00
```

3. 字符串转换为日期函数 CTOD( )

格式：CTOD(<字符串>)

功能：将“月/日/年”日期格式的字符串转换为日期。

例如：

```
DT="07/10/2023"
? CTOD(DT)
     07/10/2023
```

4. 日期转换为字符串函数 DTOC( )

格式：DTOC(<日期>)

功能：将<日期>转换为相应的字符型日期。

例如，假定系统日期为 07/10/2023。

```
? DATE(),DTOC(DATE())
07/10/2023    07/10/2023
```

5. 大小写字母转换函数 UPPER( )、LOWER( )

格式：UPPER(<字符串>)

　　　LOWER(<字符串>)

功能：UPPER( )函数将字符串中的小写字母转换为大写字母；而 LOWER( )函数将字符串中的大写字母转换为小写字母。

例如，分别将“Teacher”中的小写字母转换为大写字母，将大写字母转换为小写字母。

```
? UPPER("Teacher"),LOWER("Teacher")
     TEACHER      teacher
```

9.2.5 测试函数

1. 测试数据类型函数 TYPE( )

格式：TYPE("<表达式>")

功能：检测<表达式>值的数据类型，其中用 U 表示未定义。<表达式>必须用定界符引起来，可以是变量名。

例如：

```
DT="07/10/2023"
DD=CTOD(DT)
? TYPE("DT"),TYPE("DD"),TYPE("30")
C        D        N
? TYPE("DA")
U
```

2. 条件函数 IIF( )

格式：IIF(<条件>,<表达式 1>,<表达式 2>)

功能：测试<条件>，若<条件>为真，则函数值为<表达式 1>的值，否则为<表达式 2>的值。

例如：

```
X=8
Y=IIF(X>9,STR(X,2),"0"+STR(X,1))
? Y
08
```

试一试

测试下列函数，给出函数值。

ABS(10−20)、MAX(10,20,−10)、MIN("abc","123")、MOD(12,5)、ROUND(1234.1966,3)、RAND()、SUBSTR("Visual FoxPro",8,3)、LEFT("Visual FoxPro",6)、DAY(date())、MONTH(date())、YEAR(date())、DOW(date())、IIF(21%3==0,"能整除","不能整除")

9.3 运算符和表达式

9.3.1 运算符

Visual FoxPro 6.0 中的运算符可以分为算术运算符、字符运算符、关系运算符和逻辑运算符 4 种类型，如表 9-1 所示。

表 9-1 Visual FoxPro 6.0 中的运算符

类　型	运　算　符
算术运算符	+、−、*、/ 、%、**（或^）
字符运算符	+、−、$
关系运算符	<、<=、=、>、>=、<>（或#、!=）、==
逻辑运算符	NOT（或!）、AND、OR

通过运算符可以对数据进行各种运算。

9.3.2 表达式

按一定规则将常量、变量或函数用运算符连接起来的式子称为表达式。表达式的类型有算术表达式、字符表达式、关系表达式和逻辑表达式。

1. 算术表达式

用算术运算符将数值型数据连接起来的式子就是算术表达式。算术运算符及其说明如表 9-2 所示。

表 9-2　算术运算符及其说明

算术运算符	说　明
+、-	加、减
*、/	乘、除
%	取余（取模）
**（或^）	乘方

算术运算符的优先级与数学中的算术运算规则相同，由高到低的运算顺序为：

( ) → **（或^） → % → *、/ →+、-。

在算术表达式中可以使用圆括号“( )”，括号的嵌套一律使用圆括号。例如：

```
? 5*3**2+36-12/3-1
76.00
? (5*3)**2+(36-12)/(3-1)
237.00
```

对于日期型数据可以进行加、减运算，其运算规则如下。

- 日期型数据+整型数据：结果为日期型数据加上整数（天）后的一个新日期。
- 日期型数据-整型数据：结果为日期型数据的整数（天）前的一个新日期。
- 日期型数据-日期型数据：结果为两个日期相差的天数（整数）。

例如：

```
? DATE(),DATE()+10
07/10/2023   07/20/2023
? {^2023/07/10}-3
07/07/2023
```

2. 字符表达式

用字符运算符将字符型数据连接起来的式子就是字符表达式。字符运算符及其说明如表 9-3 所示。

表 9-3　字符运算符及其说明

字符运算符	说　明
+	连接运算
-	连接运算
$	包含运算

各字符运算符的含义如下。

- 连接运算符“+”：表示将前后两个字符型数据按先后次序连接起来，组成一个新的数据。
- 连接运算符“-”：表示将字符串末尾空格移到下一个字符串之后，再连接起来。
- 包含运算符“$”，其格式如下：

  <字符串 1> $ <字符串 2>

如果<字符串 1>包含在<字符串 2>中，则结果为.T.，否则为.F.。

例如：

```
A1="计算机"
? "微型    "+A1+"世界"
微型    计算机世界
? "微型    "-A1+"世界"
微型计算机    世界
? "人民" $ "中华人民共和国"
.T.
? "中国" $ "中华人民共和国"
.F.
```

3. 关系表达式

用关系运算符将表达式连接起来的式子就是关系表达式。关系表达式的运算结果为逻辑真或逻辑假。关系运算符及其说明如表 9-4 所示。

表 9-4　关系运算符及其说明

关系运算符	说　明	关系运算符	说　明
<	小于	>=	大于或等于
<=	小于或等于	<>（或#、!=）	不等于
=	等于	==	精确比较，一般用于字符串比较
>	大于		

如果精确比较运算符“==”左侧的字符串与右侧的字符串完全相同，则返回真值。

关系运算符用于两个相同类型数据的比较。比较的数据类型有字符型、数值型或日期型。字符型数据的比较按字符 ASCII 码值的大小来比较。如果为汉字则按汉字的机内码来比较大小。数值型数据直接比较大小。日期型数据按年、月、日来比较大小。

例如：

```
? 15 > 2+1, "15" > "2+1", "ABCD"<>"abcd"
.T.         .F.         .T.
? DATE() > DATE()+2      &&DATE()为当前系统日期
.F.
? "AB"="A", "A"="AB", "AB"=="A", "A"=="AB", "AB"=="AB"
.T.         .F.         .F.         .F.         .T.
```

4. 逻辑表达式

用逻辑运算符将关系表达式连接起来的式子就是逻辑表达式，其运算结果为逻辑真（.T.）

或逻辑假（.F.）。逻辑运算符及其说明如表 9-5 所示。

表 9-5　逻辑运算符及其说明

逻辑运算符	说　明
AND（或.AND.）	逻辑与
OR（或.OR.）	逻辑或
NOT（或.NOT.、!）	逻辑非

逻辑运算符两侧加点，是为了兼容以前的版本。

各逻辑运算符的含义如下。

- 逻辑与“AND”：只有运算符两侧表达式的值都为真，运算结果才为真，否则为假。
- 逻辑或“OR”：如果运算符两侧表达式的值至少有一个为真，则运算结果为真，否则为假。
- 逻辑非“NOT”：对运算符右侧表达式的值进行否定运算。

例如：

```
? 10>5 AND 10>=8, 10>5 AND 8>10
.T.  .F.
X=5
? X>1 OR X<X-3, NOT 3>2
.T.  .F.
```

逻辑运算符的优先级别由高到低顺序为 NOT、AND、OR，圆括号内的优先计算。

在混合运算的表达式中，各种运算符的优先级顺序如下：

算术运算符→字符运算符→关系运算符→逻辑运算符。

算术运算符的优先级别按一般的算术规则进行，字符运算符和关系运算符具有相同的优先级别，同一级别的运算顺序按从左到右进行，有圆括号的先执行圆括号内的运算。

试一试

给出下列表达式的值。

10**2/、23%5、"Win"$"Windows"、{^2016-10-1}+10、"ABC">="abc"、NOT .F.=.T.

9.4　命令文件的建立与运行

9.4.1　创建命令文件

命令文件又称程序文件，是由 Visual FoxPro 的命令组成的，如图 9-3 所示。保存在磁盘上的文件扩展名为.prg。

建立命令文件，可以通过菜单方式或命令方式完成。使用菜单方式建立命令文件的操作步骤为：单击菜单“文件”→“新建”→“程序”→“新建文件”按钮，这时打开文本编辑器窗口，输入命令文件内容，如图 9-3 所示。单击工具栏中的“保存”按钮或“文件”菜单中的“保存”命令，保存该程序文件，默认的扩展名为.prg。

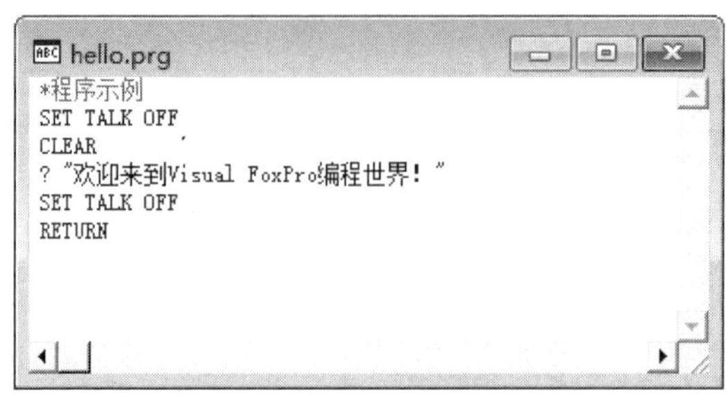

图 9-3　命令文件结构

使用命令方式建立命令文件时，在 Visual FoxPro 命令窗口中直接输入命令：

```
MODIFY  COMMAND  [<文件名>]
```

则打开文本编辑器窗口，等待用户输入新文件的内容。

另外，使用 MODIFY FILE 命令也可以编辑文件，与 MODIFY COMMAND 命令的区别是编辑命令文件时，需要指定扩展名，其他操作方法完全相同。

编写程序时，必须遵循 Visual FoxPro 程序的基本规则。

（1）程序由若干行组成。

（2）每行都由一条语句或一条命令组成。

（3）每行都以回车键结束，若一行写不完一条命令，可在分行处加上续行符号“;”，在下一行继续编写，该行是上一行的续行。

（4）程序末尾可加上结束语句，如 RETURN、CANCEL 或 QUIT 等。

（5）在程序中任意空行处或任意行的后面可使用注释语句，对程序或该程序行进行说明，以增加程序的易读性。

注释语句的内容由“*”或“NOTE”来引导，对程序行进行注释一般是在程序行后用“&&”引导注释内容，注释语句和内容对于程序的运行无任何影响。

9.4.2　运行命令文件

在命令窗口中输入命令：

```
DO  <命令文件名>
```

执行一个 Visual FoxPro 程序，命令文件名前可以加上路径。

例如，在命令窗口中输入命令：

```
DO hello
```

则在系统主窗口显示程序运行的结果。

如果程序中存在错误或要修改程序，可以单击“文件”菜单中的“打开”命令，从“打开”对话框中选择要修改的文件，或使用 MODIFY COMMAND 命令，在文本编辑器窗口中编辑修改程序。

知识链接

Visual FoxPro 中的交互式命令

在应用程序中，为方便控制程序流程，经常用到人机交互命令，当系统执行交互命令时自动暂停，等待用户从键盘输入数据，系统接收数据后继续执行程序。在 Visual FoxPro 程序设计中常用的人机交互命令有 WAIT、ACCEPT 和 INPUT 命令。

1. WAIT 命令

格式：WAIT [<提示信息>]　[TO <内存变量>]

说明：

从键盘上接收一个字符，赋给指定的内存变量。

2. ACCEPT 命令

格式：ACCEPT　[<提示信息>]　TO　<内存变量>

说明：

该命令从键盘上接收一个字符串，赋给指定的内存变量，以回车键结束输入。输入的字符串不需要用定界符引起来，否则，定界符将作为字符串的一部分。

例如，编写一个程序，在“学籍”表中按“姓名”字段查找某条记录。

程序如下：

```
USE 学籍
ACCEPT "输入要查找的姓名：" TO XM
LOCATE FOR 姓名=XM                        &&查找记录
DISPLAY                                   &&显示当前记录
```

此程序执行到 ACCETP 命令时，屏幕显示“输入要查找的姓名:”并等待键盘输入。输入一个姓名赋给变量 XM 后，则在表中查找满足条件的记录并显示查找结果。

3. INPUT 命令

格式：INPUT　[<提示信息>]　TO　<内存变量>

说明：

该命令从键盘上接收一个数据，赋给指定的内存变量，以回车键结束输入。

输入的数据类型可以是字符型、数值型、逻辑型或日期型。数值型数据可以直接输入；字符型数据输入时必须用定界符引起来；逻辑型数据两侧要加圆点，即.T.或.F.；日期型常量要用花括号，例如{^2023-07-15}，或使用转换函数进行转换，例如，使用 CTOD()转换函数或 DATE()函数作为输入的数据。

例如，显示“学籍”表中入学成绩大于某一数值的记录。

程序如下:

```
INPUT "输入入学成绩：" TO CJ
SELECT * FROM 学籍 WHERE 入学成绩>CJ
CLEAR ALL                              &&清除内存等
```

程序执行时屏幕显示“输入入学成绩:”，输入某一数值（如输入 500）后，则显示出所有入学成绩大于这一数值的记录。

9.5 结构化程序设计基础

结构化程序设计的基本思想是将应用程序划分为几个功能相对独立的模块，每个模块实现一个功能，各模块之间通过程序调用关系和数据传递结合在一起。整个程序流程由逻辑控制结构决定。

9.5.1 顺序结构

顺序结构是最基本的程序结构，它按照命令或语句的排列顺序依次执行，直至执行完程序中的每个命令或语句。

【任务 1】 输入圆的半径，通过计算圆面积公式πR^2，计算并输出该圆的面积 S。

分析：

这是一个顺序结构的程序，将所需的程序语句按一定的逻辑排列即可，πR^2 在程序后应书写为 3.14159*R*R 或 PI()*R*R。

操作：

计算圆面积程序如图 9-4 所示。

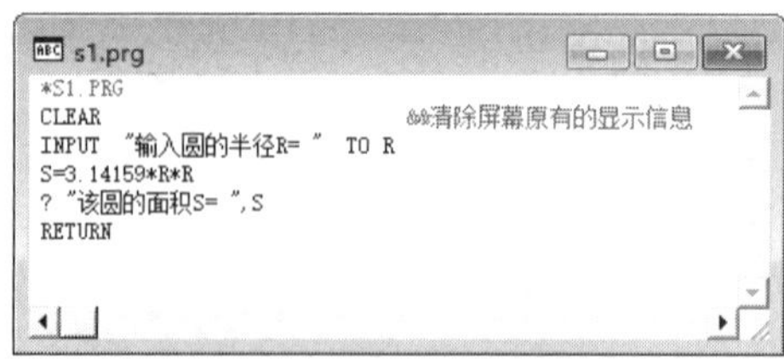

图 9-4 计算圆面积程序

小结：

以文件名 S1.prg 保存该程序，然后在命令窗口输入命令：

```
DO S1
```

则在系统主窗口显示程序运行结果，如图 9-5 所示。

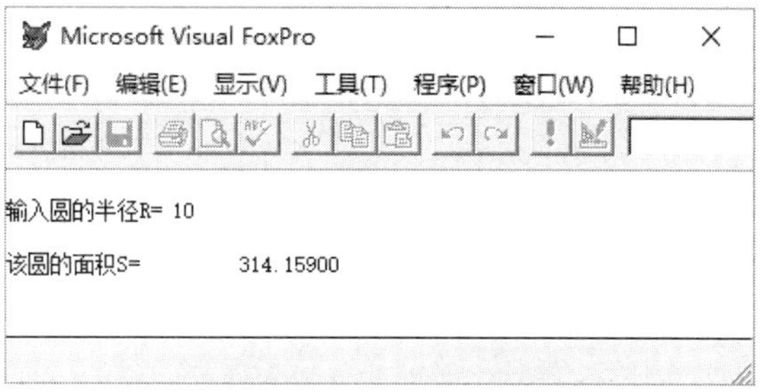

图 9-5　程序运行结果

9.5.2　选择结构

在解决实际问题时，有时需要根据不同的条件，进行不同的处理，得出不同的结果。例如，在求一元二次方程 $ax^2+bx+c=0$ 的解时，一般先求出 $D=b^2-4ac$，再根据 D 大于、等于或小于零，分别求出方程的根为实根、重根或虚根。Visual FoxPro 系统提供了选择结构和分支结构的程序设计方法。

1. 选择结构

选择结构语句格式如下：

```
IF <条件>
    <语句序列 1>
[ ELSE
    <语句序列 2>]
ENDIF   [<注释>]
```

说明：

根据给定的<条件>，选择执行其中的一个语句序列。

IF 语句是入口，ENDIF 语句是出口。当<条件>为真（.T.）时，执行<语句序列 1>，再执行 ENDIF 后面的语句或命令；当<条件>为假（.F.）时，执行<语句序列 2>，然后执行 ENDIF 后面的语句或命令。

【任务 2】 根据键盘上输入的 X 值，计算对应的分段函数的值：

$$Y=\begin{cases} X^2+7 & (X<5) \\ 10X-2 & (X\geqslant 5) \end{cases}$$

分析：

这是一个典型的选择结构的程序设计，根据输入的 X 值，必然会指定其中的一个分支。

操作：

编写程序如下：

```
CLEAR
INPUT "X="   TO   X
```

```
IF X<5
  Y=X*X+7
ELSE
  Y=10*X-2
ENDIF
? "Y=",Y
RETURN
```

为简化程序结构，可以将以上程序修改为：

```
CLEAR
INPUT "X="   TO   X
Y-10*X-2
IF X<5
  Y=X*X+7
ENDIF
? "Y=",Y
RETURN
```

小结：

在结构化程序设计中，条件语句可以嵌套，但要注意 IF 语句的出口 ENDIF 的个数及其所在的位置，IF 和 ENDIF 必须一一对应，外层的 IF 与 ENDIF 必须包含内层的 IF 与 ENDIF，不能交叉。另外，为使 IF 语句嵌套结构清晰，最好把程序写成锯齿状。

【任务 3】 在“成绩”表中，查找并判断某学生的数学成绩是否及格，60 分及以上为及格，如果及格则显示“及格”，不及格则显示“不及格”。

分析：

这是一个对表操作的程序，一般是先打开表，再对表进行查询、统计等操作，最后关闭表。

操作：

编写程序如下：

```
CLEAR
USE 成绩
ACCEPT "请输入学生学号: "   TO XH            &&用键盘输入学号
LOCATE   FOR 学号=XH                        &&查找记录
IF NOT EOF()
    IF 数学>=60
        ?   姓名,"及格"
ELSE
        ? 姓名,"不及格"
    ENDIF
ELSE
    ? "查无此人！"
    ENDIF
    USE
RETURN
```

小结：

执行该程序时，根据从键盘上输入的学号在“成绩”表中查找对应的记录，当找到该记录时，EOF()的值为.F.，则 NOT EOF()的值为.T.，显示该记录；否则记录指针指向结束标志，EOF()的值为.T.，则 NOT EOF()的值为.F.，不显示记录。

📖提示

在 IF … ENDIF 选择结构中，IF 和 ENDIF 必须成对出现，缺一不可。若省略 ELSE 选项，则该语句结构为单选择结构。ENDIF 语句行后可以书写<注释>，但要与 ENDIF 语句以空格间隔。

2．分支结构

分支结构语句格式如下：

```
DO CASE
CASE <条件 1>
        <语句序列 1>
CASE <条件 2>
        <语句序列 2>
        …
CASE <条件 n>
        <语句序列 n>
      [OTHERWISE
          <语句序列 n+1>]
ENDCASE   [<注释>]
```

说明：

当执行 DO CASE 语句时，顺序判断 CASE 后面的条件是否为真。只要遇到第一个条件为真的 CASE，就执行其后的语句序列，语句序列执行完毕后，跳转到 ENDCASE 后面的语句去执行。如果所有的 CASE 后面的条件都为假，则执行 OTHERWISE 后面的语句序列；如果没有 OTHERWISE 语句，则直接转去执行 ENDCASE 后面的语句。

【任务 4】 在“成绩”表中任意查找一位学生，根据其平均分判断该学生的学习情况。分数段 90～100、75～90、60～75、0～60，分别用优秀、优良、合格和不及格来表示。

分析：

这是一个多分支的结构程序设计，只要将分支的程序逐个罗列起来即可，但要注意这些条件分支之间不能嵌套包含，如“平均分<=100 AND 平均分>=90”与“平均分<=95 AND 平均分>=60”，当要查找的平均分在 90～95 之间时，就会形成条件包含，得不到正确的结果。

操作：

编写程序如下：

```
CLEAR ALL
```

```
USE 成绩
ACCEPT "请输入学号: "  TO XH
LOCATE ALL FOR 学号=XH
IF NOT EOF()
   DO CASE
      CASE 平均分<=100 AND 平均分>=90
         ? 姓名, "成绩优秀"
      CASE 平均分<90 AND 平均分>=75
         ? 姓名, "成绩优良"
      CASE 平均分<75 AND 平均分>=60
         ? 姓名, "成绩合格"
      CASE 平均分<60 AND 平均分>=0
         ? 姓名, "成绩不及格"
      OTHERWISE
         ? 姓名, "成绩计算有误！"
   ENDCASE
ELSE
   ? "查无此人！"
ENDIF
USE
RETURN
```

小结：

在使用 CASE 分支语句时，各分支结构的条件语句应包含所有的可能条件，不能有遗漏。

DO CASE 和第一个 CASE 语句之间不应书写任何语句，否则这个位置上的语句得不到执行。

上述程序中的第 2～4 个 CASE 条件语句还可以分别改写为：

```
CASE 平均分>=75
CASE 平均分>=60
CASE 平均分>=0
```

程序执行的结果相同，为什么？

9.5.3 循环结构

循环结构是在指定的条件下反复执行某些相同的操作，被反复执行的操作称为循环体。实现循环操作的程序称为循环结构程序。其与顺序结构、选择结构程序的不同之处主要表现在：组成循环结构程序的循环体部分可以被反复执行，而组成顺序结构或选择结构程序中的每个语句，最多执行一次。Visual FoxPro 提供了 3 种循环结构：DO WHILE…ENDDO、FOR…ENDFOR 和 SCAN…ENDSCAN。

1. DO WHILE…ENDDO 循环

DO WHILE…ENDDO 循环结构语句格式如下：

```
DO WHILE <条件>
        <语句序列 1>
    [LOOP]
    <语句序列 2>
    [EXIT]
    <语句序列 3>
ENDDO   [<注释>]
```

说明：

当 DO WHILE 语句中的<条件>为真时，反复执行 DO WHILE 与 ENDDO 之间的语句，直到<条件>为假时结束循环，执行 ENDDO 后面的语句。

DO WHILE 和 ENDDO 语句必须成对使用，它们之间的语句称为循环体。

循环结构程序的执行过程是：当程序执行到 DO WHILE 语句时，首先判断<条件>是否成立，如果<条件>成立（逻辑值为.T.），则执行 DO WHILE 与 ENDDO 语句之间的循环体部分；执行循环体结束时，程序自动返回 DO WHILE 语句，再次检查<条件>是否成立，如果<条件>仍成立，则再次执行循环体，重复上述过程；如果<条件>不成立（逻辑值为.F.），则程序自动跳出循环，执行 ENDDO 后面的程序。

【任务 5】 计算 1～10 之间的整数和。

分析：

在使用 DO WHILE…ENDDO 循环结构语句编写程序时，应该正确设计循环条件，同时要确保循环的正常退出。如程序循环 DO WHILE N<=10，控制循环变量 N=N+1 的变化。

操作：

编写程序如下：

```
CLEAR
S=0
N=1
DO WHILE N<=10
   S=S+N
   N=N+1
ENDDO
? "S=",S,"N=",N
RETURN
```

小结：

循环体中通过改变循环控制变量 N 的值，来跳出循环（N=11 时跳出循环）。上述程序的运行结果为：S=55，N=11。

为使程序最终能跳出 DO WHILE 循环体，在循环体中必须设置修改循环条件的语句，否则程序将永远跳不出循环，这种情况称为“无限”循环。

在上述程序中，如果去掉 N=N+1 这条赋值语句，程序将会怎样运行？

【任务 6】 在“成绩”表中分别统计平均分在 90～100、75～90、60～75 和 0～60 分数段内的人数。

分析：

本任务程序的编写思路是：从表中逐条读出记录，然后判断当前记录的平均分符合哪个分数段，再对该分数段的个数进行累加。因此，程序外层是循环结构，每次循环读取一条记录，循环内是条件分支结构，判断平均分的分段情况。

操作：

程序如下：

```
USE 成绩
STORE 0 TO C1,C2,C3,C4
DO WHILE NOT EOF()
    DO CASE
    CASE 平均分>=90
        C1=C1+1
    CASE 平均分>=75
        C2=C2+1
    CASE 平均分>=60
        C3=C3+1
    CASE 平均分>=0
        C4=C4+1
    ENDCASE
        SKIP
ENDDO
? "90～100 分的人数为",C1,"人"
? "75～90 分的人数为",C2,"人"
? "60～75 分的人数为",C3,"人"
? "0～60 分的人数为",C4,"人"
USE
RETURN
```

小结：

程序中的循环条件为 NOT EOF()，打开“成绩”表时，记录指针指向首记录，当记录指针没有指向结束标志时，EOF()函数值为.F.，则 NOT EOF()的值为.T.，循环条件成立，执行循环体；在循环体中通过 SKIP 语句来移动记录指针，然后继续测试 EOF()的值。当记录指针指向文件的结束标志时，EOF()的值为.T.，则 NOT EOF()的值为.F.，循环条件不成立，跳出循环，执行循环体后面的语句。程序中如果去掉 SKIP 语句，则程序将构成无限循环，这是程序设计时必须避免的问题。

【任务 7】 求 1～100 之间的奇数和，要求程序中使用 LOOP 语句。

分析：

LOOP 语句同 ENDDO 语句类似，也是一种循环终端语句。当执行到该语句时，将终止本次循环，返回 DO WHILE 语句，使得 LOOP 和 ENDDO 之间的语句得不到执行。LOOP 语句是一个任选项，但它必须包含在循环体中。

操作：

程序如下：

```
CLEAR
S=1
N=1
DO WHILE N<100
  N=N+1
  IF INT(N/2)=N/2            &&判断 N 是否被 2 整除，即 2 是否是偶数
     LOOP                    &&跳转到 DO 循环开始处
  ENDIF
  S=S+N
ENDDO
? "1～100 之间的奇数和是",S
RETURN
```

小结：

程序中当 N 为偶数时，条件 INT(N/2)=N/2 成立，执行 LOOP 语句后返回 DO WHILE 语句，它后面的 S=S+N 语句得不到执行。

EXIT 语句的作用和 LOOP 语句类似，它中断循环的执行。当程序执行到该语句时，不管循环条件是否成立都跳出循环体，执行 ENDDO 后面的语句。EXIT 语句是一个可选项，它必须出现在循环体内。

2. FOR…ENDFOR 循环

当设计循环程序且循环体执行的次数固定时，可以使用 FOR…ENDFOR 循环。其语句格式如下：

```
FOR <循环控制变量>=<循环初值> TO <循环终值> [STEP<步长>]
    <循环体>
ENDFOR | NEXT
```

说明：

执行该循环语句时，首先将循环初值赋给循环控制变量，然后判断循环控制变量的值是否超过循环终值。若超过则跳出循环，执行 ENDFOR 后面的语句；否则执行循环体。当遇到 ENDFOR 或 NEXT 语句时，返回 FOR 语句，并将循环控制变量的值加上步长值，再一次与循环终值进行比较。如此重复执行，直到循环控制变量的值超过循环终值，结束循环。

循环返回语句 ENDFOR 与 NEXT 功能相同。当步长为 1 时，STEP 1 可以省略。

【任务 8】 计算 1～100 之间的偶数和。

分析：

本任务可以使用 DO WHILE 循环语句设计，但由于 1～100 之间的偶数有明确的规律，

故可以使用 FOR…ENDFOR 循环来编程。

操作：

程序如下：

```
CLEAR
S=0
FOR N=2 To 100 STEP 2
      S=S+N
ENDFOR
? "1～100 之间的偶数和是：",S
RETURN
```

小结：

上述程序中用变量 S 存储累加和，用 N 存储每次要累计的数，第一次加 2，返回 FOR 语句时，N 再加步长值 2，变为 4，再执行循环体 S=S+N 时，S 的值为 2 加 4，即为 6，依次类推。当 N 变为 98 时，S 又把 98 加入累加和中，再返回 FOR 语句，加上步长 2，S 又把 100 加入累加和中，再返回 FOR 语句后，加上步长值，N 变成 102，超出了终值 100，循环结束，程序执行 ENDFOR 后面的语句，此时 S 的值为 100 以内的偶数累加和。

在循环体内一般不随意改变循环控制变量的值，否则会引起循环次数发生改变，造成循环错误。

FOR…ENDFOR 循环中也可以使用 LOOP 和 EXIT 语句，该语句的功能和用法与条件循环中该语句的功能和用法相同。

3. SCAN…ENDSCAN 循环

前面介绍的两种循环主要利用内存变量控制循环执行，若要在表中对满足条件的记录执行同一种操作，可使用 SCAN…ENDSCAN 循环。其格式如下：

```
SCAN [<范围>] [FOR<条件>] [WHILE<条件>]
      <循环体>
ENDSCAN
```

说明：

在当前打开的表中，按条件选择记录。若条件满足，则执行循环体，否则跳出循环，执行 ENDSCAN 后面的语句。

该循环可方便地对当前表中所有满足条件的记录进行处理，避免在循环体内重复执行表的查询命令等操作。

【任务 9】 逐个显示“学籍”表中入学成绩大于 400 的所有女生的“姓名”“性别”和“入学成绩”字段值。

分析：

本任务是针对表记录进行的操作，对每条记录的入学成绩进行判断，决定是否显示相关字段值，除了使用 DO WHILE 循环外，还可以使用 SCAN…ENDSCAN 循环进行程序设计。

操作：

程序如下：

```
CLEAR   ALL
USE 学籍
SCAN FOR 入学成绩>400
  IF 性别='女'
      DISPLAY FIELDS 姓名,性别,入学成绩        &&显示当前记录的指定字段
  ENDIF
ENDSCAN
USE
RETURN
```

小结：

使用 SCAN…ENDSCAN 循环设计，循环体内不使用 SKIP 语句进行记录指针的移动，每次运行一次循环，系统自动对记录进行移动操作。

LOOP 和 EXIT 语句同样可用于 SCAN…ENDSCAN 循环，它们的功能和用法与其在前两种循环中的功能和用法相同。

4．多重循环结构

一个循环体中包含着另一个循环，这种循环结构称为双重循环结构。下面以 DO WHILE…ENDDO 循环为例，给出三重循环结构示意图，如图 9-6 所示。

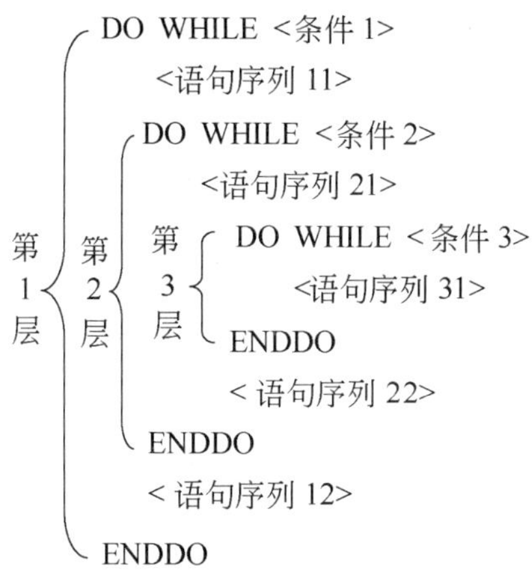

图 9-6　DO WHILE…ENDDO 三重循环结构示意图

通过上述三重循环结构示意图，可以总结出在多重循环结构程序设计时应注意的事项。

（1）循环语句必须成对出现，一一对应。

（2）循环结构只能嵌套，不能交叉。循环体中如果包含 IF 或 DO CASE 等条件选择语句时，所对应的 ENDIF 或 ENDCASE 语句也应完全包含在相应的循环体内。

（3）不同层次的循环控制变量不要重名，以免混淆。

（4）为使程序结构清晰，每层循环最好用缩进格式书写。

试一试

1. 国内邮件收费标准，寄往外埠信函 100 克以内，每 20 克（不足 20 克按 20 克计算）1.2 元；续重 101～2000 克，每 100 克（不足 100 克按 100 克计算）按 2 元计算。请编程计算寄往外埠信函的邮费。

2. 编程计算 100～200 之间的偶数和。

9.6 子程序和过程文件

9.6.1 子程序

1. 建立子程序

在程序设计中常把重复的一段程序设计成独立的程序段，这种具有相对独立性和通用性的程序段称为子程序。子程序能被别的程序多次调用，调用子程序的程序称为主程序，被调用的子程序执行后又自动返回调用它的主程序。

子程序和其他 Visual FoxPro 程序一样，可以使用 MODIFY COMMAND 命令来建立、修改或保存，也可以使用其他编辑软件来建立和修改。子程序以独立的程序文件方式存放在磁盘上，每个子程序的扩展名，系统默认为.prg。子程序一般以 RETURN 命令结束，才能保证返回调用它的主程序。当执行 RETURN TO MASTER 命令时，返回最高一级的主程序。

2. 子程序的调用

调用子程序可以使用 DO 命令，格式如下：

```
DO <子程序名> [WITH <参数清单>]
```

说明：

该命令调用并运行指定的子程序。

显然 DO 命令应放置在主程序中，子程序还可以调用其他子程序。如此下去，就构成了子程序的调用嵌套结构。

该命令中的 WITH 选项用于主程序向子程序传递参数，参数列入<参数清单>中。主程序调用子程序及子程序返回过程如图 9-7 和图 9-8 所示。

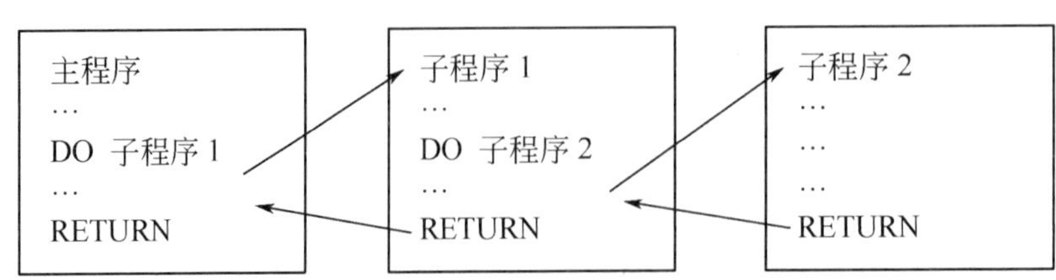

图 9-7 子程序的嵌套调用（1）

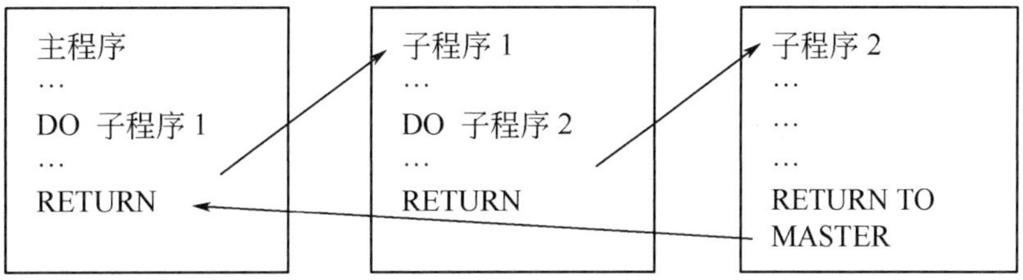

主程序 … DO 子程序 1 … RETURN	子程序 1 … DO 子程序 2 … RETURN	子程序 2 … … … RETURN TO MASTER

图 9-8　子程序的嵌套调用（2）

在图 9-7 中，主程序调用子程序 1，子程序 1 调用子程序 2，当子程序 2 运行结束时，返回子程序 1 调用子程序 2 处，继续往下执行，当子程序 1 运行结束时，直接返回调用的主程序。

在图 9-8 中，主程序调用子程序 1，子程序 1 调用子程序 2，当子程序 2 运行结束时，直接返回主程序。

在程序执行中，主程序能够调用子程序，而子程序又可以调用另一个子程序，但子程序不能调用主程序。

【任务 10】 编写主程序调用子程序，计算 $Z=f(X_1)+f(X_2)$的值，其中，$f(X)=X^2-1$。

分析：

本任务是主程序调用子程序，其中子程序是 $f(X)=X^2-1$，输入一个 X 的值，计算得到 $f(X)$ 的值；主程序是计算 $Z=f(X_1)+f(X_2)$的值，需两次调用 $f(X)$的值。

操作：

主程序 main 如下：

```
INPUT "X1=" TO X1
INPUT "X2=" TO X2
STORE 0 TO Z,Y
X=X1
DO SUB
Z=Z+Y
X=X2
DO SUB
Z=Z+Y
? "Z=",Z
RETURN
```

子程序 sub 如下：

```
Y=X^2-1
RETURN
```

运行主程序 main：

```
DO main
```

小结：

通过键盘两次输入 X 的值，程序给出计算结果。

需要强调的是，主程序 main 和子程序 sub 要分别编写，保存成磁盘文件。运行时只运行主程序即可。

9.6.2 过程文件

一个数据库管理系统，通常由一个主控程序和若干子系统组成。每当主程序调用子程序时都要对磁盘进行一次访问，而访问磁盘的速度是较慢的。当调用子程序次数较多时，会使系统运行速度降低。为解决这一问题，在 Visual FoxPro 系统中加入了过程文件。

1. 建立过程文件

建立过程文件和建立其他命令文件一样，可以使用 MODIFY COMMAND <过程文件名>来实现，默认的扩展名为.prg。过程文件的一般格式如下：

```
PROCEDURE <过程名 1>
      <命令序列 1>
[RETURN ]
[ENDPROC ]
        …
     PROCEDURE <过程名 n>
      <命令序列 n>
   [RETURN ]
[ENDPROC ]
```

说明：

过程文件中的每个过程都必须以 PROCEDURE 语句开头，后面跟过程名，过程名没有扩展名。ENDPROC 表示一个过程的结束，如果省略 ENDPROC 命令，则过程结束于下一条 PROCEDURE 命令或文件结尾处。当过程执行到 RETURN 命令时，控制将转至调用程序（或命令窗口）。如果省略 RETURN 命令，则在过程结束处自动执行一条隐含的 RETURN 命令。

过程可以放置在程序文件代码的后面，也可以单独保存，形成一个磁盘文件。每个过程在过程文件中都是相对独立的。

2. 过程的调用

调用过程前，应先打开相应的过程文件。打开过程文件的命令格式如下：

```
SET PROCEDURE TO [<过程文件名 1>[,<过程文件名 2>,…]][ADDITIVE]
```

说明：

该命令打开一个或多个过程文件。

该命令一般在主程序中使用，或至少放在调用过程的前面。过程文件一旦被打开，过程文件中的所有过程也都被打开，也就是被调入内存。对于一个打开的过程文件，可随时调用其中的任何过程，从而减少访问磁盘的次数，提高程序运行的速度。

选择 ADDITIVE 选项，在打开过程文件时，不关闭先前打开的过程文件。

调用过程和调用子程序一样，使用 DO <过程名> 命令来调用指定的过程，也可以使用过程名后加圆括号来调用：<过程名>()。<过程名>不能包含扩展名。

<过程名>()可以作为命令使用（返回值被省略），也可以作为函数出现在表达式中。

当过程文件中的过程调用结束后，应及时关闭过程文件。关闭过程文件使用下列命令格式：

```
SET PROCEDURE TO
```

或

```
RELEASE PROCEDURE <过程文件名 1>[,<过程文件名 2>,…]
```

说明：

用 SET PROCEDURE TO 命令可关闭打开的所有过程文件，而用 RELEASE PROCEDURE 命令只关闭指定的过程文件。

【任务 11】 编写过程文件，分别计算圆的面积和球的体积。

分析：

编写一个过程文件，包含两个过程，分别计算圆的面积和球的体积，然后通过主程序调用过程文件。圆的面积计算公式为 3.1416*R^2，球的体积计算公式为 4/3*3.1416*R^3。

操作：

程序如下：

```
*SUB11.prg                              &&过程文件名
PROCEDURE  圆面积                        &&过程
INPUT "圆的半径： "  TO R
  S=3.1416*R^2
? S
RETURN
ENDPROC
PROCEDURE  球体积                        &&过程
INPUT "球的半径： "  TO  R
S=4/3*3.1416*R^3
? S
RETURN
ENDPROC
```

主程序：

```
*S11.prg
SET PROCEDURE TO  SUB11                 &&打开过程文件
CLEAR
DO 圆面积
球体积()
SET PROCEDURE TO                        &&关闭过程文件
```

小结：

在磁盘上分别建立以上两个文件 S11.prg 和 SUB11.prg，然后运行主程序 S11，打开过程文件 SUB11，分别通过“DO 圆面积”和“球体积()”来调用两个过程，并显示计算结果。

1. 编写子程序计算圆的面积，运行主程序时分别输入两个圆的半径，计算两个圆的面积之和。

2. 将第 1 题中的子程序改用过程，如何编写程序？

9.7 参数传递

主程序调用子程序（过程）或函数时，常常需要进行参数传递，把调用程序中的数据传递给子程序（过程）或函数。Visual FoxPro 提供了程序间参数传递的功能，用于程序之间的数据交换。调用程序所传出的参数称为实际参数，被调用程序所接收的参数称为形式参数。

实现带参数程序的调用时，主程序调用子程序（过程）的命令格式如下：

```
DO <程序名> [IN <文件名>] WITH <参数表>
```

说明：

通过 DO 命令中的<参数表>与被调用的程序进行参数传递。

<程序名>是指被调用的程序，可以是子程序或过程；IN <文件名>用于调用过程，<文件名>是指存放过程的过程文件名，调用过程时，该项可以省略。

传递的参数可以是常量、变量或表达式，若是表达式则先计算表达式的值，然后传送到接收参数。

在被调用程序中的第一个语句应为参数接收语句，其格式如下。

```
PARAMETERS <参数表>
```

说明：

该语句的功能是接收 DO … WITH <参数表>调用命令传递来的参数值。

如果调用的是过程文件，一般将 PARAMETERS<参数表>放在 PROCEDURE 语句之后；如果是自定义函数，则放在 FUNCTION 语句之后。参数调用时，WITH <参数表>中的参数与调用程序中的参数保持一致（数量相同，类型一致，但参数名可以不同）。

【任务 12】 利用参数传递，计算圆的面积。

分析：

本任务的目的是了解程序设计中参数的传递方法。

操作：

程序如下：

```
*AREA.prg                        &&主程序
CLEAR
```

```
R=10
STORE  0  TO  S1,S2
DO AREA1 WITH R,S1,R+1,S2           &&调用过程 AREA1
?"圆 1 的面积=",S1
?"圆 2 的面积=",S2
RETURN
PROCEDURE  AREA1                    &&过程文件 AREA1
PARAMETERS X,Y1,Z,Y2
Y1=3.14159*X*X
Y2=3.14159*Z*Z
RETURN
ENDPROC
```

运行主程序 AREA，在主窗口显示结果：

```
圆 1 的面积=314.15900
圆 2 的面积=380.13239
```

小结：

执行程序时，将主程序中的实参 R、S1、R+1、S2 对应的值 10、0、11、0 分别传递给了过程中的形参 X、Y1、Z、Y2，执行程序结束后，Y1 和 Y2 的值分别为 S1 和 S2 的值。

9.8　自定义函数

Visual FoxPro 为用户提供了丰富的内部标准函数，给用户编程带来了方便，但并不能完全满足每个用户的需求。因此，为了程序设计的需要，用户可以按一定的规则自行定义函数，这种函数称为自定义函数。自定义函数的格式如下：

```
FUNCTION  <函数名>(变量名)
    [PARAMETERS <参数表>]
    <语句序列>
RETURN [<返回值>]
```

自定义函数后，可将它保存在单独的程序文件中，也可放在程序的后面，但不能将可执行的主程序放在函数之后。选择 PARAMETERS <参数表>，则实现调用程序与函数之间的数据传递，这时函数的第一个可执行语句必须是 PARAMETERS <参数表>。

调用自定义函数与调用一般的内部函数相同，函数执行后返回一个数据给调用程序，<返回值>可以是常数、变量或表达式等。如果省略<返回值>，Visual FoxPro 将自动返回逻辑真值.T.。当程序或用户自定义函数执行到 RETURN 命令时就会立刻返回调用程序。

【任务 13】 自定义函数，计算 $C=A^2+B$ 的值。

分析：

本任务的目的是了解自定义函数的编写方法。

操作：

程序如下：

```
*AC.prg
FUNCTION  AC
  PARAMETERS A,B
  C=A^2+B
RETURN  C                    &&返回 C 的值为函数值
```

小结：

为了简化程序，可将上述程序中的最后两行写成一行：RETURN A^2+B。

调用上例自定义的 AC 函数，可以使用以下几种方式来调用自定义函数。

（1）用 ? 命令调用该函数，在命令窗口输入：

```
? AC(3,4)
```

在主窗口显示：

```
13.00
```

（2）用 STORE 命令调用该函数，在命令窗口输入：

```
STORE AC(3,4) TO  EA
? EA
```

在主窗口显示：

```
13.00
```

（3）用 DO 命令调用该函数，在命令窗口输入：

```
DO AC WITH 3,4
```

或

```
=AC(3,4)
```

运行后直接返回命令窗口，由于没有显示命令，故结果不被显示。

知识链接

变量的作用域

在程序调用过程（子程序）时，经常遇到参数的传递问题。很多情况下参数传递是通过内存变量来完成的，过程（子程序）中的变量如果不加任何说明，该变量只在它第一次出现的程序和所调用的过程（子程序）中有效，退出程序时即消失。如果要使过程（子程序）中的变量在整个程序中起作用，就必须对变量的作用域加以说明。根据内存变量的作用范围，可以将内存变量分为公共变量、私有变量和局部变量 3 种类型。

1. 公共变量

公共变量（又称全局变量）是指在上下各级程序中都可以使用的内存变量。公共变量必须使用 PUBLIC 命令来定义，其格式如下：

```
PUBLIC <内存变量表>
```

说明：

该命令定义的内存变量为公共变量。

在命令窗口定义的内存变量（包括数组）和在程序中用 PUBLIC 命令定义的内存变量都是公共变量。无论在哪一级程序中使用 PUBLIC 定义的变量，均可成为公共变量，即使程序结束这些变量也不会自动清除。

2. 私有变量

在程序中如果没有对内存变量的属性加以说明，则这些变量都是私有变量。私有变量只能在本级程序及以下各级过程（子程序）中使用。当调用程序中的私有变量在过程（子程序）中改变了值，过程（子程序）运行结束返回调用程序时，其值也随之变化。但在过程（子程序）中的私有变量，当过程（子程序）运行结束后，该内存变量立即被清除，不能返回上级调用程序。

3. 局部变量

局部变量只能在建立它的程序中使用，不能在上级或下级程序中使用。当它所处的程序运行结束时，局部变量立即被清除。局部变量使用 LOCAL 命令来定义，其格式如下：

```
LOCAL <内存变量表>
```

说明：

该命令定义的内存变量为局部变量。局部变量要先建立后使用。

例如，在下面的程序中观察公共变量、私有变量和局部变量在程序中的变化。

程序：

```
*S15.prg
CLEAR ALL                              &&清除内存变量
CLEAR                                  &&清屏
R=10                                   &&R 为私有变量
LOCAL M                                &&局部变量
? "内存变量表 1："
DISPLAY MEMORY LIKE *
DO SUB2
? "内存变量表 4："
DISPLAY MEMORY LIKE *
RETURN
PROCEDURE SUB2                         &&过程文件
? "内存变量表 2："
DISPLAY MEMORY LIKE *
PUBLIC L                               &&公共变量
```

```
LOCAL N                                   &&局部变量
L=2*3.14159*R
S=PI()*R*R                                &&S 为私有变量
R=R+1
? "内存变量表 3："
DISPLAY MEMORY LIKE *
RETURN
```

运行主程序 S15.prg，在主窗口显示结果，如图 9-9 所示。

```
Microsoft Visual FoxPro
文件(F) 编辑(E) 显示(V) 工具(T) 程序(P) 窗口(W) 帮助(H)

内存变量表1:
R       Priv   N  10          (    10.00000000)  s15
M       本地   L  .F.  s15

内存变量表2:
R       Priv   N  10          (    10.00000000)  s15
M       本地   L  .F.  s15

内存变量表3:
L       Pub    N  62.83180    (    62.83180000)
R       Priv   N  11          (    11.00000000)  s15
M       本地   L  .F.  s15
N       本地   L  .F.  sub2
S       Priv   N  314.16      (   314.15926536)  sub2

内存变量表4:
L       Pub    N  62.83180    (    62.83180000)
R       Priv   N  11          (    11.00000000)  s15
M       本地   L  .F.  s15
```

图 9-9　内存变量在程序中的变化

从程序运行结果可以看出，内存变量 L 虽没有在主程序中定义，但它在过程中被定义为公共变量，调用程序结束返回主程序，其属性及值保持不变。

变量 R 和 S 都是私有变量，但 R 是在主程序中被定义的，当 R 的值在过程中被修改后，其值返回主程序；S 是在过程中定义的私有变量，当返回主程序后，该变量被清除。

变量 M 和 N 都是局部变量，但 M 是在主程序中定义的，N 是在过程中定义的，M 和 N 只能在各自定义的程序中使用。

试一试

调试下列程序，给出程序运行结果。

```
X=1
Y=2
F(X,Y)
? X,Y
DO F WITH X,Y
? X,Y
FUNCTION F(FX,FY)
  FX=10
  FY=20
RETURN
ENDFUNC
```

基础练习 9

一、填空题

1．Visual FoxPro 6.0 中的变量分为_______和_______两种类型。

2．如果当前变量 T 既是一个内存变量又是一个字段变量，要说明 T 是一个内存变量，应表示为_______。

3．将“奥运会”这 3 个汉字作为一个字符串常量，在 Visual FoxPro 6.0 中可用______种方法来表示，分别表示为____________________________。

4．在 Visual FoxPro 6.0 中执行以下命令序列：

```
S1="祝贺"
S2="北京奥运会举办成功"
? S1-S2
```

最后一条命令的显示结果是_________________。

5．将数学表达式 $A*B^2$ 写成 Visual FoxPro 6.0 表达式，为__________。

6．子程序中的 RETURN TO MASTER 命令的功能是_________________________。

二、选择题

1．下列赋值命令中正确的是（　　）。

A．STORE 8 TO X,Y　　B．STORE 8,9 TO X,Y

C．X=8,Y=9　　D．X=Y=8

2．假定已经执行了命令 M=[28+2]，再执行命令? M，屏幕将显示（　　）。

A．30　　B．28+2

C．[28+2]　　D．30.00

3．假定 X=3，Y=7，执行下列操作后，能够得到数值型结果的是（　　）。

A．? X=Y-4　　B．? Y-4=X

C．? X+Y　　D．? X+4=Y

4．结果为"北京奥运会"的表达式是_______。

A．" 北京"-"奥运会"　　B．"北京　"-"奥运会"

C．"北京"+"奥运会"　　D．"北京　"+"奥运会"

5．如果内存变量 MX 的类型是日期型，则下列给变量 MX 赋值正确的是（　　）。

A．MX=01-04-05　　B．MX="01-04-05"

C．MX= {01-04-05}　　D．MX= {^2005/04/01}

6. 假定 N、C、L 分别为数值型、字符型、逻辑型内存变量，下列表达式中错误的是（　　）。

A．3*N　　B．C−"A"

C．N=10 OR L　　D．C>10

7．在下述 Visual FoxPro 6.0 表达式中，结果总是逻辑值的是（　　）。

A．字符运算表达式　　B．算术运算表达式

C．关系运算表达式　　D．日期运算表达式

8．在永真条件 DO WHILE .T.的循环中，为退出循环可以使用（　　）。

A．LOOP　　B．EXIT

C．QUIT　　D．CLOSE

9．在命令文件中调用另一个命令文件，应该使用命令（　　）。

A．CALL <命令文件名>　　B．LOAD <命令文件名>

C．PROCEDURE <命令文件名>　　D．DO <命令文件名>

10．有下列主程序和子程序：

```
*主程序 Z.prg              *子程序 Z1.prg
SET TALK OFF               X2=X2+1
STORE 2 TO X1,X2,X3        DO Z2
X1=X1+1                    X1=X1+1
DO Z1                      RETURN
? X1+X2+X3                 *Z2.prg
RETURN                     X3=X3+1
SET TALK ON                RETURN TO MASTER
```

执行 DO Z 命令后，屏幕显示结果为（　　）。

A．3　　B．4

C．9　　D．10

三、问答题

1．下列数据哪些是常量？哪些是变量？分别属于哪种类型？

（1）−3.14　（2）中国　（3）.T.　（4）F

（5）{^2005/10/21}　（6）05/22/2004　（7）"$16"　（8）ABC

2．写出下列各函数的值。

（1）INT(−11.5)　（2）ROUND(3750.96,0)　（3）LEN("2008 年"+"奥运会")

（4）UPPER("student")　（5）YEAR(DATE())　（6）STR(3.14,7,3)

3．写出下列各表达式的值。

（1）5+3=8　（2）"x">"y"　（3）NOT .T.　（4）"AB"= ="BA"

（5）"124"−[123]　（6）(3*6−7)>8 AND "A"<"B" OR NOT 40>70/2

4．如何调用子程序？如何调用过程？二者有何区别？

操作练习 9

一、分析调试下列各程序，写出运行结果

1．有下列程序：

```
*MAIN.prg                          *SUB1.prg
SET TALK OFF                       PARAMETERS A,B
STORE 5 TO X,A,B                   X=X+A
? X,A,B                            A=A+B
DO SUB1 WITH A,B                   ? X,A,B
? X,A,B                            RETURN
DO SUB1 WITH (A),B
? X,A,B
RETURN
```

执行 DO MAIN，运行结果为________________。

2．有下列程序：

```
*P1.prg                            *P2.prg
SET TALK OFF                       PARAMETERS Y
A=25                               PRIVATE B,C
B="X1"                             &Y=&Y+10
C=100                              A=A-5+&Y
X1=10                              B=A+5
DO P2 WITH B                       C=A-5
? A,B,C,X1                         RETURN
SET TALK ON
RETURN
```

执行 DO P1，运行结果为________________。

3．有下列程序：

```
*A1.prg                            *HJ.prg
X=1                                FUNCTION HJ
Y=35                               PARAMETERS A,B
Z=HJ(X,Y)                          A=A-B
? Z                                RETURN  A
RETURN
```

执行 DO A1，运行结果为________________。

二、编写程序

1．在“成绩”表中输入空记录，直到该表中的记录总数达到 100 为止。

2．假设有一张足够大的纸，厚度为 0.0005m，试编程计算，当对折多少次后，其总厚度超过珠穆朗玛峰的高度（8844m）。

3．在“成绩”表中，按学号查找某学生并显示该学生的总分成绩。

4．在“学籍”表中，统计并显示入学成绩超过 500 分的人数。

5．在“成绩”表中，当语文成绩和数学成绩都不低于 60 分时，显示该学生的姓名、“合格”信息，否则显示该学生的姓名、“不合格”信息，最后统计并显示合格人数。

6．编写一个子程序计算 N!，再编写主程序来调用该子程序，计算 10!。

7．利用子程序和参数传递计算 10！+15！+20！+25!。

8．自定义一个函数计算 N!，利用自定义函数和参数传递计算 10！+15！+20！+25!。

9．编写一个查询记录的过程文件，再编写一个主程序来调用该过程文件，从“成绩”表中查找记录。

10．编写一个能在“学籍”表中任意添加记录、删除记录的程序。